新能源类专业教学资源库建设配套教材

风力发电机组安装与调试

方占萍　张康　冯黎成　编

戴裕崴　主审

化学工业出版社

·北京·

本书为新能源类专业教学资源库建设配套教材。

本书按照风力发电机组实际安装的完整工作过程编排，内容包括装配基础知识、风力发电机组机舱的安装与调试、风力发电机组叶轮的安装与调试、发电机系统安装与调整、风力发电机组的吊装五个学习情境。

本书图文并茂，可作为高职高专风电类相关专业教材，也适合相关专业成人高校、中等职业学校、应用型本科学校的教学使用，还可供风力发电安装企业的工程技术人员及管理人员参考。

图书在版编目（CIP）数据

风力发电机组安装与调试/方占萍，张康，冯黎成编.
—北京：化学工业出版社，2019.11
新能源类专业教学资源库建设配套教材
ISBN 978-7-122-35798-4

Ⅰ.①风… Ⅱ.①方… ②张… ③冯… Ⅲ.①风力发电机-发电机组-安装-高等职业教育-教材②风力发电机-发电机组-调试方法-高等职业教育-教材 Ⅳ.①TM315

中国版本图书馆CIP数据核字（2019）第253610号

责任编辑：刘 哲　　装帧设计：韩 飞
责任校对：边 涛

出版发行：化学工业出版社（北京市东城区青年湖南街13号 邮政编码100011）
印　　装：高教社（天津）印务有限公司
787mm×1092mm 1/16 印张12½ 字数319千字 2019年11月北京第1版第1次印刷

购书咨询：010-64518888　售后服务：010-64518899
网　　址：http://www.cip.com.cn
凡购买本书，如有缺损质量问题，本社销售中心负责调换。

定　价：38.00元

新能源类专业教学资源库建设配套教材

建设单位名单

天津轻工职业技术学院（牵头单位）
佛山职业技术学院（牵头单位）
酒泉职业技术学院（牵头单位）

（以下按照汉语拼音排列）
包头职业技术学院
常州轻工职业技术学院
哈尔滨职业技术学院
湖南电气职业技术学院
兰州职业技术学院
乐山职业技术学院
秦皇岛职业技术学院
衢州职业技术学院

新能源类专业教学资源库建设配套教材

编审委员会成员名单

序

随着传统能源日益紧缺，新能源的开发与利用得到世界各国的广泛关注，越来越多的国家采取鼓励新能源发展的政策和措施，新能源的生产规模和使用范围正在不断扩大。《京都议定书》签署后，新的温室气体减排机制将进一步促进绿色经济以及可持续发展模式的全面进行，新能源将迎来一个发展的黄金年代。

当前，随着中国的能源与环境问题日趋严重，新能源开发利用受到越来越高的关注。新能源一方面可以作为传统能源的补充，另一方面可以有效降低环境污染。我国新能源开发利用虽然起步较晚，但近年来也以年均超过25%的速度增长。自《可再生能源法》正式生效后，政府陆续出台一系列与之配套的行政法规和规章来推动新能源的发展，中国新能源行业进入发展的快车道。

中国在新能源和可再生能源的开发利用方面已经取得显著进展，技术水平已有很大提高，产业化已初具规模。

新能源作为国家加快培育和发展的战略性新兴产业之一，国家已经出台和即将出台的一系列政策措施，将为新能源发展注入动力。随着投资光伏、风电产业的资金、企业不断增多，市场机制不断完善，“十三五”期间光伏、风电企业将加速整合，我国新能源产业发展前景乐观。

2015年根据教育部教职成函【2015】10号文件《关于确定职业教育专业教学资源库2015年度立项建设项目的通知》，天津轻工职业技术学院联合佛山职业技术学院和酒泉职业技术学院以及分布在全国的10大地区、20个省市的30个职业院校，建设国家级新能源类专业教学资源库，得到了24个行业龙头、知名企业的支持，建设了18门专业核心课程的教育教学资源。

新能源类专业教育教学资源库开发的18门课程，是新能源类专业教学中应用比较广、涵盖专业知识面比较宽的课程。18本配套教材是资源库海量颗粒化资源应用的一个方面，教材利用资源库平台，采用手机APP二维码调用资源库中的视频、微课等内容，充分满足学生、教师、企业人员、社会学习者时时、处处学习的需求，大量的资源库教育教学资源可以通过教材的信息化技术应用到全国新能源相关院校的教学过程，为我国职业教育教学改革做出贡献。

戴裕崴

2017年6月5日

前言

风能是清洁的可再生能源，风力发电是新能源领域中技术最成熟、最具规模化开发条件和商业化发展前景的发电方式之一，发展风电在调整能源结构、减轻环境污染等方面有着非常重要的意义。近年来，世界风电装机容量以年均 30%以上的速度快速增长，风电技术日渐成熟，单机容量不断增大，发电成本大幅降低，展现了良好的发展前景。

为了促进风力发电事业更好更快地发展，培养风力发电机组安装工程技术人员，提高风力发电机组安装质量，规范安装工艺，推进技术创新，本书根据国内有关风力发电机组安装工艺要求、有关设计及设备资料，结合风力发电企业的管理等通用经验而编写。

本教材设计着重于学生职业能力、社会能力、实践动手能力、解决实际问题的能力与自我学习能力的培养。通过学习，使学生具备风力发电机组机舱的安装与调试、叶轮的安装与调试、发电机系统安装与调整、风力发电机组的吊装等能力。在本书的编写过程中，突出了与工程实际和应用相结合，强化了与后续课程的联系与衔接。希望通过使用本书进行教学，既能明显提高学生解决安装过程实际问题的能力，实现学生毕业与就业的“零距离”，又能为学生可持续发展和创新能力的提高打下坚实的基础。

本教材可与新能源类专业教学资源库配合使用，与其动画、视频、电子书资源有机结合形成多维度教材。本教材配有二维码，可以即扫即学。本教材配套 PPT 课件可在 www. cipedu. com. cn 免费下载使用。

本书由方占萍统筹策划，编写分工如下：学习情境一、学习情境四、学习情境五由方占萍编写，学习情境二由冯黎成编写，学习情境三由张康编写。青海金风风电设备制造有限公司罗维荣、青海明阳新能源有限公司夏长部、北京京城新能源（酒泉）装备有限公司王富庆也参与了编写工作。

本书在编写过程中得到了金风科技股份有限公司、明阳智慧能源集团股份公司等企业工程技术人员的大力支持和帮助，得到参与新能源类专业教学资源库建设相关学校的老师的大力支持和帮助，他们对本书的编写提出了很多宝贵意见，在此一并表示感谢！

由于编者水平有限，时间仓促，书中内容难免有不足和疏误，敬请读者批评指正。

编　者

2019 年 10 月

目　录

学习情境一

装配基础知识

任务一　装配工艺认知

［知识目标］

① 了解装配基础知识。

② 熟悉各种装配方法的技术要求。

［能力目标］

掌握装配工艺的基础知识。

一、装配基础知识

任何一台机器设备都是由许多零件所组成，按规定的技术要求，将若干个零件（包括自制的、外购的、外协的）按照装配图样结合成部件，或将若干个零部件按照总装图结合成最终产品的过程，称为装配。前者简称为部装，后者简称为总装。例如，一辆自行车由几十个零件组成，前轮和后轮就是部件。装配是机器制造中的最后一道工序，因此它是保证机器达到各项技术要求的关键。

1. 装配工作

装配工作是产品制造工艺过程中的后期工作，它包括各种装配准备工作，即部装、总装、调整、检验和试机等工作。装配质量的好坏，对整个产品的质量起着决定性的作用。通过装配才能形成最终产品，并保证它具有规定的精度、所设计的使用功能及验收质量标准。装配工作是一项非常重要而细致的工作，必须认真按照产品装配图的要求，制定出合理的装配工艺规程，采用合适的装配工艺，以提高装配精度，达到优质、低耗、高效。

2. 产品的装配工艺过程

产品的装配工艺过程由以下四个部分组成。

（1）装配前的准备工作

① 研究和熟悉产品装配图、工艺文件以及技术要求；了解产品的结构、功能、各主要零部件的作用以及相互的连接关系，并对装配零部件配套的品种及其数量加以检查。

② 确定装配的方法、顺序，并准备所需要的工具。

③ 对装配零件进行清洗和清理，去掉零件上的毛刺、锈蚀、切屑、油污以及其他脏物，以获得所需的清洁度。

④ 对有些零部件需要进行锉配或配刮等修配工作，有的还要进行平衡试验、渗漏试验和气密性试验等。

（2）装配

比较复杂的产品，其装配工艺常分为部装和总装两个过程。

① 部装　一般来说，凡是将两个以上的零件组合在一起，或将零件与几个组件结合在一起，成为一个装配单元的装配工作，都可以称为部装。部装是把产品划分成若干个装配单元，是缩短装配周期的基本措施。划分为若干个装配单元后，可以在装配工艺上组织平行装配作业，扩大装配工作面，而且能使装配按流水线组织生产，或便于大协作生产。同时，各装配单元能预先进行调整试验，各部分以比较完善的状态送去总装，有利于保证产品质量。

② 总装　产品的总装通常是在工厂的总装场地内进行。但在某些场合下，产品在制造厂内只进行部装工作，而在产品安装的现场进行总装工作。

（3）调整、精度检测和试机

① 调整　调整工作是调节零件或机构的相互位置、配合间隙、结合松紧度等，其目的是使机构或机器工作协调，如轴承间隙、镶条位置、蜗轮轴向位置及锥齿轮副啮合位置的调整等。

② 精度检测　精度检测包括工作精度检验、几何精度检验等。

③ 试机　试机包括机构及其运转的灵活性、性能参数等指标的检测，工作温升、密封性、振动、噪声、转速、功率和效率等方面的检查，以及最后测试。

（4）喷漆、涂油、装箱

喷漆是为了防止不加工面的锈蚀和使机器外表美观。涂油是使工作表面及零件已加工表面不生锈。装箱是为了便于运输。它们也都需结合装配工序进行。

3. 装配工艺规程

装配工艺规程是规定装配全部部件和整个产品的工艺过程，以及所使用的设备和工夹量具等的技术文件。工艺规程是生产实践和科学实验的总结，符合“优质、低耗、高效”的原则，是提高产品质量和劳动生产率的必要措施，也是组织生产的重要依据。

二、固定连接的装配

（一）螺纹连接的装配工艺

螺纹连接是一种可拆卸的紧固连接，它具有结构简单、连接可靠、装拆方便等优点，故在固定连接中应用广泛。

1. 装配技术要求

（1）保证有一定的拧紧力矩

绝大多数的螺纹连接在装配时都要预紧，以保证螺纹副具有一定的摩擦阻力矩，目的在于增强连接的刚性、紧密性和放松能力等。所以在螺纹连接装配时，应保证有一定的拧紧力

矩，使螺纹副产生足够的预紧力。预紧力的大小与螺纹连接件材料预紧应力的大小及螺纹直径有关，一般规定预紧力不得大于其材料屈服极限的 80%。对于规定预紧力的螺纹连接，常用控制转矩法、控制螺纹弹性伸长法和控制螺母转角法来保证预紧力的准确性。对于预紧力无严格要求的螺纹连接，可使用普通扳手、气动扳手或电动扳手拧紧，凭操作者的经验来判断预紧力是否适当。

（2）有可靠的防松装置

螺纹连接一般都有自锁性，在受静载荷和工作温度变化不大时，不会自行松脱。但在冲击、振动或变载荷作用下，以及工作温度变化很大时，为了确保连接可靠，防止松动，必须采取可靠的防松措施。常用的螺纹防松方法有双螺母防松、弹簧垫圈防松、止动垫圈防松、串联钢丝防松和开口销与带槽螺母防松等。

2. 装配要点（螺栓、螺母和螺钉）

① 螺栓、螺钉或螺母与贴合的表面要光洁、平整，贴合处的表面应经过加工，否则容易使连接件松动或使螺钉弯曲。

② 螺栓、螺钉或螺母和接触的表面之间应保持清洁，螺孔内的脏物应当清理干净。

③ 拧紧成组多点螺纹连接时，必须按一定的顺序进行，并做到分次逐步拧紧（一般分三次拧紧），否则会使零件或螺杆松紧不一致，甚至变形。在拧紧长方形布置的成组螺母时，应从中间开始，逐渐向两边对称地扩展。在拧紧方形或圆形布置的成组螺母时，必须对称进行。

④ 装配在同一位置的螺栓或螺钉，应保证长短一致，受压均匀。

⑤ 主要部位的螺钉必须按一定的拧紧力矩来拧紧（可用扭力扳手紧固）。

⑥ 连接件要有一定的夹紧力，紧密牢固。在工作中有振动或冲击时，为了防止螺钉和螺母松动，必须采用可靠的防松装置。

⑦ 凡采用螺栓连接的场合，螺栓外径与光孔直径之间都有相当的空隙，装配时应先把被连接的上下零件相互位置调整好后，方可拧紧螺栓或螺母。

（二）键连接的装配工艺

键是用来连接轴和旋转套件（如齿轮、带轮、联轴器等）的一种机械零件，主要用于周向固定以传递转矩。它具有结构简单、工作可靠、装拆方便等优点，因此得到广泛应用。

键连接包括松键连接、紧键连接和花键连接等。其中松键连接所采用的键有普通平键、导向平键、半圆键三种。其特点是靠键的侧面来传递转矩，只能对轴上零件做周向固定，不能承受轴向力。如需轴向固定，则需附加紧固螺钉或定位环等定位零件。松键连接的对中性好，在高速及精密的连接中应用较多。

1. 松键连接的装配技术要求

① 保证键与键槽的配合要求。由于键是标准件，键与键槽的配合是靠改变轴槽和轮毂槽的极限尺寸得到的。

② 键与键槽的配合面应具有较小的表面粗糙度。

③ 键安装于轴槽中，应与槽底贴紧，键长方向与轴槽应有 0.1mm 的间隙。键的顶面与套件的轮毂槽之间有 0.3～0.5mm 的间隙。

2. 松键连接的装配要点

① 清理键及键槽上的毛刺。

② 对重要的键连接，装配前应检查键的直线度误差以及轴槽对轴线的对称度和平行度误差等。

③ 对普通平键和导向平键，可用键的头部与轴槽锉配，其松紧程度应能达到配合要求。

锉配键长应与轴槽保持 0.1mm 的间隙。

④ 在配合面上加机油时，注意将键压入轴槽中，使键与槽底贴紧，但禁止用铁锤敲打。

⑤ 试配并安装旋转套件的轮毂槽时，键的上表面应留有间隙，套件在轴上不许有周向摆动，否则在机器工作时会引起冲击或振动。

(三) 销连接的装配工艺

销连接从用途上可分为定位销、连接销和安全销。定位销主要用来固定两个或两个以上零件之间的相对位置。连接销用于连接零件。安全销作为安全装置中的过载剪断元件。从形状上可分为普通圆柱销、圆锥销及异形销。销的结构简单，装拆方便，在各种固定连接中应用很广，但只能传递不大的载荷。

1. 圆柱销的装配工艺

圆柱销依靠少量过盈固定在孔中，用以固定零件、传递动力或作为定位元件。用圆柱销定位时，为了保证连接质量，通常情况下被连接件的两孔应同时钻铰，并使孔壁表面粗糙度达到 $Ra1.6$。装配时，在销子上涂上机油，用铜棒垫在销子端面上，把销子打入孔中，也可用弓形夹头将销子压入销孔。圆柱销不宜多次装拆，否则将降低配合精度。

2. 圆锥销的装配工艺

圆锥销具有 1∶50 的锥度，定位准确，装拆方便，在横向力作用下可保证自锁，一般多用作定位，常用于需要多次装拆的场合。圆锥销以小头直径和长度代表其规格，钻孔时按小头直径选用钻头。装配时，被连接的两孔也应同时钻铰，但必须控制孔径，一般用试装法测定，以销钉能自由插入孔中的长度约占销子长度的 80% 为宜。用锤敲入后，销钉头应与被连接件表面齐平或露出不超过倒角值。拆卸圆锥销时，可从小头向外敲击。对于带有外螺纹的圆锥销可用螺母旋出，带内螺纹的圆锥销可用拔销器拔出。

(四) 过盈连接及其装配工艺

过盈连接是依靠包容件（孔）和被包容件（轴）配合后的过盈量，来达到紧固连接的目的。装配后，轴的直径被压缩，孔的直径被扩大，由于材料发生弹性变形，在包容件和被包容件配合表面产生压力。依靠此压力产生摩擦力来传递转矩和轴向力。过盈连接结构简单，同轴度高，承载能力强，并能承受变载和冲击力，还可避免配合零件由于切削键槽而削弱被连接零件的强度。但对配合表面的加工精度要求较高，装配和拆卸困难。

1. 装配技术要求

① 有适当的过盈量　配合后的过盈量按被连接件要求的紧固程度确定。一般应选择配合的最小过盈量等于或稍大于连接所需的最小过盈量。

② 有较高的配合表面精度　配合表面应有较高的形状、位置精度和较低的表面粗糙度。装配时，应注意保持轴孔的同轴度以保证有较高的对中性。

③ 有适当的倒角　为了便于装配，孔端和轴的进入端应有 5°～10°倒角，长度视零件直径大小而定。

2. 装配工艺

(1) 压装法

当配合尺寸较小和过盈量不大时，可选用在常温下将配合的两零件压到配合位置的压装法。对于 H/m、H/h、H/j、H/js 等过渡配合或配合长度较短的连接件，可用锤子加垫块敲击压入的方法，方法简单但导向性不好。用压力机进行压合时，其导向性比敲击压入好，适用于压装过渡配合和较小过盈量的配合。

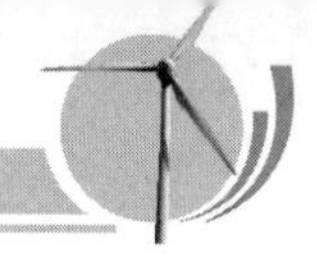

(2) 热装法

利用金属材料热胀冷缩的物理特性进行装配。将具有过盈配合的两零件加热，使之胀大，然后将被包容件装入到配合位置，待冷缩后，配合件就形成能传递轴向力、转矩或轴向力与转矩同时存在的结合体。热装的加热方法应根据套件尺寸的大小而定，可采用燃气炉或电炉加热、浸入油中加热或感应加热器加热等方法。

(3) 冷装法

将被包容件用冷却剂冷却使之缩小，再把被包容件装入到配合位置。对小过盈量的小型配合件或薄壁衬套等可用干冰冷缩，对过盈量较大的配合件可采用液氮冷缩。与热装法相比，冷装法收缩变形量较小，因而多用于过渡配合，有时也用于过盈配合。

3. 装配要点

(1) 注意清洁度

在装配前，要十分注意配合件的清洁度。若用加热或冷却法装配时，配合件经加热或冷却后，配合面要擦拭干净。

(2) 注意润滑

若采用压装时，在压合前，配合表面必须用油润滑，以免压入时擦伤配合表面。压入过程应连续，速度不宜太快，并需准确控制压入行程。压装时还要用90°角尺检查轴孔的中心线的位置是否正确，以保证同轴度的要求。

(3) 注意过盈量和形状误差

对于细长的薄壁件，要特别注意检查其过盈量和形状误差。装配时最好垂直压入，以防变形，压入速度也不宜过快。

过盈连接配合件的装配方法见表1-1。

表1-1　过盈连接配合件的装配方法

过盈类型	配合公差	主要用途	装配方法
轻型过盈	H7/p6、H6/p5、H8/r7、H6/r5	精确定位，较少拆卸或不拆卸的配合。若需传递转矩时，要加紧固件	用钢锤击打或压力机
中型过盈	H8/s7、H7/s6、H6/s5、H7/t7、H7/t6、H6/t5	钢铁件的永久或半永久结合。传递较大负荷或动负荷时需加紧固件	压力机、热装、冷装
重型过盈	H8/u7、H7/u6、H7/v6	传递大的转矩或承受大的冲击负荷，不需加紧固件	热装、冷装
特重型过盈	H7/x6、H7/y6、H7/z6	承受很大的转矩和动负荷，目前较少使用	热装、冷装

三、轴承装配

(一) 滑动轴承的装配工艺

滑动轴承是仅产生滑动摩擦的轴承，有动压滑动轴承和静压滑动轴承之分。动压滑动轴承又可分为半液体润滑滑动轴承和液体润滑滑动轴承。

目前广泛采用的是半液体润滑滑动轴承，这种轴承的轴颈与轴承的工作表面没有被润滑油完全隔开，只是由于工作表面对润滑油的吸附作用而形成一层极薄的油膜，它使轴颈与轴瓦表面有一部分直接接触，另一部分则被油膜隔开而不能直接接触。一般情况下能保证正常工作，且结构简单，加工方便，故常用于低速、轻载、间隙工作的场合。常用的有整体式滑动轴承（又称轴套）和剖分式滑动轴承（又称轴瓦）。

1. 整体式滑动轴承（轴套）的装配

（1）清洁

将符合要求的轴套和轴承孔除去毛刺，并经擦洗干净之后，在轴套外径或轴承座孔内涂抹机油。

（2）压入轴套

压入时可根据轴套的尺寸和配合的过盈量选择压入方法。当尺寸和过盈量较小时，可用锤子敲入，但需要垫板保护；在尺寸或过盈量较大时，则宜用压力机压入。压入时，如果轴套上有油孔，应与机体上的油孔对准。直径较大或过盈量超过 0.1mm 时，如在常温下压装轴套，就会引起损坏，因此常用加热机体或冷却轴套的方法装配。加热或冷却时间的长短按零件的形状、尺寸和材料来确定。

（3）轴套定位

在压入轴套后，对负荷较大的轴套还要用紧定螺钉或定位销等固定。

（4）轴套的修整

对于整体的轴套，在压装后，内孔易发生变形，如内孔缩小或成椭圆形，可用铰削或刮削等方法修整轴套孔的形状误差与轴颈保持规定的间隙（对因轴套外径过盈配合产生的压装后内孔缩小，工艺上采用在加工时放大内孔的方法补偿，见《切削加工余量标准》）。

2. 剖分式滑动轴承（轴瓦）的装配

① 轴瓦与轴承座、盖的装配　上下轴瓦与轴承座、盖在装配时，应使轴瓦背与座孔接触良好。如不符合要求，对厚壁轴瓦应以座孔为基准刮削轴瓦背部，同时应注意轴瓦的台肩紧靠座孔的两端面，达到 H7/f7 配合，如太紧也需进行修刮；对于薄壁轴瓦则无需修刮，只要进行选配即可。为了达到配合的要求，轴瓦的剖分面应比轴承体的剖分面稍高，一般高 0.05～0.10mm。轴瓦装入时，在剖分面上应垫上木板，用锤子轻轻敲入，避免将剖分面敲毛，影响装配质量。

② 轴瓦的定位　轴瓦安装在机体中，无论在圆周方向和轴向都不允许有位移，通常可用定位销和轴瓦上的凸台来止动。

③ 轴瓦孔的配刮　剖分式轴瓦一般多用与其相配的轴来研点，通常先配刮下轴瓦，再配刮上轴瓦。为了提高配刮效率，在刮下轴瓦时暂不装轴瓦盖，当下轴瓦的接触点基本符合要求时，再将上轴瓦盖压紧，并拧上螺母，在配刮上轴瓦的同时进一步修正下轴瓦的接触点。对于配刮轴的松紧，可随着刮削的次数调整垫片的尺寸。均匀紧固螺母后，配刮轴能够轻松地转动，无明显间隙，且接触点符合要求即可。

④ 清洗轴瓦，然后重新装入。

（二）滚动轴承的装配工艺

滚动轴承由外圈、内圈、滚动体和保持架四部分组成。工作时，滚动体在内外圈的滚道上滚动，形成滚动摩擦。它具有摩擦阻力小、效率高、轴向尺寸小、装拆方便等优点，是近代机器中的重要部件之一。滚动轴承按轴承承受负荷的方向，可分为向心轴承、推力轴承和向心推力轴承；按轴承的滚动体种类，可分为球轴承和滚子轴承（圆柱滚子轴承、滚针轴承、圆锥滚子轴承、调心滚子轴承）。

1. 装配方法

滚动轴承的装配方法应根据轴承的结构、尺寸和轴承部件的配合性质而定。装配时的压力应直接加在待配合的套圈端面上，不能通过滚动体传递压力。

① 当轴承内圈与轴颈为较紧的配合、外圈与轴承座孔为较松的配合时，可先将轴承装在轴上。压装时，在轴承端面垫上铜或较软的装配套筒，然后把轴承与轴一起装入座孔中。

② 当轴承外圈与轴承座孔为较紧配合、内圈与轴颈为较松配合时，应先将轴承压入座孔中，装配时使用的装配套筒的外径应略小于座孔直径。

③ 当轴承内圈与轴颈、外圈与座孔都是较紧配合时，装配套筒的端面应做成能同时压紧轴承内外圈端面的圆环，使压力同时传到内外圈上，把轴承压入轴上和座孔中。

④ 对于圆锥滚子轴承，因其内外圈可以分离，先分别把内圈装在轴上，外圈装在座孔中，然后装成一体。

⑤ 压入轴承时采用的方法和工具可根据配合过盈量的大小确定。配合过盈量较小时，可用手锤敲击；过盈量较大时，可用压力机压入，用压入法压入时应放上套筒。当过盈量过大时，可用温差法装配，热装时加热油温不得超过100℃，冷装时冷却温度不低于－80℃。

注意：内部充满润滑脂、带防尘盖或密封圈的轴承不能采用温差法装配。

2. 装拆注意事项

① 滚动轴承上标有代号的端面应装在可见的部位，以便于修理更换。

② 轴承装配在轴上和座孔中后，不能有歪斜和卡住现象。

③ 为了保证滚动轴承工作时有一定的热胀余地，在同轴的两个轴承中，必须有一个轴承的外圈（或内圈）可以在热胀时产生轴向移动，以免轴或轴承产生附加应力，甚至在工作时使轴承咬住。

④ 在装拆滚动轴承的过程中，应严格保持清洁度，防止杂物进入轴承和座孔内。

⑤ 装配后轴承运转应灵活、无噪声，工作时温升不超过50℃。

⑥ 对于拆卸后需重新使用的轴承，拆卸过程不能损坏其配合表面和精度，拆卸时严禁将作用力加在滚动体上。

任务二　工器具的使用

[知识目标]

① 熟悉风力发电机在安装与调试过程中需要的各种工器具。

② 掌握常用工器具的使用方法。

③ 掌握工器具使用过程中的注意事项。

[能力目标]

具备熟练操作风力发电机组安装中常用工器具的能力。

一、扳手

1. 梅花扳手

梅花扳手如图1-1所示。

双头梅花扳手两端都为梅花形，用于拧转不同规格的螺栓或螺母。以铍青铜合金和铝青铜合金为材质，这两种特殊材质的产品在经过加工处理后都能起到同样的防爆作用，特别适合于在易燃易爆的工作场所使用。

（1）使用方法

① 使用时可用扳手套头将螺栓或者螺母的头部全部围住。

② 用力扳动扳手另一头。

③ 扳手扳动30°后，可更换位置继续使用。

图1-1　梅花扳手

（2）注意事项

① 梅花扳手类似于两头套筒扳手，适用于狭窄场合。使用时首先要选择合适的尺寸，尺寸不对，容易造成螺栓或者螺母滑牙。

② 使用时，要将两端套头套牢螺栓或螺母，不能够倾斜或者只套进一小部分，这样会造成螺栓或者螺母滑牙。

2. 开口扳手

双开口扳手如图 1-2 所示。

（1）使用方法

① 扳口大小应与螺栓、螺母的头部尺寸一致。

② 扳口厚的一边应置于受力大的一侧。

③ 扳动时以拉动为好。若必须用推动式，为防止伤手，可用手掌推动。

（2）注意事项

① 多用于拧紧或拧松标准规格的螺栓或螺母。

② 不可用于拧紧力矩较大的螺母或螺栓。

③ 可以上下套入或者横向插入，使用方便。

④ 要区分公、英制，不能混用。尺寸要选择合适，不能够用大尺寸扳手旋小螺栓。

3. 活动扳手

活动扳手如图 1-3 所示。

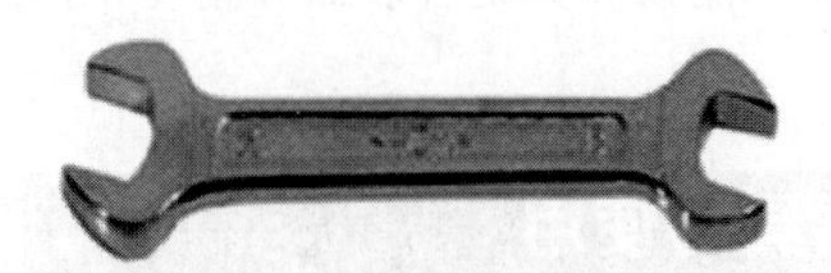

图 1-2　双开口扳手

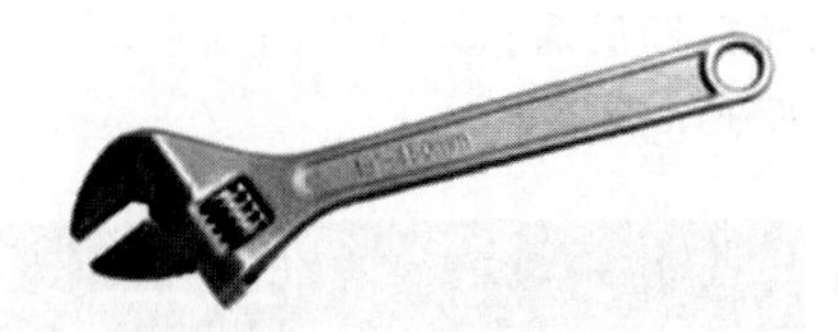

图 1-3　活动扳手

活动扳手是一种旋紧或拧松六角螺钉或螺母的工具。常用的有 200mm、250mm、300mm 三种，使用时应根据螺母的大小选配。

（1）使用方法

① 使用时，右手握手柄，手越靠后，扳动起来越省力。

② 扳动小的螺母时，因需要不断地转动涡轮调节扳口的大小，所以手应握在靠近呆扳唇处，并用大拇指调节涡轮，以适应螺母的大小。

（2）注意事项

① 活动扳手的扳口夹持螺母时，呆扳唇在上，活扳唇在下，切不可反过来使用。

② 在扳动生锈的螺母时，可在螺母上滴几滴煤油或机油，以便易于拧动。

③ 在拧不动时，切不可采用钢管套在活动扳手的手柄上来增加扭力，因为这样极易损伤活扳唇。

④ 不得把活动扳手当锤子用。

4. 电动套筒扳手

电动套筒扳手如图 1-4 所示。生产车间经常使用的电动套筒扳手主要是从其最大紧固力矩上区分，分为：①200N·m 电动扳手，1/2in[1]；②580N·m 电动扳手，3/4in；③800N·m 电动扳手，1in。

---

[1] 1in＝25.4mm

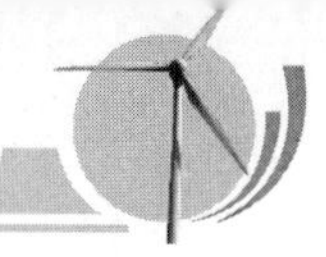

（1）电动套筒扳手的用途

① 安装侧把手

a. 将侧把手装入锤子护盖上的凹槽，并牢牢固定。用于把手安装的凹槽共有两处，应根据工作实际要求将把手安装在适当的位置。

b. 必须根据螺栓和螺母选择正确套筒的尺寸。套筒的尺寸不正确，将导致紧固扭矩不正确，有可能会造成螺栓或螺母受损。

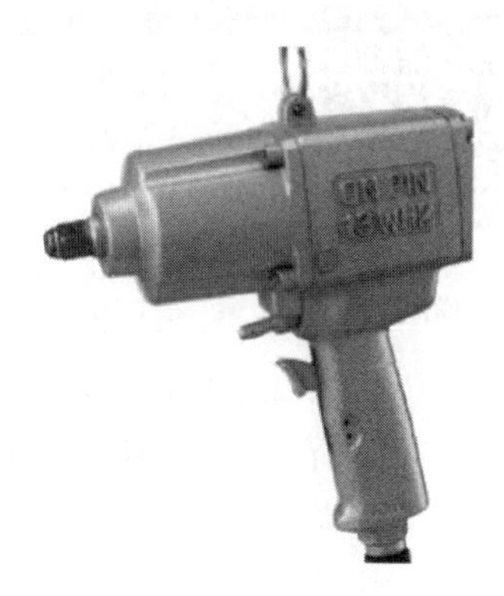

图 1-4　电动套筒扳手

② 安装和拆卸套筒。安装或拆卸套筒之前，必须关闭工具电源开关，拔下电源插头。

a. 对于无 O 形环和销的套筒，安装套筒时，将其按压在工具的砧座上直至完全就位。拆卸套筒时，只需将其拔下即可。

b. 对于有 O 形环和销的套筒，将 O 形环移出套筒凹槽，取下套筒上的销，将套筒置于砧座上，将套筒上的孔对齐，将销穿过套筒和砧座上的孔，然后将 O 形环移回到套筒内的原始位置使销固定。需拆下套筒时，按安装的相反步骤进行。

（2）电动扳手的操作说明

① 开关说明

a. 接通工具电源前，必须检查扳机开关是否工作正常，并在释放时回到“OFF”位置，只有当工具完全停止后方可改变旋转方向，否则工具可能受损。

b. 开关可反向操作，实现顺时针方向旋转。按压扳机开关的下部（A）侧可进行顺时针方向旋转，或按上部（B）侧进行逆时针方向旋转。松开扳机开关工具即停止，在工具上进行任何工作之前，必须关闭工具电源开关，并拔下电源插头。

② 注意事项

a. 使工具平直对准螺栓和螺母（图 1-5）。

b. 紧固扭矩过大，可能损坏螺栓/螺母或套筒。开始工作前，必须进行试运转，以确定适用于螺栓或螺母的适当紧固时间。

c. 紧固扭矩会受到包括下列因素的影响，紧固后务必用扭矩扳手检查扭矩：

• 电压降会导致紧固扭矩减小；

• 未使用正确尺寸的套筒会导致紧固扭矩减小；

• 已磨损的套筒（六角端或矩形端磨损）会导致紧固扭矩减小；

• 即使螺栓的扭矩系数和等级相同，适当的紧固扭矩同样会随着螺栓直径的不同而不同，即使螺栓的直径相同，适当的紧固扭矩同样会随着扭矩系数、螺栓等级和螺栓长度不同而不同；

• 使用万向节或延伸杆会在某种程度上减小电动扳手的紧固力，可通过延长紧固时间进行弥补；

• 握持工具的方式、紧固位置的材质都会影响扭矩。

图 1-5　电动套筒扳手操作示意图

5. 液压扳手

液压扳手如图 1-6 所示。

液压扳手使用时应注意以下事项：

① 尽量使工作现场干净明亮，如工作现场的大

液压扭矩扳手安全操作规程

气环境存在爆炸的可能，就要停止工作，以免电动泵发出火花引起爆炸；

② 需认真调整反作用力臂，以免发生人身或紧固件的事故；

③ 避免工具的误操作，泵的操作遥控器只能操作者使用；

④ 避免触电，使用前应检查接地以及其他的接线；

⑤ 扳手不用时应保存好；

⑥ 油管不要弯折，经常检查油管，避免有杂物进入，如有损坏要更换；

⑦ 在工作时时刻注意，在电压不稳或其他一些不稳定状态下不可使用；

⑧ 使用前应确保液压连接件都连接良好，油管没有缠绕，方向正确，反作用力臂安装可靠，反作用点牢固可靠，人的手或衣物尽量不要放在不安全的地方。

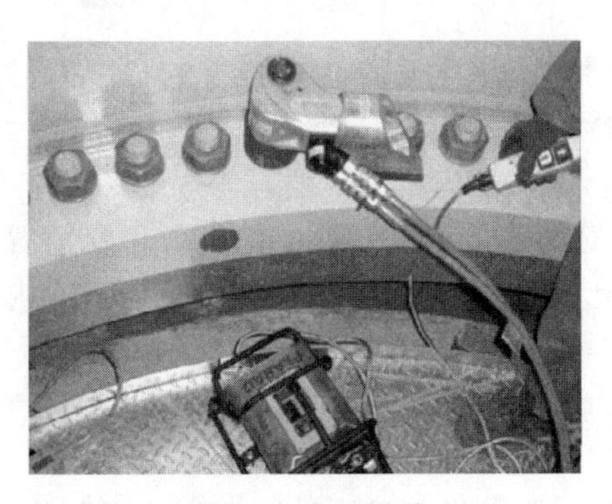

图 1-6　液压扳手

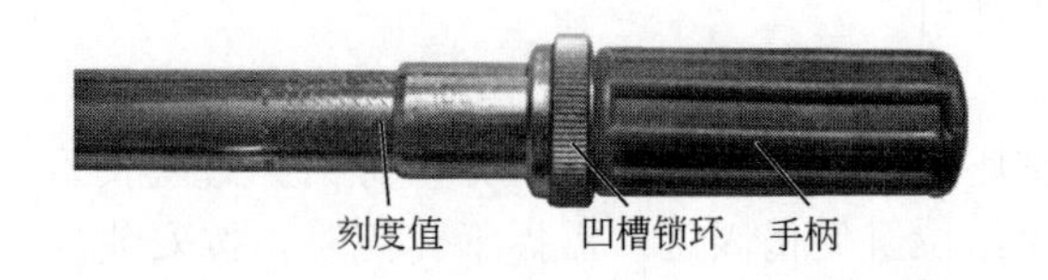

图 1-7　扭力扳手

6. 扭力扳手

扭力扳手如图 1-7 所示。

（1）设置扭矩

① 首先必须将凹槽锁环调在“打开 UNLOCK”状态，为此需单手握住手柄，然后顺时针转动锁环直至末端。

② 转动手柄，直至手柄上部的“0”刻度与所需设置扭力值所对应的中线重合。

③ 若所需扭力值在两个示值之间，则继续转动手柄，直至扳手杆上示值之和等于所需设置的扭力值。

④ 若锁紧扳手，则应单手握住手柄，然后逆时针转动锁环直至末端。

（2）正确的施力方法

① 将套筒紧密、安全地固定在扭力扳手的方头上，然后将套筒置于紧固件上，不可倾斜。施力时，手紧握住手柄中部，并在垂直扭力扳手、方头、套筒及紧固件所在公共平面的方向用力。

② 在均匀地增加施力时，必须保持方头、套筒及紧固件在同一平面上，以保证扳手在发出警告声响后读数的准确性。

（3）注意事项

① 根据需要选择使用范围内的扭力扳手。

② 调整适当扭力前，须确认锁紧装置处于开锁“UNLOCK”状态。当锁环处于“LOCK”（锁紧）时切勿转动手柄（图 1-7）。

③ 用扭力扳手前，确认锁紧装置处于锁紧状态。

④ 为了使扭力扳手可以再次使用（测试），务必以高扭矩力操作 5～10 次，以使其中精密部件能得到内部特殊润滑剂的充分润滑。

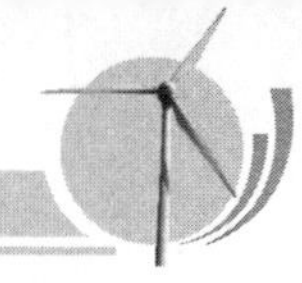

⑤ 保持正确的握紧手柄的姿势，握紧手柄而不是扳手杆，然后平稳地拉扳手。使用时应缓慢平稳地施加扭力，严禁施加冲击扭力。施加冲击扭力除了对扭力扳手本身造成损伤外，还会大大超出设定的扭力值，损害螺母或工件。

力矩扳手安全操作规程（上）

（4）警告

① 使用扭力扳手时，切勿倾斜扳手手柄（图 1-8）。倾斜扳手手柄易导致扭力偏差，甚至损伤紧固件。拧紧紧固件时，注意均匀平衡地施力于扭力扳手手柄上。随着力矩的不断增加，施力的速度相应放缓。

力矩扳手安全操作规程（下）

② 切勿当达到预置扭力时继续施力，当听到“咔哒”声响后立即停止施力，以保证精度，延长扭力扳手的使用寿命。当扳手扭力设定在较低扭力值时，“咔哒”声响可能轻于其设定的高扭矩值，因此较低扭力值操作时，要特别注意“咔哒”声。

7. 电动定扭矩扳手

电动定扭矩扳手如图 1-9 所示。

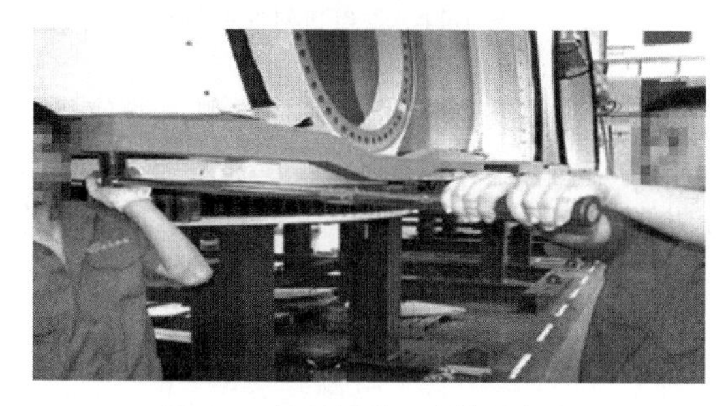

图 1-8　扭力扳手正确使用方法

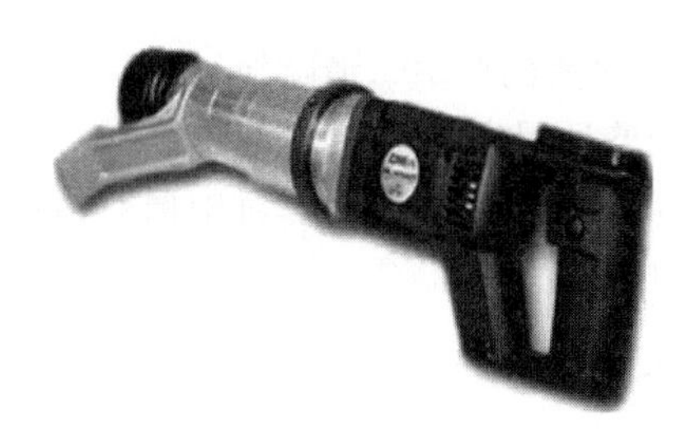

图 1-9　电动定扭矩扳手

使用电动定扭矩扳手时应注意以下事项：

① 使扭矩扳手保持垂直于扳手中轴线，以防止损坏套筒或避免出现边缘超载荷；

② 将支撑栓插入孔中以避免损坏，在 alkitronic-EFR 的径向驱动上，扭矩扳手可以在与驱动方向成 90°的角度上操作，一个固定套筒被电机驱动产生旋转，STA 用于改变套筒尺寸，扭力反作用由一个支撑螺栓承担，确保工作稳定、安全；

③ 绝对不得把手放在支撑螺栓和热转换板之间，搬运扭矩扳手时必须努力抓紧；

④ 将电源与电源线断开；

⑤ 将扭矩扳手放在平整的表面上；

⑥ 移开 O 形橡胶圈和安全螺栓及销子，移除标准套筒；

⑦ 从扳手上移除反作用力臂；

⑧ 以相反操作更换配件；

⑨ 定扭矩电动扳手用于对重型螺栓的不间断拧紧和松开，它不能被用作搅拌器或钻孔器，这会损坏扭矩扳手或使操作人员受伤，避免在扭矩扳手上使用撬杆等工具。

二、激光对中仪

激光对中仪（图 1-10）广泛应用于风力发电机组齿轮箱高速输出轴与发电机输入轴的对中（图 1-11）。

激光对中仪具有以下特点。

① 简单的对中　只要盘车超过 40°就能得到精确的结果，不用粗对中。即使盘车受限也能轻松地对中。

激光对中仪演示

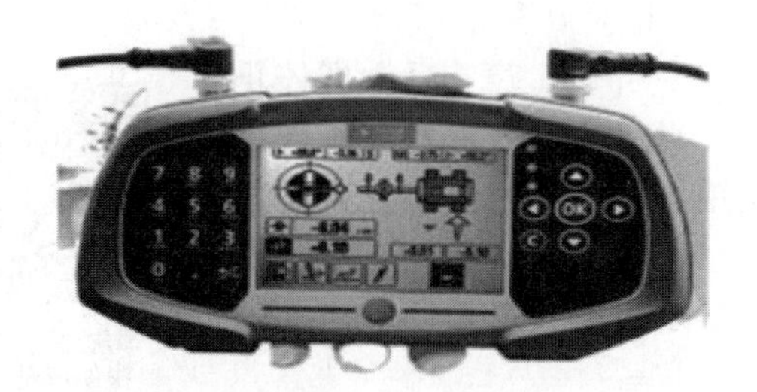

图 1-10　激光对中仪

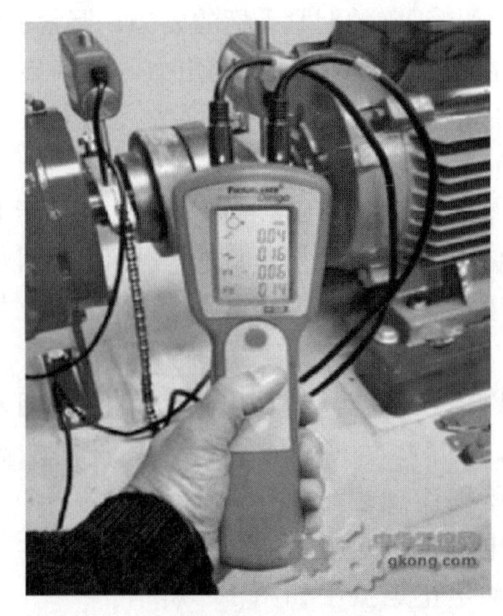

图 1-11　发电机对中时的调整

② 快速的对中　清晰地显示位移值、角度值和调整值，并且实时监测功能使得对中数据在调整过程实时变化。

③ 预设偏差的对中　对中偏差预设的功能，使得在冷态下对中也能实现轴在工作状态的 0 对 0。

三、千斤顶

1. 液压千斤顶

液压千斤顶如图 1-12 所示。

(1) 工作原理（图 1-13）

液压千斤顶所基于的原理是帕斯卡原理，即液体各处的压强是一致的。由人力或电力驱动液压泵，通过液压系统传动，用缸体或活塞作为顶举件。液压千斤顶可分为整体式和分离式。整体式的泵与液压缸连成一体；分离式的泵与液压缸分离，中间用高压软管相连。液压千斤顶结构紧凑，能平稳顶升重物，起重量最大达 1000t，行程 1m，传动效率较高，故应

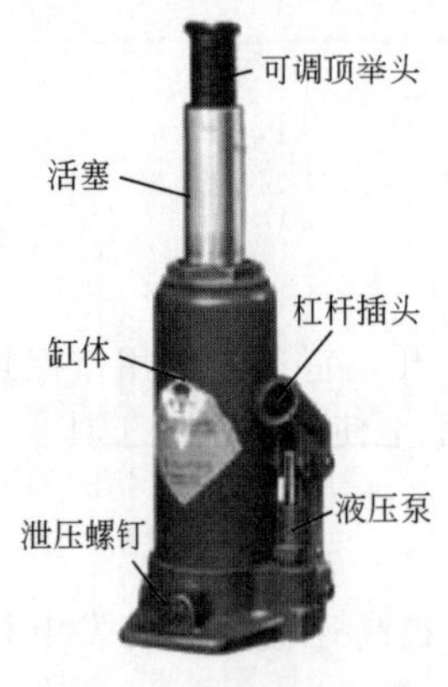

图 1-12　液压千斤顶

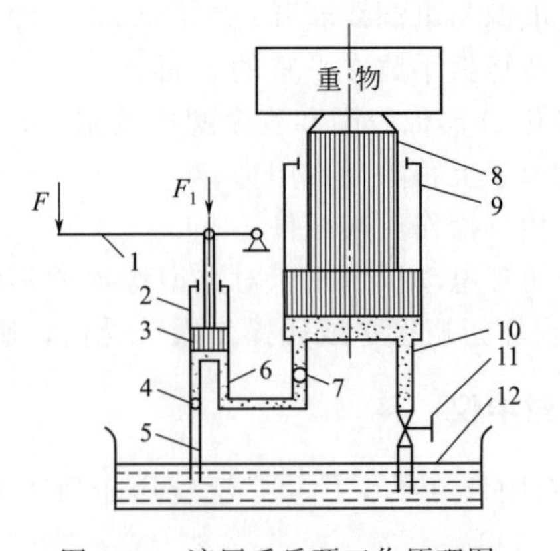

图 1-13　液压千斤顶工作原理图

1—杠杆手柄；2—小油缸；3—小活塞；4,7—单向阀；5—吸油管；6,10—管道；8—大活塞；9—大油缸；11—截止阀；12—油箱

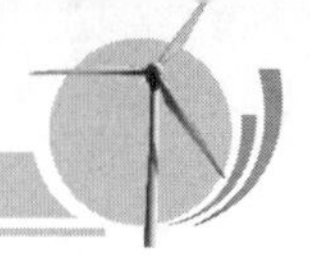

用较广；但易漏油，不宜长期支撑重物。如需长期支撑重物，需选用自锁千斤顶。为进一步降低外形高度或增大顶举距离，螺旋千斤顶和液压千斤顶可做成多级伸缩式。液压千斤顶除上述基本形式外，按同样原理可改装成滑升模板千斤顶、液压升降台、张拉机等，用于各种特殊施工场合。

（2）使用方法

① 举升　顺时针转动千斤顶手柄，关闭回油阀，将千斤顶置于车辆正确的顶升部位下方。如需要，将千斤顶上的调整螺栓逆时针旋转直至其接触零部件，将千斤顶手柄插入手柄管套中，上下往复摇动手柄，直至将零部件升至理想高度。

② 下降　缓慢旋转回油阀，让车辆缓慢下降，卸下手柄，用手柄松开回油阀（缓慢地逆时针方向转动手柄，松开回油阀）。

注意：切勿将回油阀松开超过2圈。零部件完全放下后，移动千斤顶（如果调整螺杆处于延伸状态，则需顺时针旋转直至完全脱离零部件）。

③ 加注液压油　千斤顶置于竖直状态；降低泵位和活塞，直至其处于完全松弛状态；取下千斤顶上的油塞；注意注入优质的液压油（直至注油孔的底边），排除空气；装上油塞，定期润滑传动链接触处及调整螺杆处。

④ 从液压千斤顶系统中排除空气　打开回油阀；卸下油塞；迅速摇动泵芯几次，以排除空气；关上回油阀，装上油塞。

⑤ 防锈　不使用千斤顶时，应将活塞杆、泵芯和调整螺杆保持在完全松弛的状态，尽量避免置于潮湿环境下。若不慎与潮湿环境接触，应擦干并润滑千斤顶的所有零件。

（3）注意事项

① 使用前，务必仔细阅读所有的使用说明，切勿超出千斤顶的载荷作业。

② 出厂时的液压油在－20～＋45℃环境下才能正常使用，如需在－20℃以下使用，需要更换清洁低温合成锭子油。

③ 使用时，小活塞上端有少量油沫存在，属正常现象，可起润滑活塞的作用。

④ 起重前必须估计物体重心，选择千斤顶的着力点，放置平稳。同时还必须考虑地面的软硬程度，必要时应垫以坚韧的木板，以防起重时产生歪斜，甚至倾倒。

⑤ 千斤顶仅供顶升之用，重物顶起以后应立即采用坚韧的材料支撑（车辆支架、坚韧的木材或其他材料），以防万一。千斤顶的负荷也应均衡，否则将产生倾倒的危险。

⑥ 若为油压千斤顶，则千斤顶必须保持足够的经过过滤的工作油，否则将达不到额定的升起高度。

⑦ 使用时应避免急剧的振动。

2. 螺旋千斤顶

螺旋千斤顶如图1-14所示。

（1）工作原理

螺旋千斤顶采用机械原理，以往复扳动手柄、拔爪即推动棘轮间隙回转，小伞齿轮带动大伞齿轮，使举重螺杆旋转，从而使升降套筒获得起升或下降，达到起重拉力的功能。但不如液压千斤顶简易。

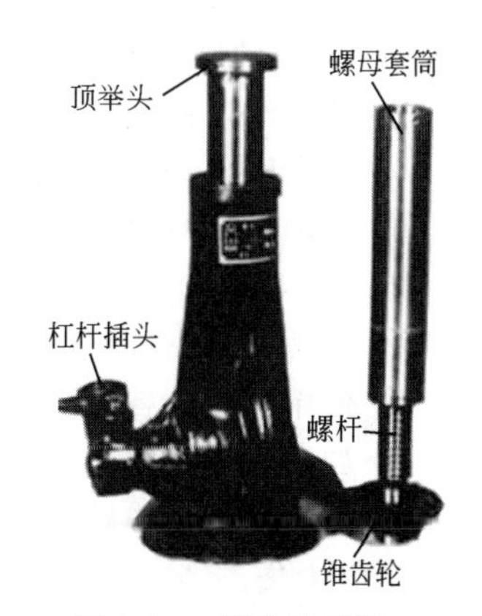

图1-14　螺旋千斤顶

（2）使用方法

① 使用前必须检查千斤顶是否正常，各部件是否灵活。加注润滑油，并正确估计起重物的重量，选用适当吨位的千斤顶，切忌超载使用。

② 调整摇杆上撑牙的方向，先用手直接按顺时针方向转动摇杆，使升降套筒快速上升顶住重物。

③ 将手柄插入摇杆孔内，上下往返扳动手柄，重物随之上升。

④ 当升降套筒上出现红色警戒线时，应立即停止扳动手柄。

⑤ 如需下降时，撑牙调至反方向，再扳动手柄，重物便开始下降。

（3）使用注意事项

① 经常保持机体表面清洁，定期检查内部结构是否完好，使摇杆内小齿轮灵活可靠及升降套筒升降自如。

② 升降套筒与壳体间的摩擦表面必须随时揩擦上油，其他注油孔亦应定期加油润滑。

③ 考虑使用安全，切忌超载、带病工作，以免发生危险。

四、角向磨光机

角向磨光机如图 1-15 所示。

图 1-15　角向磨光机

1. 使用方法

① 在初次使用前，先检查主电压和定额扳手的主频率是否与供电电源相符。

② 安装上侧手柄以及轮子防护罩。

③ 保持双手紧握机器。

④ 首先开启工具，然后在工件上进行操作。

⑤ 关闭机器后，待电机静止后再放置好机器。

2. 注意事项

① 使用磨光机时，首先检查磨光机上的砂轮片及锁紧装置。

② 必须远离易燃易爆物品，防止飞溅物引起火灾。

③ 用力应适当，防止砂轮片损坏炸伤人。

五、静音吸尘器

静音吸尘器如图 1-16 所示。

1. 使用说明

① 使用前，确定电源电压与本机额定电压相同。

② 正确连接管路，将长接头与钢管相接，短接头与桶身吸嘴相接，根据需要选择适当的尘刷与钢管另一端相接。

③ 使用时，将电源线安放在桶身吸嘴后方。

④ 吸水时，必须在安装吸尘袋后方可操作。

⑤ 应随时保持机体清洁干爽。

图 1-16　静音吸尘器

2. 注意事项

① 清洗或维护机体前，应将插头从电源插座拔出。

② 使用前应检查电源线，确定电源线无损坏后方可使用。

③ 如果电源线损坏或器具出现故障，不要自行拆卸。

④ 每次使用完毕后，应用清洁剂加温水彻底清洁吸尘袋并将吸尘袋吹干，严禁使用不干爽的吸尘袋。

⑤ 吸尘袋 2～3 年应更换一次。

⑥ 吸尘器电动机的碳刷每 3 个月检查一次。

六、空气压缩机

空气压缩机如图 1-17 所示。

1. 使用方法

① 接通气体管路，保证出气管路连接完好。

② 出气管路连接完好后，先关闭出气阀，然后插上电源，开启空压机。

③ 打开出气阀，开始提供压缩空气。

④ 通过调整减压阀，可以调整压缩空气压力。

图 1-17　空气压缩机

2. 空气压缩机运转前需要检查的事项

① 检查各部分的螺丝或螺母有无松动现象。

② 皮带的松紧是否适度。

③ 润滑油面是否适当，油面应保持在观油镜两红标线之间或红圈之上下缝隙间。

④ 电线及电气开关是否合乎规定，接线是否正确。

⑤ 电源的电压是否正确。

⑥ 压缩机带轮是否轻易可用手转动。

3. 压缩机运转时的注意事项

① 检查完毕以上各点之后将排气阀门全开，然后按下启动按钮，使机器在无负荷状态下启动运转。

② 检查运转方向是否和皮带防护罩上箭头指示方向相同，若不相同将三相电机的三根电源线中任意两根进行调换即可。

③ 启动后的 3min 左右若没有异常声音，则将阀门关闭，使排气储气罐中的压力渐次升高到预定的压力，再进行保护功能测试。

七、气动油脂加注泵

图 1-18　气动油脂加注泵

气动油脂加注泵如图 1-18 所示。

1. 工作原理

① 以气源为动力，由气动元件控制，驱动气动泵和定量分油器工作，性能较稳定。

② 适合装配 12.5～20kg 的油桶，配有 1 个高压 55∶1 气泵、高压旋转接头及控制阀。

2. 注意事项

① 不要随意放置，应放置在固定的位置。

② 放置时要将油脂清理干净，并且做必要的防护，防止磕碰气泵体和气压表。

③ 如放置在油桶中，必须用防护膜覆盖整个桶面。

八、电焊机

电焊机如图 1-19 所示。

1. 使用方法

电焊机必须绝缘良好，其绝缘电阻不得小于 1MΩ，否则不允许使用。不准任意搬动保

图 1-19　电焊机

护接地设备。工作前，首先检查接地线、导线有无损坏，电焊变压器的一次电源线要保证绝缘，其长度为 2.5～3m。二次线应使用绝缘线，禁止将厂房或其他金属物体接起来做导线使用（含零线）。导线有接头不超过 2 个，要用绝缘布包好，电线不准放在人行道路上，要挂起来。电焊机用电焊变压器应该按照规定时间，间歇使用。

在电源为三相三线制或单相制系统中，电焊机外壳和二次线圈绕组引出线的一端应安装保护性接地线，接地电阻不得超过 4Ω；在电源为三相四线制中性点接地系统中，应安装保护性接零线，其接地线、接零线断面应稍大些。在电焊机二次线圈绕组引出线的一端接地或接零时，焊体本身不应接地，也不应接零，以防工作电流伤人或发生火灾。

在有接地线或接零线的工件上进行电焊时，应将焊件所用的接地线或接零线的接头暂时断开，焊完后再接上。在焊接与大地紧密相连的工件（如管路、房屋、金属、立柱、有良好的接地铁轨等）上进行电焊，且焊件接地电阻小于 4Ω 时，则应将电焊机二次线圈绕组引出线的一端接地线或接零线的接头暂时断开，焊完后再恢复。总之，不能同时接地或接零（指二次端和焊件）。

焊接中未发生电弧时，电压较高，要特别注意防止触电。调整电流或换焊条时，要放下电焊把进行。焊接工作结束后，要将电源切断。

2. 电焊使用中的注意事项

① 必须穿戴好工作服、工作帽、手套、脚盖等，工作服不要束在裤腰里，脚盖应捆在裤脚筒里。

② 在焊接和切割工作场所，必须有防火设备，如消防栓、灭火器、砂箱以及装满水的水桶。

③ 在非固定场所进行电焊作业，必须先办理动火证，并要求设有监护人员和防火措施后方可作业。

④ 高空作业应先办理高空作业许可证，施工人员应配戴安全带并遵守高空作业的其他有关规定。

⑤ 在潮湿地点及金属容器内进行作业时，要穿绝缘鞋并站在胶垫上。照明灯使用 12V，电焊、尖钳绝缘，使用具有滤光镜的面罩，防止电弧射伤眼睛和烫伤面部。

⑥ 工作地点要用屏风围起来，以免电弧、紫外线和火花渣飞溅射伤其他人员。

⑦ 工作地点周围不要堆放易燃易爆物品，严禁焊接未消除压力的容器和带有危险性的爆炸物品。

⑧ 在高空或井筒内焊接时，要有人在场监护，系好安全带，并用铁板隔开，防止火花焊渣飞溅引起火灾。

⑨ 禁止焊接有油污和盛放易燃易爆气体等的容器物品。

⑩ 禁止在不停电的情况下检修、清扫电焊机或更换保险丝，以防触电。

⑪ 严格按照焊机铭牌上标的数据使用焊机，不得超载使用。

⑫ 应在空载状态下调节电流，焊机工作时，不允许长时间短路。

⑬ 用焊机前，应检查焊机接线是否正确，保证电流范围符合要求、外壳接地可靠、焊机内无异物后，方可合闸工作。

⑭ 工作时，焊机铁芯不应有强烈振动，压紧铁芯的螺钉应拧紧。焊机及电流调节器的温度不应超过 60℃。

⑮ 加强维护保养工作，保持焊机内外清洁，保证焊机和焊接软线绝缘良好。若有破损或烧伤，应立即修好。

⑯ 定期由电工检查焊机电路的技术状况及焊机各处的绝缘性能，如有问题应及时排除。

⑰ 施工人员在施工过程中应谨防触电，注意不被弧光和金属飞溅物伤害，预防爆炸。

⑱ 当焊接或切割工作结束后，要仔细检查焊接场地周围，确认没有起火危险后，方可离开现场。

九、砂轮机

砂轮机如图 1-20 所示。

砂轮机的使用注意事项如下：

① 使用砂轮机、砂轮片应选择恰当型号，扭紧；

② 砂轮机运动平衡方可使用；

③ 使用砂轮机应避免正面使用，应站在砂轮侧面；

④ 砂轮机主轴若有弯曲式螺纹，则不能使用，防止砂轮跳动碎裂；

⑤ 使用砂轮不能磨削过重物体，防止砂轮爆裂；

⑥ 磨削时不能用力过猛，避免伤人；

⑦ 使用完毕后，应关闭电源。

图 1-20　砂轮机

十、台式钻床

台式钻床如图 1-21 所示。

1. 安全注意事项

图 1-21　台式钻床

① 加工工件时，严禁戴手套，工件卡夹要牢固。钻小件应用工具夹持，不能用手夹钻。

② 对于旋转刀具，手不准触摸，不准翻转、卡压或测量。

③ 手动进给，不要用力过猛。

④ 钻头上有长铁屑时，要停车用铁钩清除，禁止嘴吹或手拉。

⑤ 主轴竖直布置的小型钻床可安放在作业台上。

2. 钻床配件

钻床配件如图 1-22～图 1-25 所示。

一般直柄麻花钻用高速钢制造。镶焊硬质合金刀片或齿冠的直柄麻花钻适于加工铸铁、淬硬钢和非金属材料等，整体硬质合金小直柄麻花钻用于加工仪表零件和印刷线路板等。

对于丝锥的材质，早期是工具钢，目前大多使用的是高速钢、硬质合金等。工具钢丝锥只适合手工攻螺纹和小批量生产，现在已很少使用。高速钢在近 600℃的高温下仍具有很高的硬度，这使它的抗磨性大大优于工具钢。

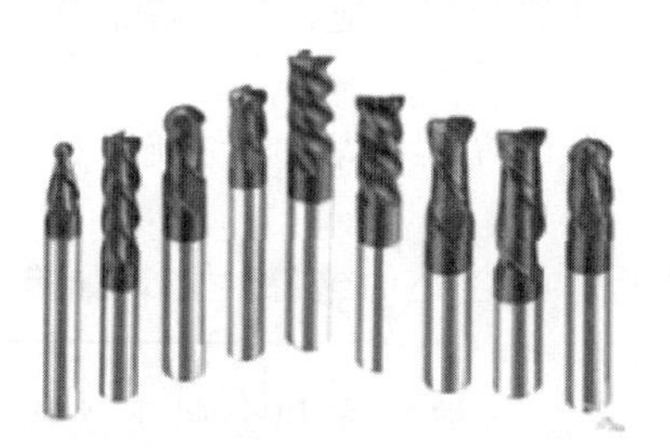

图 1-22 钻头

图 1-23 丝锥

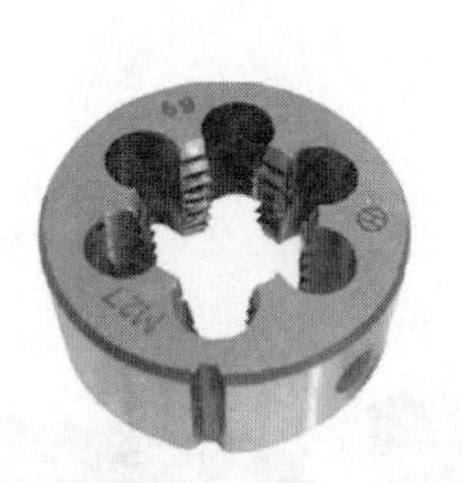

图 1-24 板牙

图 1-25 板牙架

板牙按材料分类有工具钢板牙（用于镀锌管、无缝钢管、圆钢筋、铜材、铝材等加工丝扣用）、高速钢板牙（用于不锈钢管、不锈钢圆钢加工丝扣）。英制板牙（BSPT）的牙角度为55°，美制板牙（NPT）的牙角度为60°。

十一、增力包

增力包如图 1-26 所示。

使用增力包的注意事项如下：

① 在使用之前应首先检查增力包所有的部件是否完好；

② 在使用过程中严禁将手指处于反作用力臂上。

图 1-26 增力包

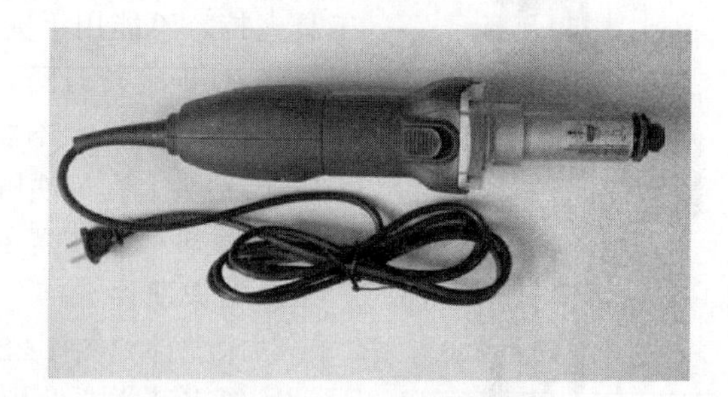

图 1-27 直式磨机

十二、直式磨机

直式磨机如图 1-27 所示。

使用直式磨机的注意事项如下：

① 使用前，应检查铭牌上的电压和频率是否与电源一致；

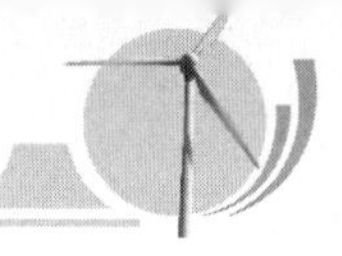

② 使用前，首先要确保研磨物料合适和安全，在安全情况下，先启动电动工具 30s 进行空转，当发现工具振动或有其他异常时，马上关闭电动工具，进行必要的检查；

③ 直式磨机用于金属的精确研磨，亦可用于研磨塑料、硬木等；

④ 当不使用或电压不足时，须开启启动开关锁，以防止无意识地启动电动工具；

⑤ 不能抓住转动工具，只有当机器停止运转时，才能去除转动工具上的物料屑片；

⑥ 使用时，双手握紧手柄，严格按照要求佩戴安全护目镜以及耳罩，禁止佩戴手套；

⑦ 因为直式磨机转速较快，所以在使用时应双手用力，以防止直式磨机脱手；

⑧ 工作时，须确保溅出来的火花不会对自己和其他工作人员构成威胁，并且不会点燃易燃物品。

十三、热风枪

热风枪如图 1-28 所示。

热风枪主要用于去除旧油漆、烘干新油漆、为水管解冻、对塑料进行变形前加热、塑料焊接等。

使用热风枪的注意事项如下：

① 严禁向排气管内探视；

② 严禁将热风枪对准易燃物品，如操作不当，将会引起火灾；

③ 严禁用热风枪烘干头发，应随时佩戴护眼镜和工作手套，勿将热风枪长时间对准同一位置；

④ 使用热风枪的工作场所必须通风良好；

⑤ 热风枪使用完之后，先将其置于支撑面上冷却，然后才可收存！不要触摸发烫的排气管。

图 1-28　热风枪

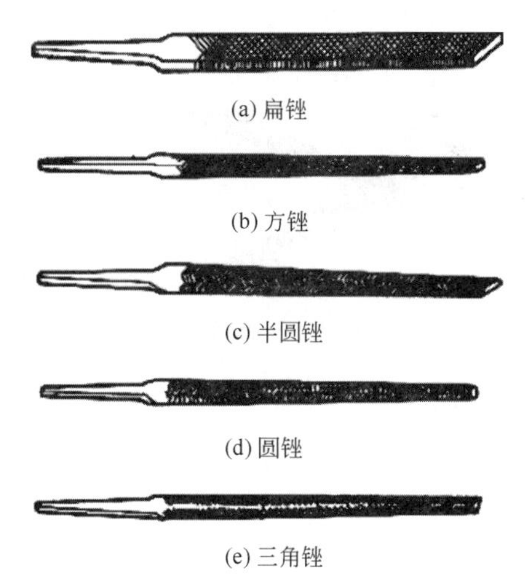

图 1-29　锉刀

十四、锉刀

锉刀如图 1-29 所示。

锉刀是用碳素工具钢 T12 或 T13 经热处理后，再将工作部分淬火制成的，主要用于锉制或修整金属工件的表面和孔、槽。根据截面形状，锉刀分为齐头扁锉、尖头扁锉、方锉、三角锉、半圆锉、圆锉等。

1. **使用方法**

① 右手握锉刀柄，左手握住锉刀的前端，一般锉削和精锉削握法略有不同。

② 锉削的姿势和锯削相同，锉削时身体应保持平稳，锉刀应保持水平，不可摇晃。往前锉削时用力，退回时不要用力。

2. **注意事项**

① 不准用新锉刀锉硬金属。

② 不准用锉刀锉淬火材料。

③ 有硬皮或粘砂的锻件和铸件，须在砂轮机上将其磨掉后，才可用半锋利的锉刀锉削。

④ 新锉刀先使用一面，当该面磨钝后，再用另一面。

十五、钢钳

1. **斜口钳**

斜口钳如图 1-30 所示。

(1) 用途

斜口钳主要用于剪切导线和元器件多余的引线，还常用来代替一般剪刀剪切绝缘套管、尼龙扎线卡、扎带、胶带等。

(2) 使用方法

使用时先将所要剪短的物品放入刀口内，然后用力捏紧两个剪柄。

(3) 注意事项

① 不能用斜口钳剪断较粗较硬的物品（如钢丝、钢片），以免弄伤刀口。

② 剪线时钳口朝下，以免剪断的物品伤到人。

③ 剪导线扎带时要小心，以免伤到导线。

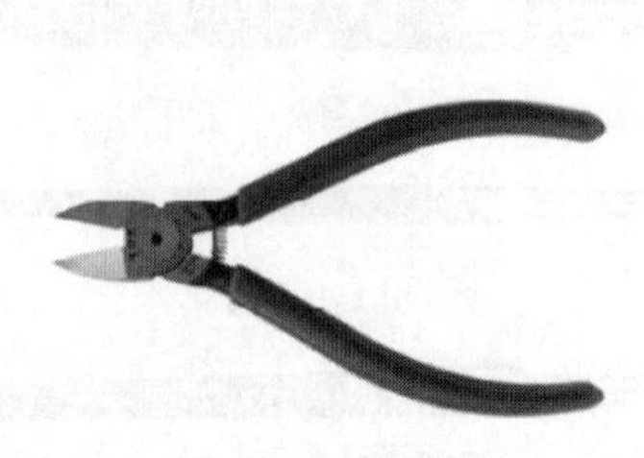

图 1-30 斜口钳

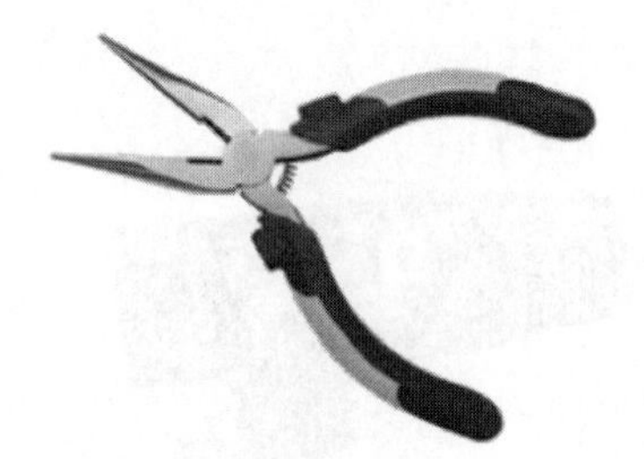

图 1-31 尖嘴钳

2. **尖嘴钳**

尖嘴钳如图 1-31 所示。

(1) 用途

尖嘴钳主要用来剪切线径较细的单股与多股电线，以及给单股导线接头弯圈、剥塑料绝缘层等，不带刃口者只能用于夹捏工作，带刃口者能用于剪切细小零件。

(2) 使用方法

一般用右手操作，使用时握住尖嘴钳的两个手柄夹持或剪切工作。

(3) 注意事项

① 使用时注意刃口不要对向自己，以免受到伤害。

② 不使用时要保存好，防止生锈。

3. **剥线钳**

剥线钳如图 1-32 所示。

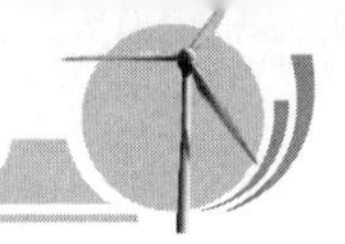

（1）用途

剥线钳在制作细缆时是必备的工具，它的主要功能是用来剥掉细缆导线外部的两层绝缘层。

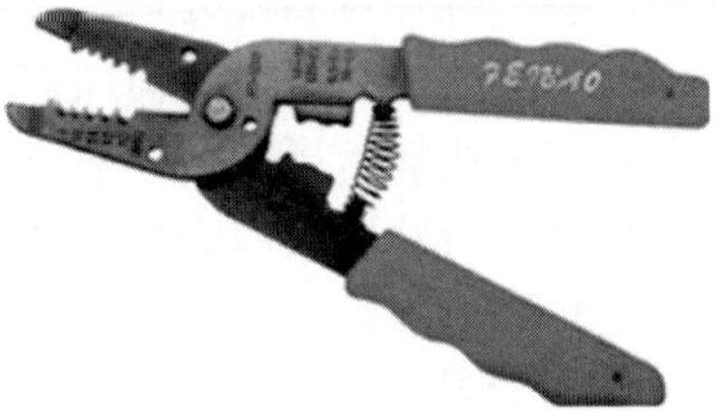

（2）使用方法

① 根据缆线的粗细、型号，选择相应的剥线刀口。

② 将准备好的电缆放在剥线工具的刀刃中间，选择好要剥线的长度。

图 1-32　剥线钳

③ 握住剥线工具手柄，将电缆夹住，缓缓用力使电缆外表皮慢慢剥落。

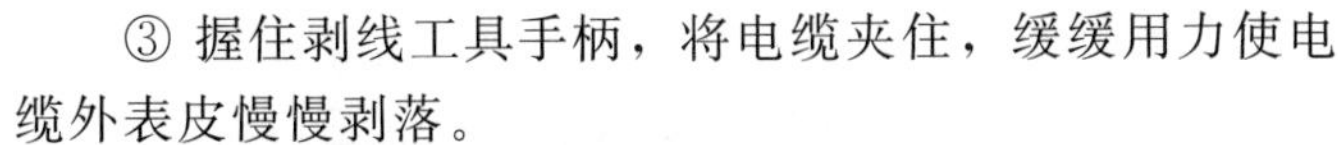

④ 松开手柄，取出电缆线，这时电缆金属整齐露出外面，其余绝缘塑料完好无损。

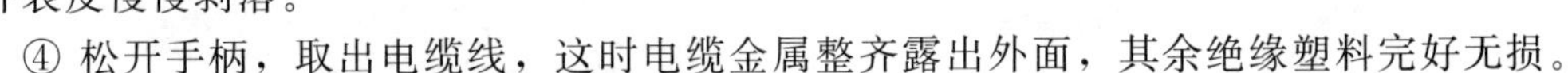

（3）注意事项

① 操作时须戴上护目镜。

② 为了断片不伤及周围的人和物，须确认断片飞溅方向后再进行切断。

③ 必须关紧刀刃尖端，放置在幼儿无法触及的安全的地方。

4. 卡簧钳

（1）种类

卡簧钳分为内卡簧钳（图 1-33）和外卡簧钳（图 1-34）。

图 1-33　内卡簧钳

图 1-34　外卡簧钳

（2）用途

卡簧钳主要用于安装和拆除卡簧，在车辆制造和机械行业中用于对轴承的固定或者孔内轴承固定。

（3）使用方法

① 内卡簧钳　使用时，先将手柄张开，使头部尖嘴能够完全插入卡簧孔内，然后稍稍捏紧手柄，使卡簧直径变小到能够放入轴承固定孔内即可。

② 外卡簧钳　使用时，先调整头部尖嘴使其完全插入卡簧孔，然后用力捏紧手柄，使头部尖嘴张开卡簧直径变大，然后套在轴承外围，松开手柄即可。

（4）注意事项

① 卡簧钳要根据标识的可接受卡簧直径来选用，如果超过该直径可能会崩坏卡簧钳。

② 小型卡簧钳的顶端很容易过载，因此在取出卡簧钳之前先松开张紧的卡簧。

5. 压线钳

压线钳如图 1-35 所示。

（1）用途

压线钳可用于压制各种线材，主要用来压制接线端子。

（2）使用方法

① 将导线进行剥线处理，裸线长度约 1.5mm，与压线片的压线部位大致相等。

② 将压线片的开口方向向着压线槽放入，并使压线片尾部的金属带与压线钳平齐。

③ 将导线插入压线片，对齐后压紧。

④ 将压线片取出，观察压线的效果，掰去压线片尾部的金属带即可使用。

6. 大力钳

大力钳如图 1-36 所示。

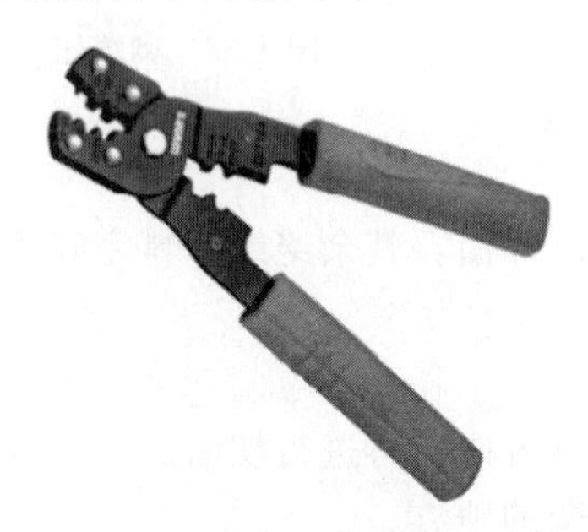

图 1-35　压线钳

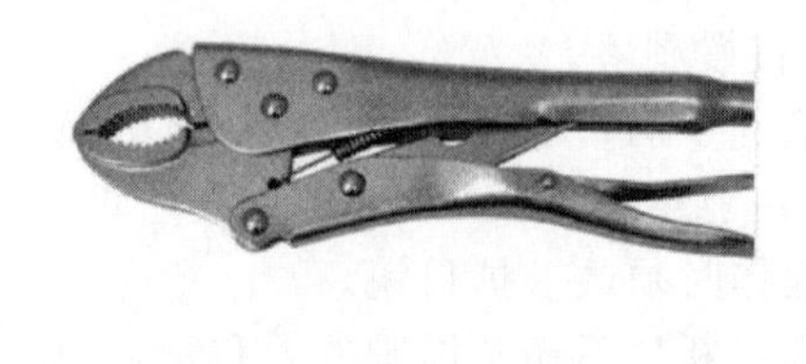

图 1-36　大力钳

（1）用途

主要用于夹持零件进行铆接、焊接、磨削等加工，其特点是钳口可以锁紧并产生很大的夹紧力，使被夹紧零件不会松脱，而且钳口有很多挡可调节位置，供夹紧不同厚度的零件使用。另外，大力钳也可作为扳手使用。

（2）使用方法

① 调整尾部钳口调节螺钉，将钳口调整到合适省力的位置。

② 张开钳口，钳住机械部件，双手紧握钳柄，用力旋动钳子即可松动部件。

（3）注意事项

大力钳钳柄只能用手握，不能用其他方法加力。

十六、轴承加热器

轴承加热器如图 1-37 所示。

1. 操作说明

① 按 START 键启动加热，如需保持温度，则在按 START 键前按温度保持即可。

② 如采用时间控制模式，在开机后只需按下时间控制键即可进入时间控制模式（按上下键选择时间）。

图 1-37　轴承加热器

③ 采用时间控制模式时，无需再用温度传感器，应将温度传感器从工件取下，以延长其使用寿命。

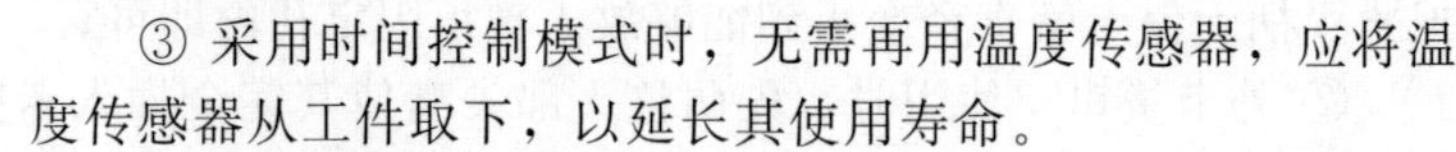

2. 注意事项

① 只能在 380V 电压下使用。

② 严禁空载启动加热装置。

③ 在按 START 前确保上扼到位。

④ 当采用温度控制模式时，应将传感器吸附在工件内侧上，接触面应保持干净。若出现 E03 提示，应检查传感器是否接好或是否由于加热工件太大所造成；若反复提示，应检查传感器是否已损坏。

⑤ 易受磁场影响的物品应远离，如心脏起搏器、助听

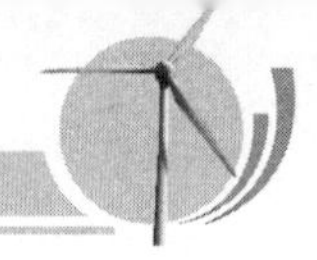

器、磁带及磁卡等物品，安全距离为2m。

3. 技术性能

① 工作条件为380V的交流电压，最大工作电流为63A，工作频率为50～60Hz。

② 工作模式为温控（0～240℃）和时间控制（0～99min 59s）两种设置，有温度保持功能。

③ 加热工件范围为：加热工件内径大于85mm，外径小于1100mm，加热工件最大厚度为350mm。

十七、超低温冷冻柜

超低温冷冻柜如图1-38所示。

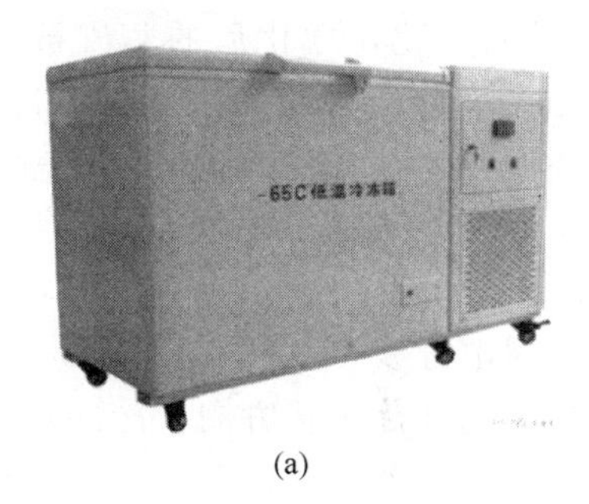

(a)

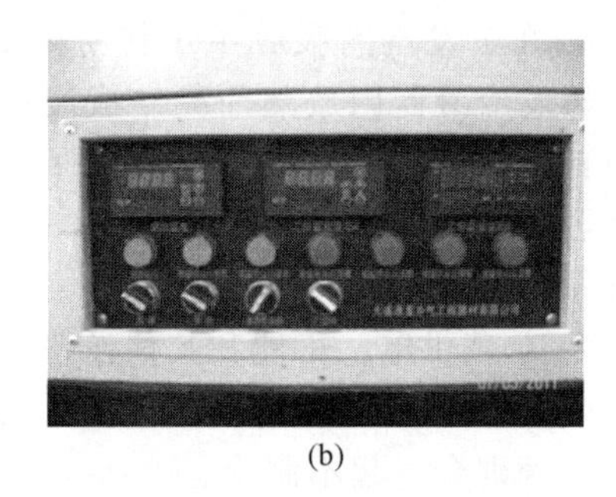

(b)

图1-38　超低温冷冻柜

1. 操作须知

冷冻柜不能用于下列物体的冷冻或试验。

① 爆炸物品　爆炸性的硝酸酯，爆炸性的硝基化合物，有机氧化物。如硝化甘油、硝化甘醇、硝化纤维物、三硝基甲苯、三硝基苯酚、三硝基苯、甲基乙基甲酮过氧化物和过乙酸等物品。

② 可燃易燃物品　如金属锂、钠、磷、电石、镁粉、铝粉、氧化物性质类、乙醚、汽油、二硫化碳、普通乙烷、氧化乙烯、苯以及燃点不到－30℃以上的物质。

③ 燃烧气体　如氢、乙炔、乙烯、甲烷、丙烷、丁烷及其他在温度为15℃时易燃的气体。

2. 技术条件

（1）环境条件

① 温度为－15～35℃。

② 相对湿度为不大于85％。

③ 大气压为86～106kPa。

④ 周围无强烈振动。

⑤ 无阳光直射或其他热源直射。

⑥ 周围无强烈气流，有气流的时候不应直接吹箱体。

⑦ 周围无强电磁场影响。

⑧ 周围无高浓度粉尘及腐蚀性物质。

（2）供电条件

电压为三相380V三相五线制；频率为50Hz±0.5Hz。

（3）技术参数

最大消耗功率为5.8kW；温度可调范围为－65～－40℃；温度波动为±1℃；温度允许偏差为±3℃；升温速率为不大于0.5℃/min；降温速率为0.3～0.7℃/min；风速为不大于

1.5m/s。

3. 工作过程

超低温冷冻柜制冷系统采用二级复叠式，由两台半封闭压缩机（一台使用R22，另一台使用R23）组成，由蒸发冷凝器使二级系统发生连接，利用R22来冷凝R23，最后获得低温。

（1）高温级系统（R22）

进入蒸发冷凝器的制冷剂R22液体吸收了制冷剂R23在蒸发冷凝器内释放出的热量而气化，气化后被压缩机吸入并压缩，排出到冷凝器内放热，放热后凝结成液体，液态的R22制冷剂由冷凝器出来，通过过滤器、膨胀阀重新进入蒸发冷凝器中吸热气化，如此不断循环。

（2）低温级系统（R23）

制冷剂R23在蒸发器内吸收了工作室内的热量而气化，气化后的蒸气被压缩机吸入，压缩机排出到蒸发冷凝器内放热而凝结成液体，由蒸发冷凝器出来的液体制冷剂通过过滤器、膨胀阀重新进入蒸发器，制冷剂不断重复循环而制冷。在停车时，制冷剂R23通过单向阀进入膨胀容器，以降低系统压力。

4. 使用注意事项

① 机器必须单独供电，不能和其他设备共用一组电源线。

② 冷冻柜采用风冷散热。使用时需注意风冷器上的叶片运转方向，冷冻箱应向外排风，不可向内吸风，否则会引起不制冷。

5. 冷冻柜的维护保养

① 制冷机组应避免在短时间内（约5min以内）频繁开关运转。

② 进入冷冻柜的冷冻物的温度不应该高于环境温度，使用时尽量减少开门次数。

③ 控制箱内的风机开关为低温蒸发器风机开关，正常工作时在关的位置，除霜时开启，化霜后需重新关闭，否则将会导致风机长期运转。

④ 对设备的镀涂层应经常做防腐措施，以防受蚀。在设备的外表面用汽车蜡上光。

⑤ 电动机需经常检查和清洁，避免积灰。表面温度异常（高于70℃）时应停机检查，进行相应的更换配件、润滑及紧固等。

⑥ 不要随意拆装电气元件及设备零部件，以免损坏电气控制线路，造成人为故障。

⑦ 储存使用设备时，周围无易燃、易爆及腐蚀性物质。

⑧ 低温冷冻箱长时间工作时，工作室内蒸发器会结霜，冻结翅片，造成降温速度下降或降不下温度，此时应停机，使蒸发器霜化掉后再开制冷机。

十八、电动平车

电动平车如图1-39所示。

使用电动平车时的注意事项如下：

① 轨道表面需要保持清洁，严禁堆放杂物，轨道连接处需保持光滑；

② 操作人员必须接受过相应的安全培训，车辆严禁载人，车辆装卸货物时操作人员应保持安全距离；

③ 遥控器的安全距离在60m之内，任何情况下都不能将车辆行驶出该范围；

④ 除维修和操作人员，一般员工勿碰触除开关、电压表外电控箱上的任何部件；

⑤ 严禁车辆满载高速运行时紧急制动，防止货物倾倒，造成安全事故；

⑥ 改变车辆运行方向时应待车辆停稳后进行；

⑦ 蓄电池电压低于40V时，应及时充电或更换备用蓄电池。

图 1-39　电动平车

图 1-40　QDD30 系列蓄电池牵引车

十九、 QD 系列蓄电池牵引车

QDD30 系列蓄电池牵引车如图 1-40 所示。

牵引车使用和维护要点如下：

① 操作人员在作业前需检查电压表指数是否在允许范围内，制动系统是否灵活可靠，各部分机构是否断损，紧固件是否松动，润滑油是否渗漏等，以及检查换向开关、喇叭、方向灯、刹车灯等是否正常；

② 不得超负荷牵引，在正常行驶中，不允许踏着加速器进行换向，防止损坏机件与烧毁主线路并发生安全事故，紧急情况下可利用此功能进行制动；

③ 在行驶中，出现不良噪声和发热时，必须及时检查原因，予以排除，严禁带病操作；

④ 车辆在转弯、倒车和进入库房时必须减速，响喇叭；

⑤ 蓄电池不宜经受强烈震动，故车辆应在平坦、干燥、硬质道路上行驶，车辆无防爆装置，严禁在易爆场所工作；

⑥ 制动液为蓖麻油 50%和丙酮 50%的溶液，禁止用矿物油；

⑦ 作业完毕，司机必须关闭电锁，手制动，方可离去；

⑧ 蓄电池组电压 48V 降至 42V 或更低，单个蓄电池电压低于 1.75V 时，应停止使用，长期不使用时应定期维护充电；

⑨ EV100 蓄电池车用调速斩波器使用时的注意事项详见说明书。

二十、二液型液体吐出控制机

二液型液体吐出控制机如图 1-41 所示。

1. 操作注意事项

（1）计量吐出操作方法

按下计量吐出键，踩下脚踏开关，直到终端单向阀有液体流出（踩一下脚踏开关，设备运行一次，若持续踩踏，设备会连续运行）。

（2）搅拌操作方法

按下主搅拌键，搅拌运行（料筒内的原料黏度在 3000Pa·s 以上时，应打开加热器及搅拌装置，以降低原料黏度）；再次按下主搅拌键，搅拌停止。

（3）原料注入方法

采用真空吸料，添加原料不得超过料桶总容积的 2/3。

（4）真空脱泡方法

① 关闭料桶下方的球阀及桶盖上方的球阀。

② 将吸真空软管分别插于吸真空球阀和真空泵接头并固定。

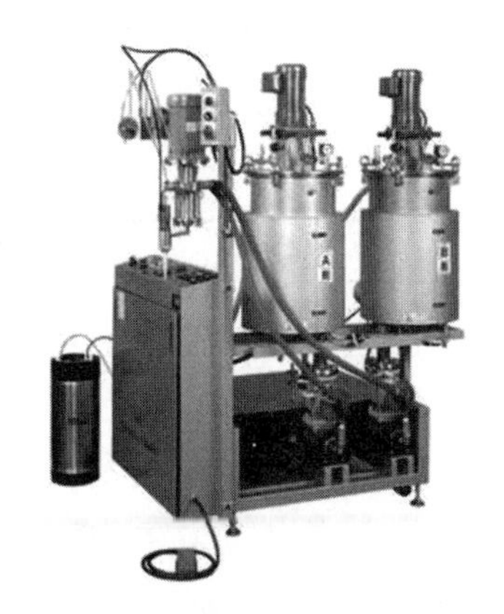

图 1-41　二液型液体吐出控制机

③ 将真空泵电源线接好后，按下控制面板的真空泵按键运行。

④ 缓慢打开桶盖上的吸真空球阀，在负压下观察树脂反应是否剧烈，如剧烈需打开排气阀使之达到稳定状态，如在此情况下树脂依然沸腾，应关闭桶盖上真空球阀。以上情况多次反复，直至树脂稳定。

注意：如猛然打开吸真空球阀，原料在压力骤降时会引发剧烈沸腾，极易被吸入真空泵而引起故障。脱泡完成后，应首先关闭真空球阀，再按下真空泵按键，真空泵上的放气阀会自动打开，使吸真空软管内恢复到大气压。

⑤ 脱泡所需时间根据原料性质而定。正常吐出料桶为常压状态。

2. 二液型液体吐出控制机的日常检查

① 驱动部位经常进行润滑。

② 定期确认密封圈是否拧紧（对有泄漏的地方确认）。

③ 严禁烟火，注意换气。

④ 由于树脂易黏附、易污染，应用心清扫。

⑤ 保持住气压 0.5～0.7MPa。

⑥ 定期拔下过滤调压阀的放水阀。

⑦ 洗净时，一定要进行混合器及 FDV-LWA 的分解清洗。

⑧ 向原料罐内和洗净罐内倒入原料时，一定要卸掉罐内压力，确认压力为零后再倒入原料。

⑨ 注意洗净阀手柄的位置。

⑩ 泵单向阀中如果杂物阻塞过多，不能正常运动，要定期进行分解清洗。将两侧拧下，即可将内部分解。阀芯如变形，应及时更换。

二液型液体吐出控制机故障及对策见表 1-2。

表 1-2　二液型液体吐出控制机故障及对策表

（混合不良或固化现象应考虑事项与对策）

事项	内容和对策
进入混合器时，主剂和硬化剂的吐出动作不同步	即使主剂和硬化剂的计量正确，如进入混合器的时间有明显偏差，也会发生混合不良现象，导致废品产生。 原因和对策：①原料桶中的树脂不足，造成计量泵吸入空气；②检查原料桶下球阀及吐出阀是否处于关闭状态；③检查中间位置的调整是否有偏差；④检查泵部配管是否被阻塞。检查以上内容后再进一步确认
原料特性或管理有问题时	主剂或硬化剂有自身硬化的特性，在此情况下进入混合器就会发生混合斑现象。料筒内树脂的填充物混入过多（40％以上），不能很好进行混合时，也会发生硬化不良现象。 对策：确认操作工艺和原料的使用方法

泵故障原因及对策见表 1-3。

表 1-3　泵故障原因及对策

故障内容	原因	对策
不出液	活塞磨损	更换活塞
	活塞脱落	拧紧活塞
	活塞破损	更换活塞
	单向阀不动作	单向阀分解洗净或更换
	气缸压力低	增大压力
	黏度高	加大管径

续表

故障内容	原因	对策
活塞磨损	有硬质添加物	使用陶瓷或 SIC 活塞
吐出量不稳定	有行程误差	确定行程
	原料密度不均匀	进行搅拌
	混入空气	排掉空气
	树脂和金属反应	确认树脂性质
	活塞磨损	更换
	单向阀没动作,活塞后退时泵内吸入空气,再次吐出时吐出量减少	单向阀分解洗净,部分有磨损时更换
从密封滑动部位漏液	密封划伤	更换密封件
	密封没有压紧	拧紧密封调整螺钉
	添加物磨损,使其间隙变大	使用陶瓷,或 SIC 活塞及活塞杆
	密封件到了使用年限	更换密封件

二十一、半臂龙门吊

半臂龙门吊如图 1-42 所示。

1. 操作注意事项

① 操作前应仔细检查行车各个部件的实时状况，防止事故发生，如传动机构、安全开关和钢丝绳等部件。

② 专人持证操作，启动时应发出警告信号。

③ 操作控制器手柄时先从 0 位转到第一挡，然后逐渐增速或减速，换向时必须先逐步转回到 0 位，待行车停稳后，再反向操作。

④ 接近卷扬限位器，速度要缓慢，不能用倒车代替停车，不能用紧急开关代替平时停车操作。

⑤ 半臂吊停歇时不得将重物悬空；严禁吊物从人头上越过。

⑥ 同一跨度内若两台起重机需同时工作时，应保持 1.5m 距离，以防相撞。工作需要时，最小距离应在 0.3m 以上。

⑦ 十不吊原则：a. 指挥信号不明确和违章指挥不吊；b. 超载不吊；c. 工件和吊运物捆绑不牢不吊；d. 工件上有人或工件上放有活动物品不吊；e. 安全措施不齐全、不完好、动作

图 1-42　半臂龙门吊

图 1-43　半臂龙门吊变频器

不灵敏或有失效者不吊；f. 工件埋在地下或与地面建筑物、设备有钩挂时不吊；g. 光线阴暗、视线不清不吊；h. 有棱角吊物无保护措施不吊；i. 斜拉歪拽工件不吊；j. 起吊前必须检查 U 形吊环固定牢固，否则不吊。

2. 半臂龙门吊变频器维护与检查

半臂龙门吊变频器如图 1-43 所示，应对其进行日常检查、定期检查，对其部件进行定期维护，使系统处于工作状态，应确认以下事项：

① 电机是否有异常声音及振动；

② 是否有异常发热；

③ 环境温度是否太高；

④ 输出电流的监视显示是否大于通常使用值；

⑤ 安装在变频器下部的冷风扇正常运行；

⑥ 定期维护时务必切断电源，经过前外罩上指定的时间后，在 CHARGE 指示灯熄灭后进行，断电后不要匆忙接触端子，防止触电。

需对半臂龙门吊变频器进行检查的项目见表 1-4。

表 1-4 检查项目

检查项目	检查内容	故障时的对策
端子、螺钉、跳线	螺钉是否松动	拧紧螺钉，重新安装
散热片	是否有垃圾或灰尘	干燥空气清除(4～6kg)
印刷电路板	有无导电性灰尘及油污	
冷却风扇	有无异常声音和振动，累计运行时间是否超过 2 万小时	更换冷风扇
功率元件	是否有垃圾和灰尘	干燥空气清除
平滑电容器	是否变色、异臭等现象	更换电容器或变频单元

3. 部件更换标准

① 冷却风扇 2～3 年更换一次。

② 平滑电容器 5 年更换一次（检查后决定）。

③ 保险丝 10 年更换一次。

④ 电路板上的铝制电容器 5 年更换一次（检查后决定）。

⑤ 制动继电器类根据实际检查情况决定是否需要更换。

二十二、开放式喷砂机

开放式喷砂机如图 1-44 所示。

1. 日常维护和保养

① 定期排放清理空气过滤器中的水分、杂质，必要时及时更换。

② 定期检查喷砂机有无漏气现象，若发现漏气应及时修补。

③ 定期检查喷砂管是否完好，有无漏气、裂纹、老化等现象，并及时更换。

④ 定期检查喷嘴口径的磨损情况，必要时进行更换。

⑤ 喷砂机长期不用时，应排空磨料，拆下喷砂管件妥善放置，置于干燥处。

⑥ 喷砂机作为压力容器，应定期按压力容器要求进行检查。

2. 注意事项

每天工作完成后，须认真清理、检查、保养好机器。

图 1-44　开放式喷砂机

① 严禁喷头对人对己。

② 定期检查各配件是否完好。

③ 不能在雨天使用，不能将机器打湿。

④ 喷砂机在工作和压力状态时不能移动设备，不准在罐体上敲击和进行其他工作。

⑤ 设备闲置时，将各胶管盘好，设备擦拭干净。

⑥ 磨料必须是干燥、少粉尘、少杂质的。

3. 故障排除

（1）无气

① 检查是否打开主气源开关；

② 检查流量调节阀；

③ 检查是否砂阀堵塞。

（2）效率低

① 检查压力气量是否符合要求，空压机是否正常工作；

② 检查喷枪是否磨损；

③ 检查磨料是否与气体混合不好；

④ 检查磨料材质、硬度、目数是否选择不当。

（3）砂罐内不加压

① 检查气源开关是否打开；

② 检查砂托是否拧紧；

③ 检查密封垫是否有破损；

④ 检查手孔是否拧紧。

（4）喷砂不连续

① 检查砂罐内砂量是否过多或过少；

② 检查压力、气量是否能满足喷砂要求。

二十三、蓄电池电瓶叉车

叉车安全行车基本要求

影响叉车安全的因素及危险预防

蓄电池电瓶叉车如图 1-45 所示。

1. 必要的定期维护

① 检查接触器触点的磨损情况。若触点变得太硬或磨损严重，应更换。接触器触点应 3 个月检查一次。

图 1-45　蓄电池电瓶叉车

② 检查踏板加速器微动开关，测量微动开关两端电压值。微动开关闭合时应没有电阻，释放时应有清脆的声音。微动开关应每隔 3 个月检查一次。

③ 检查电机、电池及斩波器之间的连接情况。线路表面接触应处于良好状态，对于破损的零部件、元件、导线应及时更换。线路应每隔 3 个月检查一次。

④ 接触器机械运动应活动自如且不粘连。接触器的机械动作应每隔 3 个月检查一次，检查由专人完成，所有配置应是原型号，其他安装应根据说明书要求进行。

⑤ 电瓶额定电压和斩波器上所标的电压值一定

要相同。如电瓶电压过高会导致斩波器 MOS 管击穿，电压过低会阻碍斩波器工作。

⑥ 需要对蓄电池充电时，应将电瓶与电控总成部分完全脱离开，禁止将充电机插头与电控插头对插。

⑦ 电控总成的电源线极性不能接反，否则会损坏斩波器。

⑧ 在维修过程中对车辆突然冲出、大电流、电弧、铅酸蓄电池液体飞溅等现象要有自我保护意识。

2. 司机注意事项

① 司机持证上岗，专人专车操作及维护。使用适应环境的油。

② 保证蓄电池在寒冷季节的正常充电条件，电解液凝固点约为－35℃。凝固的电解液会损坏电池壳体，要防止电解液凝固，至少要充电到总容量的75%。最有效的方法是保持相对密度为1.260，但不要高于此值。冷却系统装有50%总容量的长效防冻液，凝固点为－35℃。

③ 在炎热的夏季，对水箱和冷却系统应加倍注意，将车停在阴凉处。需要随时补充蒸馏水，每周检查一次。当周围温度较高时，应将蓄电池相对密度降到1.220左右。

④ 蓄电池产生的气体会爆炸，应远离明火易爆等危险源。

⑤ 禁止野蛮驾驶，严格按照操作手册驾驶，安全行驶。

⑥ 维修轮胎时必须先放气，后拆螺栓，否则会发生危险。

⑦ 蓄电池电解液不要加得太多，溢出会造成漏电。

⑧ 蓄电池不能被雨水打湿，否则会损坏蓄电池或造成失火。

⑨ 蓄电池不正常的现象有蓄电池发臭、电解液变脏、电解液温度变高、电解液减少速度过快等。

⑩ 作业启动前应做如下检查：液压油的油量（液面应在油位计上下刻度线的中间位置），管路、接头、泵阀是否有泄漏或损坏，行车制动（手动时叉车满载能在15°的坡道停住）是否正常，仪表、照明、开关及电气线路工作是否正常。

⑪ 蓄电池温度严禁超过55℃，表面保持干燥清洁。

蓄电池电瓶叉车制动系统故障诊断见表1-5，转向系统故障诊断见表1-6，液压系统故障诊断见表1-7。

表 1-5　蓄电池电瓶叉车制动系统故障诊断

问题	产生原因分析	排除方法
制动不良	制动系统漏油	修理
	制动蹄间隙未调好	调节调整器
	制动器过热	检查是否打滑
	制动鼓与摩擦片接触不良	重调
	杂质附着在摩擦片上	修理或更换
	杂质混入制动液中	检查制动液
	制动踏板(微动阀)调整不当	调整
制动器有噪声	摩擦片表面硬化或杂质附着其上	修理或更换
	底板变形或螺栓松动	
	摩擦片磨损	
	制动蹄片变形或安装不正确	
	车轮轴承松动	

续表

问题	产生原因分析	排除方法
制动不均	摩擦片表面有油污	修理或更换
	制动蹄间隙未调好	
	分泵失灵	
	制动蹄回位弹簧损坏	
	制动鼓偏斜	
制动不力	制动系统漏油	修理或更换
	制动蹄间隙未调好	调节调整器
	制动系统中混有空气	放气
	制动踏板调整不对	重调

表 1-6　蓄电池电瓶叉车转向系统故障诊断

问题	产生原因分析	排除方法
方向盘转不动	油泵损坏或出故障	更换
	胶管或接头损坏或管道堵塞	更换或清洗
方向盘重	安全阀压力过低	调整压力
	油路中有空气	排除空气
	转向器复位失灵，定位弹簧片折断或弹性不足	更换弹簧片
	转向缸内漏太大	检查活塞密封
叉车行走成蛇形或摆动	弹簧断或无弹力	更换
工作噪声大	油箱油位低	加油
	吸入管或滤油器堵塞	清洗或更换
	转向油缸导向套密封损坏或管路或接头损坏	更换

表 1-7　蓄电池电瓶叉车液压系统故障诊断

多路阀		
故障	原因	修理方式
起升油路压力不能提高	滑阀卡滞	分解后清洗
转向油路压力大于规定值	油孔堵塞	
振动、压力上升慢	滑阀卡滞，排气不充分	分解清洗和充分排气
达不到规定油量	溢流阀调整不妥	调整
有噪声	滑动面磨损	更换溢流阀
漏油(外部)	O形密封圈老化或损坏	更换密封圈
设定压力低	弹簧和阀面坏	更换和调整
漏油(内部)	阀座面坏	修正阀座面
设定压力高	阀门卡滞	分解后清洗

二十四、转子通用翻身工装吊具

1. 工装吊具的安全性说明

① 操作人员应熟练掌握遥控器按钮所对应工装吊具的动作，并在安全距离外进行操作。

② 经常检查工装吊具的紧固件及摩擦面的润滑情况，及时补充润滑油脂，检查减速箱的润滑油状况，不足时及时补充。

③ 对工装吊具进行维修或保养，一定要切断电源。

④ 工装吊具在使用后，应停放在配套的安防架上。

⑤ 无论是空载还是重载，都不能撞击其他物体。

⑥ 工装吊具使用时吊具下面禁止站人，不得在其他设备上方操作工装吊具。

2. 工装吊具的维护

① 两侧悬臂在上横梁两端的行走是靠电机、减速箱、扭矩限制器、螺杆、螺母传动，当侧悬臂走到一定位置时，行程开关动作使电机停电，如行程开关失效，侧悬臂顶到位时，电机仍未停止，则扭矩限制器内的摩擦片会打滑，从而保护电机；但打滑时间不宜长，否则摩擦片会发热烧坏。

② 侧悬臂上端球形支撑的上表面装有加油孔，用来润滑球形面；球形支撑下有铜条，铜条上有槽，作为球形支撑滑动摩擦时的润滑；螺杆螺母副和链轮链条副均需每周用 2 号锂基润滑脂润滑 2～3 次。上横梁两端的轴承及侧悬臂下端的轴承每 6 个月补充一次 2 号锂基润滑脂。

③ 上横梁两端各有一台减速机，侧悬臂两端也各有一台减速机，应经常检查减速机的润滑油油量，当油量低于标线时应及时补充。

④ 工装吊具不使用时，应停放在专用搁架上。使用一段时间后，当按下开合按钮却不见侧悬臂移动，排除电机原因后，用扳手将扭矩限制器的 3 颗螺钉同时旋紧 45°～60°，或再重复一次即可。

二十五、桥式起重机

桥式起重机如图 1-46 所示。

1. 日常检查

① 检查带钩滑车　检查吊钩是否能自由地向各个方向移动，检查是否有安全栓并是否有效，检查缆芯是否能自由而平滑地旋转。

② 检查起升限位开关。

图 1-46　桥式起重机

③ 检查按钮控制器　检查按钮是否松动或破损，检查所有按钮和开关的功能与使用是否正常，检查紧急按钮是否能正确操作。

④ 检查钢丝绳　检查钢缆是否有被扭绞、压坏、腐蚀；检查钢绳是否已放入缆索卷筒槽和缆芯。

⑤ 检查紧急按钮　测试期间，不要在起重葫芦工作时按下紧急按钮。测试紧急停止功能的正确方法是：在空挡状态下按下紧急停止按钮，确保按钮无法启动任何动作。

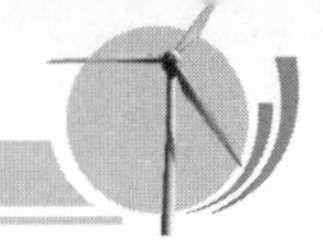

桥式起重机的故障诊断见表1-8。

表1-8　桥式起重机的故障诊断

故障	可能原因	校正行为
起重葫芦不工作	没有连接电源	打开电源供电/释放急停按钮/按下启动按钮
	保险丝烧了	更换保险丝
	起升机过热，温度传感器停止工作	等待电机冷却，避免不必要的重复短时启动
	动作达到极限位置	驱动离开极限位置
	一相死了（没有电压）	维修供电电源
起重葫芦可以工作，但是不能提升负载	吊钩上的负载太大了	检查吊钩上的负载没是否超过最大允许负载
负载向下滑动	起升刹车磨损了	更换
起重葫芦动作方向错误	电源相位接错了	交换电源两个相位的顺序
不移动或者噪声太大	在轨道上有障碍物	清理轨道
	移动控制有故障	维修人员处理

2. 操作注意事项

① 操作人员必须穿戴所要求的劳保用品，留长发的员工需要把头发扎起或塞到工作帽中。

② 严禁戴手套操作遥控器。

③ 维护人员因工作原因需上行车顶端维护检修时，必须穿戴安全服和安全帽等必需的高空作业防护用品。

④ 维护人员所用的工具必须放置在工作包中，禁止随意放置，防止坠落伤人。

⑤ 维修前必须切断行车主控开关，悬挂“正在检修　禁止合闸”安全标识。

⑥ 高空作业完毕，需仔细检查所带物品有无遗漏在行车上，清理工作现场，保持干净整洁的状态。

二十六、加热工装

加热工装如图1-47所示。

1. 操作注意事项

① 高效加热装置吊起时，必须将高效加热炉电源切断，并且要将高效加热炉炉盖上的电源连接器拆除，以防止在高效加热炉炉盖吊起时将电缆扯断。

② 高效加热炉在加热过程中，如需对发电机转子进行操作，首先必须切断电源。在对发电机转子进行操作过程中，绝不可触碰加热板，以免烫伤。

③ 高效加热炉炉盖总重量约3.5t，加热炉下部重量约3t，所以在起吊时必须选择合适的吊带进行吊运。

④ 因为高效加热装置是分两半制作完成的，然后在生产现场进行组装，所以应不定期对所有的连接螺栓进行检查，尤其要注意检查离心风扇叶轮，看有无松动，如有松动，必须立即紧固后方可

图1-47　加热工装

使用。

2. 维护注意事项

（1）保养要求

① 保持工装表面整洁，每周对工装表面进行一次除尘打扫。

② 保持工装面漆的完整，如有面漆脱落，及时补面漆。

③ 每8个月对炉用电机轴承进行一次加脂。

（2）电气检查保养要求

① 每月对控制柜内的电气元件进行除尘处理。

② 每月对控制柜内线路进行检查，检查线路是否有虚接、断路、短路。

③ 每月对控制柜内电气元件进行检测，检测电气元件是否能正常工作。

④ 每月对加热器进行检查，测量阻值及对地绝缘情况。如发现加热器有损坏或者异常，应及时更换。

⑤ 每月检测温度传感器是否正常，传感器线路有无损伤。若有损伤，应及时更换。

⑥ 每月查看工业连接器接线，保证接线无松动、虚接、断路、短路。

⑦ 每月检测各仪表工作状态及参数设置是否正确，发现有损坏仪表时应及时更换。若发现仪表参数有误时应及时更正。

二十七、磁力钻

磁力钻如图1-48所示。

图1-48 磁力钻

1. 注意事项

① 磁力钻在运转工作中，严禁清扫、调整各传动部位。

② 清除钻头的铁屑时，必须停机后用刷子清扫，严禁直接用手清扫。

③ 直流断电保护器保证蓄电池电能充足，电能不足时不得在高处、侧面、顶面进行加工作业。

④ 工作中严禁使用杠杆或在手柄上加套管作业，防止用力不均，磁力钻重心转移，机身倾翻。

⑤ 操作中遇有运转不灵、吸力不足、声音异常，应立即停止作业，检查故障，修复后再用。严禁带电修理。工作完毕，要切断电源。

⑥ 机具的绝缘电阻应定期用500V的兆欧表测量，如带电部件与外壳电阻达不到2MΩ时，必须进行维修处理。

⑦ 电气部分经维修后，需要进行绝缘电阻测量和进行绝缘耐压实验。

⑧ 移动磁力钻时，不要拉扯电线和提着转动部分。

⑨ 工件夹装必须牢固可靠。钻小件时，也应用工具夹持，不准用手拿着钻。

⑩ 钻头缠有长铁屑时，要停机用刷子清除或铁钩钩出，禁止用风吹或用手拉。

⑪ 加工深孔或打孔，要经常提起钻头清理断屑，防止钻头折断。

⑫ 使用细长钻头，防止钻头甩弯伤人。

2. 使用后的注意事项

① 作业完毕，清理机具，检查各处连接螺栓是否松动后，放置在干燥处。

② 各转动部位加注润滑脂，避免零部件失油损坏。

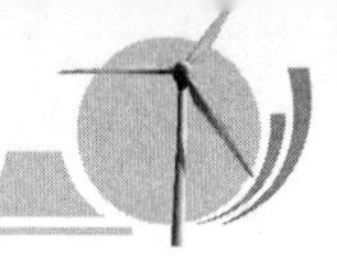

二十八、手动液压升降车

手动液压升降车如图 1-49 所示。

1. 零部件装配要求

① 所有零部件必须经过检验合格方可使用。

② 油缸泵等处的运动配合面及密封元件不允许有影响密封性能的划痕和缺陷。

③ 叉车滚轮及侧向钢球与门架导向槽之间的间隙应不大于 1mm。

④ 手柄、车轮以及其他转动零部件应转动灵活，不允许有卡滞现象。起升油缸中的柱塞在全行程中应平稳地起升和下降，特别在无负荷时，货叉应能在从最高处自由下降到最低处。

2. 液压系统的技术要求

① 双作用的手摇臂的容积效率应不低于 92%。

② 在额定载荷及超载 25%的状态下，液压系统不得有漏油和泄漏等现象。

③ 安全阀必须调整至当超载 20%时全开启的位置。

图 1-49　手动液压升降车

图 1-50　液压升降平台

二十九、液压升降平台

液压升降平台如图 1-50 所示。液压升降平台的维护保养规程如下。

① 检查所有的液压管道和接头。管道不能有破损，接头不能有松动，必须将所有接头拧紧。

② 各部位均加注一些润滑油，延长升降机轴承的使用寿命；检查液压升降机车轮、中间轴及轴承、油缸销轴及轴承、臂架铰轴及轴承等有无磨损。

③ 首先确保液压系统任何部位之间先卸压，以避免压力油喷出，升降机突然下滑。

④ 不得任意调整溢流阀。液压升降机系统中的每个元件都是在设定压力下工作的，任意调整溢流阀，可能造成液压系统非正常运转。

⑤ 在升降机工作平台下面检查时，必须吊住平台上部，支撑升降机工作平台，防止下降。

⑥ 非专业维修人员不得随意拆卸电器，防止触电或误接。

⑦ 拆开升降机下降阀，用压缩空气将柱塞吹干净，然后重新安装。

⑧ 油质检查和更换。如发现液压油变暗、发黏或者有砂砾等异物，应及时更换。把液压油放尽后，拧紧接头，取出油过滤器，清洗后，用压缩空气清理干净，然后放回油箱，并

图 1-51　气动拉铆枪

连接好管路，换上新油（旧油会使各活动部件加速磨损）。

三十、气动拉铆枪

气动拉铆枪如图 1-51 所示。

1. 操作注意事项

① 在调整、安装或更换枪嘴前应拔掉气源。

② 切勿对着人开启工具。

③ 使用时确保工具使用的气路畅通，气阀不被堵塞。

④ 操作工具前，应站在稳定的位置。

⑤ 在没有枪嘴、油塞或油流出螺钉时，不要操作工具，防止意外发生。

⑥ 操作人员穿戴好必要的防护用品。

⑦ 工具可动部件应保持干燥和清洁，以保证最佳装配效果。

⑧ 移动工具时，应将手离开扳机，以免触碰开关。

⑨ 应避免过多地接触液压油，养成及时擦拭的习惯。

2. 气源的要求

① 为了增加工具的使用寿命，工具使用的压缩空气最佳压力为 5.5bar❶。

② 在气管上加装自动润滑过滤系统，最好距工具 3m 以内，工具的工作压力不得大于 7bar。

3. 行程的调节

为了保证铆接效果最好，行程调节十分必要，通常通过调节后盖完成。

① 缩短行程，将后盖顺时针旋转。

② 增长行程，将后盖逆时针旋转。

③ 后盖从螺纹面逆时针方向旋转不要多于 5 圈，直到达到最佳铆接效果为止。

4. 保养

① 供气系统未安装油水分离器，应在工具进气口滴一些轻质润滑油进行润滑。

② 检查是否漏气，如气管及接头损坏，应及时更换。

③ 如调压阀上未安装过滤器，在通气源前应先放气，清洁气道内的灰尘和积水。

④ 定期拆解机体，更换内部磨损的部件，所有 O 形圈都需要更换，并加油脂润滑。

三十一、工业除湿机

工业除湿机如图 1-52 所示。

操作工业除湿机时注意事项如下：

① 若系统较长时间不需运行，应切断总电源；

② 若出现故障或不明原因停机，必须查明原因或排除故障后方可再次开机；

③ 正常使用期间不应切断除湿机电源，以保证开机前压缩机能得到充分预热（压缩机充分预热时间为 8～12h）。

三十二、磁钢模具

磁钢模具如图 1-53 所示。

---

❶ $1bar=10^5Pa$

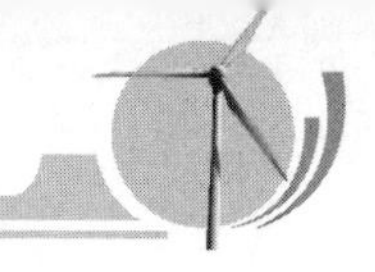

图 1-52　工业除湿机

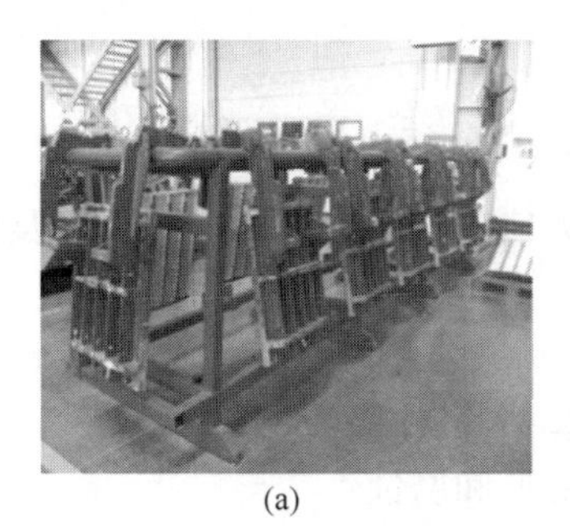

(a)

(b)

图 1-53　磁钢模具

使用磁钢模具时注意事项如下：

① 清洁工装表面，并检查有无磕碰、磨损、划痕及腐蚀；

② 检查工装有无变形；

③ 检查工装焊缝有无开裂。

三十三、兆瓦机试验驱动柜

兆瓦机试验驱动柜如图 1-54 所示。

1. 操作前的注意事项

① 检查发电机过程控制文件，确认发电机总装配工作全部完成合格，发电机与运输台车之间的连接螺栓完成紧固。

② 发电机上不得有任何异物，如大布、刀片、扳手等。

③ 检查转子舱门与闸体的空间位置，确保两者在转动时不会干涉。

④ 必须严格检查发电机锁定装置，确定处于非锁定状态才可操作实验，严禁锁定状态做实验。非锁定状态的标准为：锁定销顶端端面应低于铜套端面。

2. 其他安全事项

① 试验前必须用防护围栏将试验区域进行隔离，且应有专人监护，严禁与试验无关的人员进入试验区域，更不得在试验区域内滞留。

② 安装和拆除试验动力电缆连接前，须确认控制电路电源断开，接触器断开后方可操作。

图 1-54　兆瓦机试验驱动柜

图 1-55　发电机吊梁

三十四、发电机吊梁

发电机吊梁如图 1-55 所示。

操作发电机吊梁吊装前注意事项如下：

① 清洁吊梁表面，并检查有无磕碰、磨损、划痕、掉漆及腐蚀；

② 检查吊梁有无变形；

③ 检查吊梁焊缝有无开裂；

④ 检查专用吊环有无变形、磨损和腐蚀；

⑤ 检查钢丝绳是否有断丝、变形和腐蚀；

⑥ 检查两端钢丝绳长度。

三十五、行车

1. 安全

① 严禁超负荷起吊。

行车操作
安全注意事项

② 应穿戴好工作服、安全帽、安全鞋。

③ 每日使用前必须检查钢丝绳、吊钩、钩轮等吊具。

④ 空载行车运行，吊具最下端距地面 2.5m 以上。

⑤ 吊重物长度在于 8m 时需用两副吊具或辅助杆，两副吊具间距须大于 2m。

⑥ 吊重过程中，严禁任何人进入操作区间。

2. 操作

① 打开总电源。

② 先空载用遥控控制各运行动作是否正常。

③ 吊重过程中，严禁突按遥控器的变向运行按钮。突按变向运行按钮将会对接触器、继电器等电器造成损坏、烧损，严重时会瞬间断路。换向时应停车 2～3s 为好。

④ 钢丝绳打卷缠绕时严禁起吊，不然会对主电机轴承造成损坏，严重时造成电机损坏、烧坏。

⑤ 严格杜绝歪拉、斜拉，不规范操作易造成各电机损坏、烧坏。

⑥ 严禁对行车遥控器进行连续点动与连续向运行点动，此现象极易造成电机烧损。

⑦ 严禁外来人员操作行车。

[拓展知识] 风电机组装配工安全操作规程

风电机组装配工
安全操作规程

配电设备安全管理

停电检修妙招

思考题

1. 简述装配的重要性。

2. 装配的方法有哪些？

3. 装配工艺过程由几部分组成?

4. 过盈连接的装配方法有哪些? 都有何特点?

5. 零部件的装配工艺有哪些?

6. 滚动轴承的装配工艺有哪些特点?

7. 风力发电机组安装过程中常用的扳手有哪些?

8. 简述液压千斤顶和螺旋千斤顶的区别。

9. 轴承加热器使用时的注意事项有哪些?

10. 电瓶叉车制动系统故障诊断产生的原因及排除方法有哪些?

学习情境二

风力发电机组机舱的安装与调试

任务一　机舱部件认知

[知识目标]

① 掌握机舱各部件的工作过程和工作原理。

② 掌握风力发电机组的技术参数及其意义。

[能力目标]

① 能熟练掌握机舱部件的组成。

② 能熟练掌握机舱中各部件的工作位置和功能。

一、风力发电机组整机介绍

风力发电机组整机一般由塔架总成、机舱总成、发电机总成、叶轮总成等部分构成，其结构如图 2-1 所示。

1. 技术参数

以 1500kW 永磁直驱风力发电机组为例，其技术参数如下。

① 机型　水平轴、上风向、三叶片、变桨距调节、直接驱动、永磁同步发电机。

② 额定功率　1.5MW。

③ 风轮直径　70m/77m/82m。

④ 轮毂中心高　65m/70m/85m（根据塔架高度）。

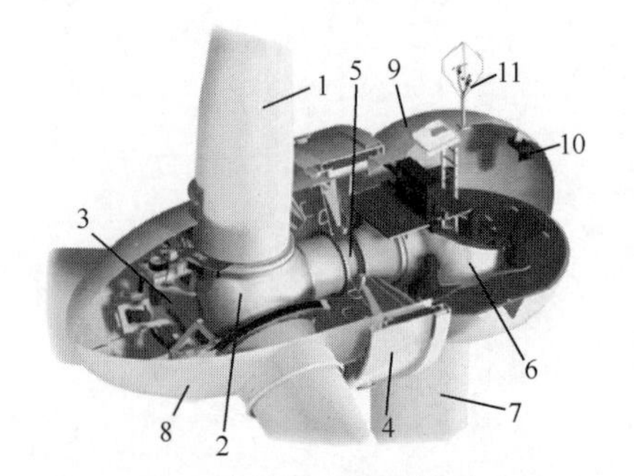

图 2-1　风力发电机组整机结构图

1—叶片；2—轮毂；3—变桨驱动；4—电机转子；5—电机定子；6—底座；7—塔架；8—导流罩；9—机舱罩；10—提升机；11—测风系统

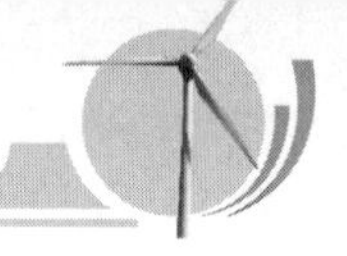

⑤ 切入风速　3m/s。
⑥ 额定风速　11m/s。
⑦ 切出风速　25m/s（10min 均值）。
⑧ 旋转速度　9～19r/min。
⑨ 最大抗风　59.5m/s（3s 均值）。
⑩ 控制系统　计算机控制，可远程监控。
⑪ 工作寿命　不小于 20 年。
⑫ 制动系统

风机整机介绍

a. 主制动系统　3 个叶片顺桨实现气动刹车。
b. 第二制动系统　发电机刹车（用于维护状态）。
⑬ 偏航系统　主动对风、电机驱动、四级行星减速、自动润滑。
⑭ 变桨系统　3 个叶片独立变桨。
⑮ 防雷措施　电气防雷、叶尖防雷等。

2. 运行过程

以 1500kW 风力发电机组为例，运行过程如下。

① 当风速超过 3m/s 持续 10min（可设置）时，风机将自动启动。叶轮转速大于 9r/min 时并入电网。

② 随着风速的增加，发电机的出力随之增加，当风速大于 12m/s 时，达到额定出力；超出额定风速，机组进行恒功率控制。

③ 当风速高于 25m/s 且持续 10min 时，将实现正常刹车（变桨系统控制叶片进行顺桨，转速低于切入转速时，风力发电机组脱网）。

④ 当风速高于 28m/s 并持续 10s 时，实现正常刹车。

⑤ 当风速高于 33m/s 并持续 1s 时，实现正常刹车。

⑥ 当遇到一般故障时，实现正常刹车。

⑦ 当遇到特定故障时，实现紧急刹车（变流器脱网，叶片以 10°/s 的速度顺桨）。

二、风力发电机组机舱部分介绍

机舱的主要作用是支撑发电机、偏航驱动及其他零部件，主要由机舱底座、偏航轴承、偏航制动器、偏航减速器、偏航电机、液压站、润滑泵、顶舱控制柜、滤波器、发电机开关柜和提升机等零部件组成，如图 2-2 所示。

图 2-2　机舱部件结构图

图 2-3　机舱底座

（一）底座总成

底座总成主要由底座、下平台总成、内平台总成、上平台总成和机舱梯子等组成。

1. 底座

底座为下平台总成、内平台总成、上平台总成、机舱罩总成、偏航系统总成、液压系统总成、润滑系统总成提供支撑，采用球墨铸铁加工而成。与发电机定轴连接的法兰面呈 3° 倾角设计，目的是防止叶片在转动中碰到塔架，如图 2-3 所示。

2. 机舱平台

机舱平台包括下平台、内平台、上平台，是为机组进行检修维护时提供的工作平台或支撑底座上某些附件的平台，如图 2-4 和图 2-5 所示。

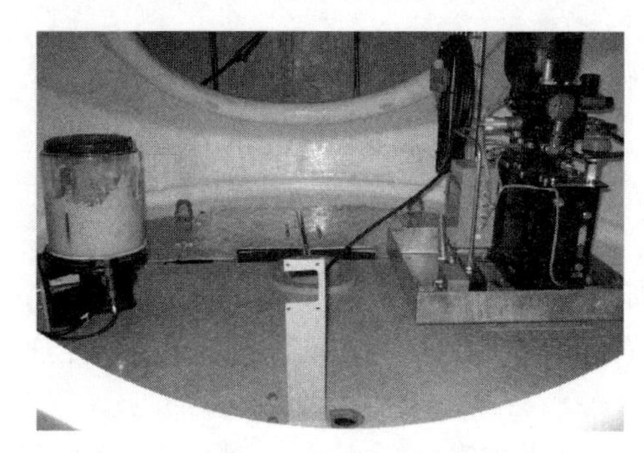
图 2-4　机舱内平台

图 2-5　机舱上平台

（二）偏航系统

偏航系统采用主动对风齿轮驱动形式，与控制系统相配合，使叶轮始终处于迎风状态，充分利用风能，提高发电效率，并提供必要的锁紧力矩，以保障机组安全运行。

偏航系统介绍

偏航系统包括偏航轴承、偏航制动器、偏航刹车盘、偏航电机、偏航减速器、凸轮计数器等。

1. 偏航轴承

偏航轴承采用外齿圈结构、四点接触球轴承，主要是连接机舱底座与塔架的，风机机舱通过偏航轴承可以在 360°范围内转动，跟踪风向。偏航轴承如图 2-6 所示。图 2-7 所示为偏航轴承纵剖图。

2. 偏航制动器

作为机组正常运行时的偏航制动部件，每台机组使用 10 副偏航制动器，采用串联结构，

揭秘风机偏航

图 2-6　偏航轴承

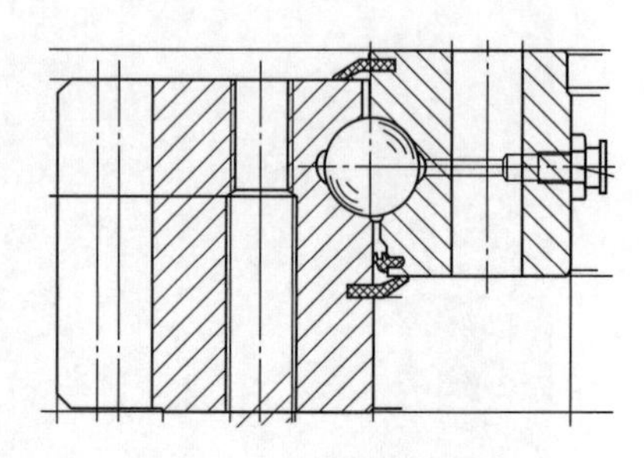
图 2-7　偏航轴承纵剖图

每台制动器由上、下两个闸体组成。刹车闸为液压卡钳形式，在偏航刹车时，由液压系统提供 14～16MPa 的压力，使刹车片紧压在刹车盘上，提供制动力。偏航时保持 2～2.5MPa 的余压，产生一定的阻尼力矩，使偏航运动更加平稳，减小机组振动。偏航制动器如图 2-8 所示。图 2-9 所示为偏航制动器的纵剖图。

图 2-8　偏航制动器

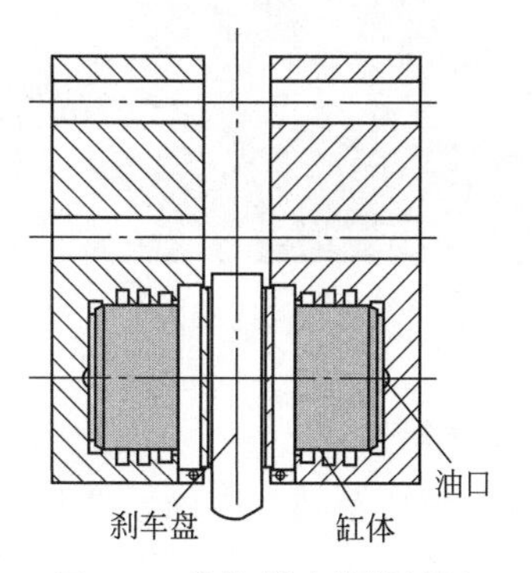

图 2-9　偏航制动器纵剖图

3. **偏航刹车盘**

偏航刹车盘由钢板加工而成，安装于偏航轴承上，与偏航制动器配合使用。在机组正常运行时给偏航制动器一个着力点，使机组制动。偏航刹车盘如图 2-10 所示。

图 2-10　偏航刹车盘

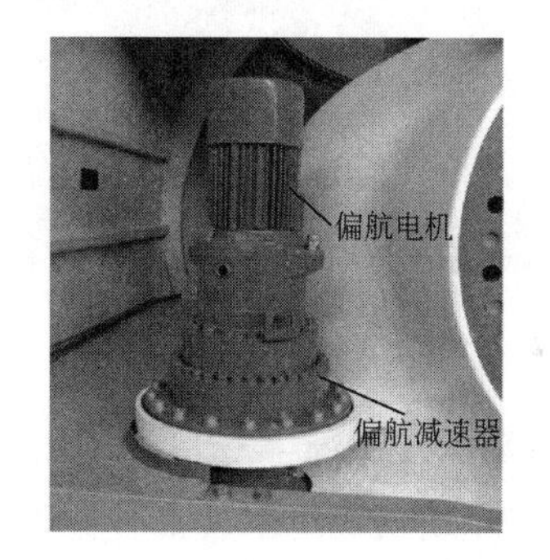

图 2-11　偏航电机和偏航减速器

4. **偏航电机**

偏航电机主要为偏航系统提供动力源，结构为电磁制动三相异步电动机，在三相异步电动机的基础上附加一个直流电磁铁制动器组成，电磁铁的直流励磁电源由安放在电机接线盒内的整流装置供给。制动器具有手动释放装置。偏航时，电磁刹车通电，刹车释放。偏航停止时，电磁刹车断电，刹车释放将电机锁死。附加的电磁刹车手动释放装置，在需要时可将手柄抬起，刹车释放。偏航电机如图 2-11 所示。

5. **偏航减速器**

偏航减速器主要是将偏航电机的高转速通过偏航减速器转化为低转速，其外形如图 2-11 所示。偏航减速器内部采用四级行星减速机构，从而实现大的传动比，如图 2-12 所示。

6. **凸轮计数器**

凸轮计数器内是一个 10kΩ 的环形电阻，风机通过电阻的变化确定风机的偏航角度，并通过其电阻的变化计算偏航的速度。凸轮计数器结构如图 2-13 所示。

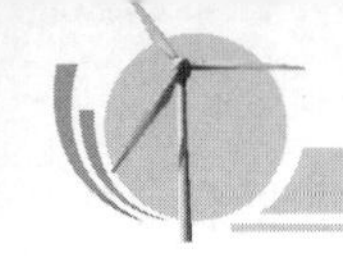

图 2-12　偏航减速器内部结构

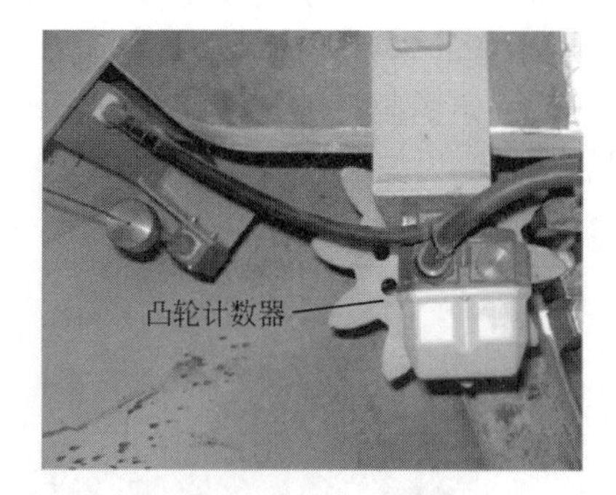

图 2-13　凸轮计数器

（三）液压系统

液压系统由液压泵站、电磁元件、蓄能器、连接管路等组成，用于为偏航刹车系统及转子刹车系统提供动力源。液压系统结构如图 2-14 所示。

图 2-14　液压系统

图 2-15　自动润滑系统

（四）自动润滑系统

自动润滑系统由润滑泵、油分配器、润滑小齿、润滑管路等组成，如图 2-15 所示。通过油脂润滑泵将偏航润滑油脂以及偏航小齿润滑脂连续地输入轴承及偏航轴承外齿面，起到连续润滑的效果，避免了手动润滑的间隔性以及润滑不均问题的发生。润滑小齿结构如图 2-16 所示。

图 2-16　润滑小齿

图 2-17　滤波器

（五）电控元件

1. 滤波器

滤波器主要用来保护发电机与变流器，在机组运行时对高次谐波进行过滤，安装于机舱上平台。滤波器如图 2-17 所示。

2. 发电机控制柜

发电机控制柜主要用来保护发电机、电缆和变流器，起分断保护的作用。发电机开关柜安装于机舱上平台紧靠发电机侧。发电机控制柜如图 2-18 所示。

3. 顶舱控制柜

顶舱控制柜主要用来收集机组所有信号，将信息及时反馈到主控柜，同时主控柜通过顶舱控制柜对机组发出控制指令。顶舱控制柜如图 2-19 所示。

图 2-18　发电机控制柜

图 2-19　顶舱控制柜

4. 振动开关

振动开关主要检测机组的振动。当机组发生振动时，振动开关动作，机组执行紧急停机。振动开关如图 2-20 所示。

（六）机舱罩总成

1. 机舱罩

机舱罩外表面为白色胶衣，内部为玻璃钢结构。白色胶衣可以保护玻璃钢不受紫外线的作用而分解，防止玻璃钢的老化。玻璃钢用以保护机舱内部零部件不受冰雹等来自外界的冲击破坏，机舱各片体连接处有密封胶条并在外部涂机械密封胶，防止雨、雪进入机舱内部。机舱罩如图 2-21 所示。

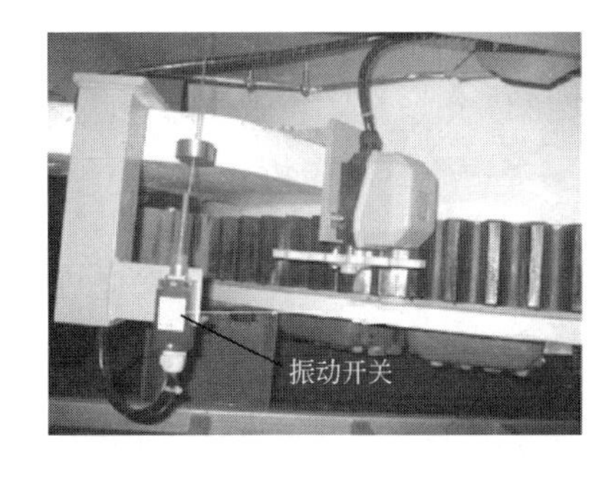

图 2-20　振动开关

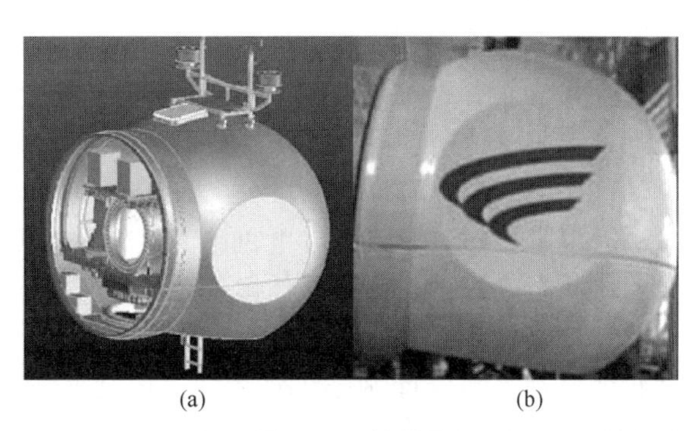

(a)　(b)

图 2-21　机舱罩

2. 提升机

提升机主要用于在机组检修过程中提升工具及各类零部件。提升机最大提升重量为350kg，如图2-22所示。

3. 测风系统支架

测风系统支架主要用来安装风向标和风速仪，并兼具避雷针的作用，如图2-23所示。

图2-22 提升机

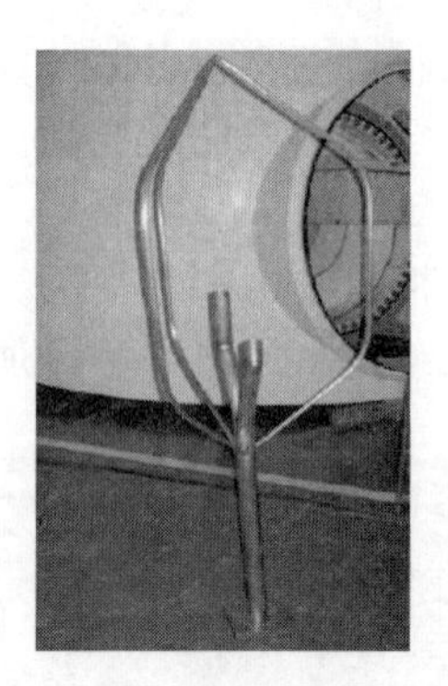

图2-23 测风系统支架

三、机组运行及安全系统

现代的兆瓦级风力发电机组多是全天候自动运行的设备，整个运行过程都处于严密控制之中。

风力发电机组的安全保护系统分三层，即计算机系统、独立于计算机的紧急安全链及器件本身的保护措施。在机组发生超常振动、过速、电网异常或出现极限风速等故障时，风机自动停机，计算机系统停止工作。当系统恢复正常后，电控系统会自动复位，风力发电机组重新启动。

计算机保护系统涉及风力发电机组整机及各个零部件。紧急安全链保护用于整机严重故障及人为需要时。器件本身的保护则主要用于发电机和各电气负载的保护。

四、制动系统

1. 主制动系统

以1500kW永磁直驱风力发电机组为例，主制动系统采用三套独立的叶片变桨系统进行气动刹车，当其中一套变桨系统出现故障不能顺桨时，另外两套变桨系统也可实现独立刹车。

2. 第二制动系统

第二制动系统的制动形式是机械刹车。机械刹车安装在发电机转子上，由液压系统提供动力源，加压刹车，释压松闸，主要用于将机组保持在停机位置。

五、锁紧装置

以1500kW永磁直驱风力发电机组为例，其锁紧装置有叶轮变桨锁定装置和发电机转子锁定装置，主要在维护、检修时使用。

1. 叶轮变桨锁定装置

叶轮变桨锁定装置将固定在变桨盘上的变桨锁锁定在轮毂槽内，实现锁定功能，如图2-24所示。

2. 发电机锁紧装置

在机舱前部发电机定子处有两个手轮，就是发电机锁紧装置。进入叶轮实施维护、检修

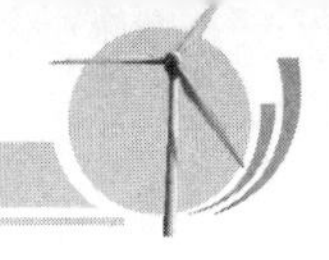

工作前，检修人员启动刹车闸，旋入转子刹车制动销将转子锁住，使风机处于锁定状态，如图 2-25 所示。只有指定的人员可以操作发电机锁紧装置。

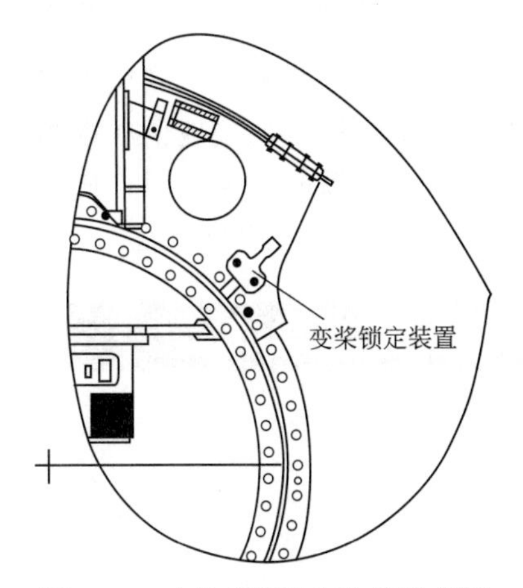

图 2-24　叶轮变桨锁定装置示意图

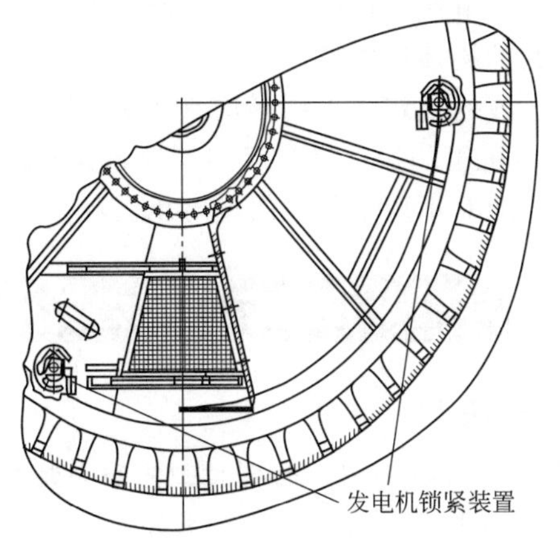

图 2-25　发电机锁紧装置示意图

六、电控系统

以 1500kW 永磁直驱风力发电机组为例，其电控系统包括主控系统（电气控制系统）、变流系统、变桨系统。

1. 主控系统

主控系统由低压电气柜、电容柜、控制柜、变流柜、机舱控制柜、三套变桨控制柜、传感器和连接电缆等组成。主控系统主要负责正常运行控制、运行状态监测和安全保护三个方面的职能。

2. 变流系统

变流系统采用 AC—DC—AC 变流方式，将发电机发出的低频交流电经整流转变为脉动直流电（AC/DC），经斩波升压输出为稳定的直流电压，再经 DC/AC 逆变器变为与电网同频率同相的交流电，最后经变压器并入电网，完成向电网输送电能的任务。1500kW 永磁直驱风力发电机组的变流系统是全功率变流装置，与各种电网的兼容性好，具有更宽范围内的无功功率调节能力和对电网电压的支撑能力。

3. 变桨系统

变桨系统变桨电机采用交流异步电机，变桨速率或变桨电机转速的调节采用闭环频率控制。相比采用直流电机调速的变桨控制系统，在保证调速性能的前提下，交流异步电机避免了直流电机存在碳刷容易磨损、维护工作量大、成本增加的缺点。

每个叶片的变桨控制柜都配备了一套由超级电容组成的备用电源，超级电容储备的能量在保证变桨控制柜内部电路正常工作的前提下，足以使叶片以 10°/s 的速率，从 0°顺桨到 90°三次。当来自滑环的电网电压掉电时，备用电源直接给变桨控制系统供电，仍可保证整套变桨电控系统正常工作。当超级电容电压低于软件设定值时，主控系统在控制风机停机的同时，还会报电网电压掉电故障。

七、防雷保护

在叶片内部，雷电传导部分将雷电从接闪器导入叶片根部的金属法兰，通过轮毂传至机舱。在机舱的后部还有一个避雷针，在遭受雷击的情况下将雷电流通过接地电缆传到机舱底座。机舱底座为球墨铸铁，机舱底板与上段塔架之间、塔架各段之间，塔架除本身螺栓连接之外还增加了导体连接，机舱内的零部件都通过接地线与之相连，避免雷电流沿传动系统进行传导，雷电流通过塔架和铜缆经塔架基础环接地传到大地中。

机组的接地按照 GL（德国劳氏船级社）规范设计，符合 IEC 61024-1《风力发电机设计要求》或的规定，采用平均直径大于 10m 的接地圆环，单台机组的接地供频电阻不大于 4Ω，多台机组的接地进行互连。通过延伸机组的接地网进一步降低接地电阻，使雷电流迅速流散入地而不产生危险的过电压。

任务二　风力发电机组机舱安装与调试

［知识目标］

① 掌握机舱各部件的安装工艺和安装步骤。

② 掌握机舱各部件装配的技术要求。

［能力目标］

① 能熟练掌握机舱装配过程中工装设备和工器具的使用方法。

② 能熟练掌握机舱装配完成后的检测和调试方法。

一、机舱装配的相关规定

以 1500kW 永磁直驱风力发电机组机舱装配为例，在装配前需对风力发电机组机舱装配的技术要求进行规范，以保证装配工艺的规范性。

图 2-26　方向的规定

1. 方向的规定

机舱的装配方向要以机舱内部的基础件——底座的工作状态为基准，安装偏航轴承的面为下平面，安装定轴的平面为前面，站在底座后部向前看，底座前安装润滑小齿轮的一侧向左，安装偏航减速器的一侧向右，如图 2-26 所示。

2. 防松标记的规定

使用红色油漆笔做防松标记，同一台机组螺栓的防松标记颜色必须一致为红色。防松标记线宽度为 3～4mm，长度为 15～20mm，防松标记在长度方向无间断，且不能画在六角头部的棱边上，要求画在标记面的中间部位，靠近内侧，如图 2-27 所示。

3. 丝锥的选用及使用要求

M6～M24 的丝锥选用二锥，大于 M24 的丝锥选用三锥。如果采用电动工具过丝，必须选用带力矩值调整或定力矩的电动工具，以便确定使用时的扭矩值：M18 以下的螺纹孔不得使用力矩值大于 100N·m 的电动工具过丝，M18 以上的螺纹孔不得使用力矩值大于 200N·m 的电动工具过丝。如过丝过程中普通的丝锥长度不够，必须选用加长丝锥（JB/T 8786—1998《长柄螺母丝锥》），不得在普通丝锥上焊接螺栓作为加长丝锥使用。过丝时，

图 2-27　防松标记的规定

图 2-28　螺纹锁固胶的使用规定

必须先用手将丝锥旋入螺纹孔 3～5 扣，找正中心后，再开动电动工具进行过丝。

4. 螺纹锁固胶的使用规定

螺栓的螺纹部分涂螺纹锁固胶，涂抹长度为螺纹的旋合长度，宽度约为 3mm，如图 2-28 所示。

5. 固体润滑膏的使用规定

螺栓的螺纹旋合面和螺栓六角头部与平垫圈接触面涂固体润滑膏，用排笔在螺栓六角头部下端面（与平垫圈接触的平面）涂固体润滑膏，用油漆刷在螺栓的螺纹旋合面上涂固体润滑膏一周，长度 L 为螺栓螺纹的旋合长度，如图 2-29～图 2-32 所示。

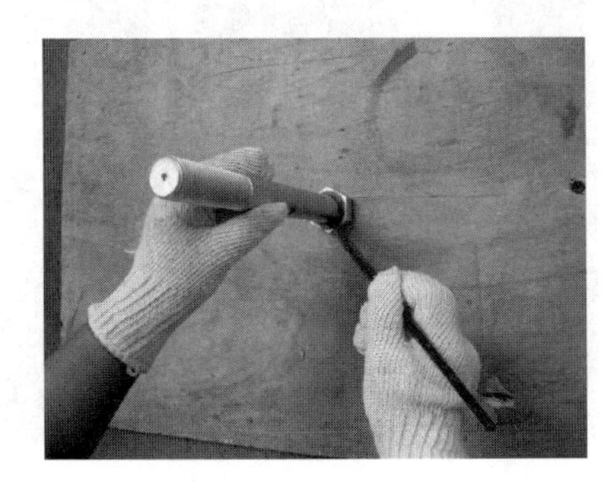

图 2-29　螺栓头部下端面涂固体润滑膏

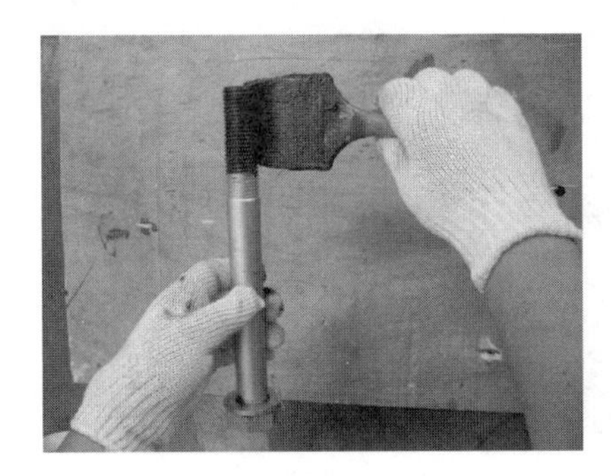

图 2-30　螺栓螺纹旋合面涂固体润滑膏

注意：涂过固体润滑膏的螺栓必须在 4h 内完成安装，螺栓的力矩值必须在 24h 内紧固完成。

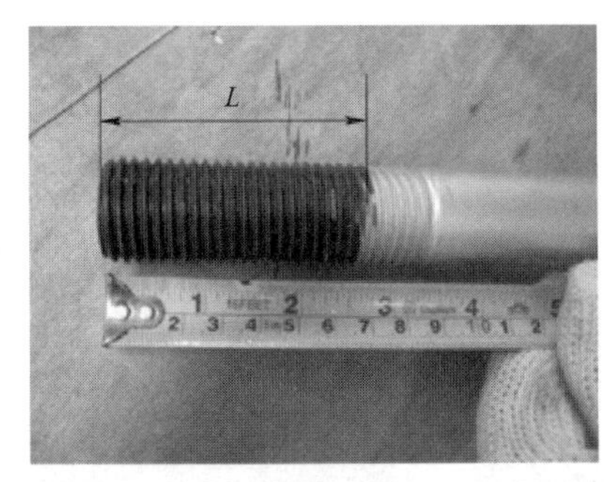

图 2-31　固体润滑膏的长度

图 2-32　刷好固体润滑膏的螺栓

6. 涂抹防锈油

要求在裸露的金属表面涂抹防锈油，防锈油要清洁，涂抹均匀，无气泡，无漏涂。

7. 零部件清理要求

所有零部件安装前必须进行清理，清理时主要去除零部件表面的污物，去除多余的防腐层、毛刺、锐边倒钝等。要求清洁干净且不伤及要保护的防腐层。

8. 关于化学品侵蚀的规定

由于润滑站油脂罐、液压站油窗和机舱盖组件上天窗的材质对化学品侵蚀很敏感，所以在机舱组装过程中严禁以上设备与酒精、汽油、丙酮等化学品接触。在清理以上设备过程中，只能用水和大布来清洁表面。

二、风力发电机组装配工艺与技术要求

（一）底座的清理及翻身

1. 底座的放置和清理

① 底座各表面的清理　用清洗剂和大布将底座各表面清洗干净，如图 2-33 所示。

② 底座各孔的清理　用一字形螺钉旋具将底座上所有螺纹孔的堵头启封。用不同型号的丝锥对相应的螺纹孔进行过丝并清理，用压缩空气将螺纹孔内的污物清理干净，用吸尘器将清出的污物清理干净。用丝锥过丝的操作如图 2-34 所示。

图 2-33　清理底座

图 2-34　用丝锥过丝

③ 底座支撑的放置　将底座支撑摆放在安装工位上，在底座支撑下面放置两块 200mm×2000mm×5mm 的防护橡胶垫，将 4 块 ϕ650mm×5mm 防护橡胶垫的形状修剪为底座支撑的支撑面形状，然后放置在底座支撑的 4 个支撑面上（也可以使用同等尺寸的木板进行防护），如图 2-35 所示。

图 2-35　放置底座支撑

图 2-36　底座吊具的安装

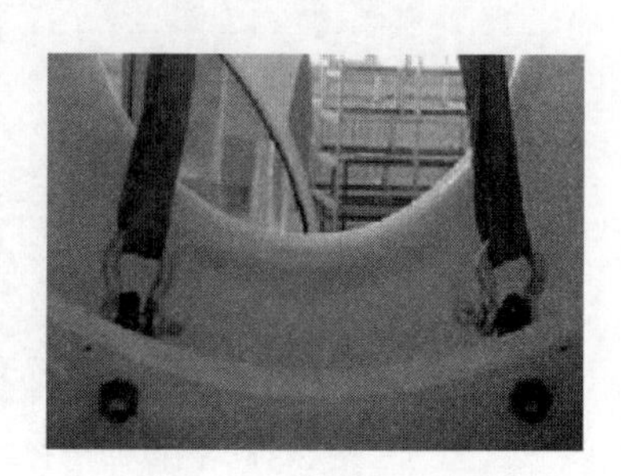

图 2-37　吊环螺钉的安装

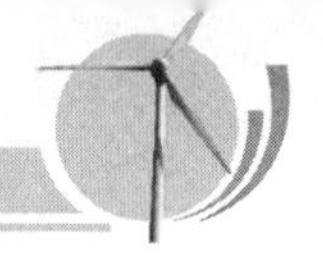

2. 底座的翻身

① 吊具的安装　将两个底座吊具安装到底座定轴连接面上，底座吊具与定轴连接面之间、垫板和底座之间垫橡胶垫，将一根 10t 吊带两端分别套在两个 9.5t 的卸扣上，并安装在两个底座吊具上，吊带与底座接触的部位用吊带护套进行防护，如图 2-36 和图 2-37 所示。将吊环螺钉安装到底座偏航轴承安装面上的安装孔内，将另一根 10t 吊带两端分别套在两个卸扣上，并安装在两个特制的吊环螺钉上。吊带从底座的斜面孔穿出，10t 吊带与底座接触的部位用两个吊带护套进行防护，如图 2-38 所示。

图 2-38　吊带的安装

② 翻身　将连接底座吊具的吊带挂在主钩上，将连接特制吊环螺钉的吊带挂在辅钩上，平稳地提升主钩使吊带处于张紧状态，如图 2-39 所示；然后平稳地提升辅钩使吊带处于张紧状态，交替启动主钩和辅钩，将底座提升至离地面 3m 处。辅钩平稳下降使吊带处于松弛状态，将吊带从辅钩上摘下，如图 2-40 所示。将底座水平旋转 180°，将摘下的吊带从底座的偏航轴承安装孔穿出，重新挂在辅钩上，吊带与底座接触的地方做好吊带的防护工作，如图 2-41 所示。平稳地提升辅钩，使底座偏航轴承安装面处于水平位置，移动底座至底座支撑的正上方，主钩和辅钩平稳交替下降，将底座放置在底座支撑上，将两个吊带取下，如图 2-42 所示。

图 2-39　主钩上升

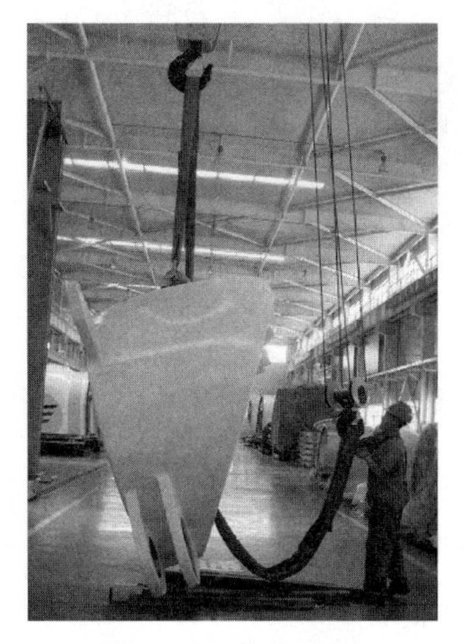

图 2-40　辅钩下降

③ 清理。用平刮刀清理装配面的毛刺和多余的防腐层，如图 2-43 所示。用丝锥将相应的螺纹孔清理干净。用压缩空气和吸尘器将螺纹孔内的污物清理干净，如图 2-44 所示。用清洗剂和大布将底座上各非加工面以及与偏航制动器、偏航轴承连接的机加工面清理干净。

④ 将底座装配操作平台安装到底座上，如图 2-45 所示。

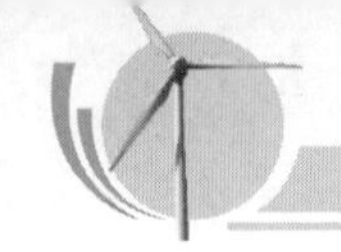

图 2-41 吊带重新安装到辅钩上

图 2-42 主钩和辅钩平稳交替下降

图 2-43 清理加工面油漆

图 2-44 压缩空气清理螺孔

图 2-45 安装底座装配操作平台

图 2-46 压注油杯

(二) 偏航轴承的安装

1. 清理

用清洗剂和大布将偏航轴承清理干净。用不同型号的丝锥对相应的螺纹孔进行过丝并清理，用压缩空气将螺纹孔内的污物清理干净，用吸尘器将清出的污物清理干净。

2. 检查压注油杯

逐个检查并紧固直通式压注油杯，如图 2-46 所示。

3. 软带的位置

偏航轴承安装时，内圈内凹口面朝上（即外圈上带有 8×M16 孔的一面朝上）。偏航轴承内圈堵塞孔软带的位置要以底座最前端的偏航轴承安装螺纹孔为基准，顺时针数第 13 螺纹孔对正，如图 2-47 和图 2-48 所示。

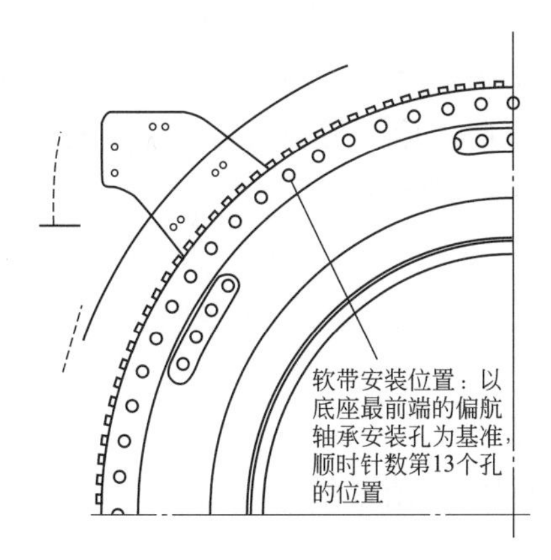

图 2-47　偏航轴承软带安装位置

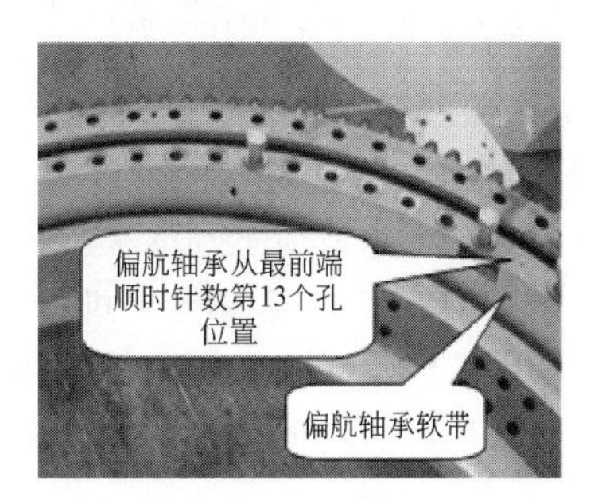

图 2-48　偏航轴承软带位置

4. 吊装

将 3 个吊环螺钉紧固到偏航轴承的 3 个吊装螺纹孔内。用 3 个 1t 卸扣将一根特制的三腿吊带和 3 个吊环螺钉连接，然后将偏航轴承平稳起吊提升至 1.8m 的高度，如图 2-49 所示。

图 2-49　偏航轴承的吊装

图 2-50　偏航轴承内圈堵塞孔

5. 安装

将偏航轴承平稳地移到底座偏航轴承安装面的正上方，平稳下降，然后缓慢下降吊钩，使偏航轴承的安装孔与底座螺纹孔对正，确保偏航轴承内圈堵塞孔软带的位置正确，如图 2-48 和图 2-50 所示，直至偏航轴承能平稳地放置到底座偏航轴承的安装面上，取下特制的三腿吊带及吊环螺钉。用螺栓和垫圈将偏航轴承固定到底座上，螺栓螺纹旋合部分及螺栓头与平垫圈接触面涂固体润滑膏。

偏航轴承安装

6. 紧固

螺栓的紧固顺序为十字对称紧固，力矩值为 1200N·m，分三次打力矩，力矩值分别为：T_1＝600N·m，T_2＝900N·m，T_3＝1200N·m。打力矩前将空气压缩机的压力值调整到 1MPa，按照气动扳手上的压力值与扭矩值对照表，将气动调压单元的压力值调节到相应的压力值。调整好气动调压单元的压力值后，试打一个螺栓的力矩，检验气动扳手打的力

图 2-51　校核偏航轴承连接螺栓力矩

矩值。打力矩过程中必须轮流使用 3 个气动扳手，每打 15 个螺栓的力矩后，必须更换另一个气动扳手。使用气动扳手时，应对气动扳手的反作用力臂做好防护，不能伤及偏航轴承和螺栓的防腐层。也可以使用相应力矩值的电动冲击扳手和液压扳手打力矩。

7. 力矩检查

调整 2000N·m 扭力扳手的扭力值至 1200N·m，依次对螺栓的力矩值进行检查，若有螺栓的力矩值不合格，必须重新对此螺栓打力矩，再检查，直至力矩值合格为止，如图 2-51 所示。

8. 技术要求

偏航轴承安装的技术要求如下：

① 螺栓紧固力矩值为 1200N·m；

② 气动扳手每打 15 个螺栓，进行更换；

③ 安装偏航轴承时偏航轴承软带的位置要正确；

④ 螺栓必须做防松标记，螺栓和垫片裸露部分涂抹 MD 硬膜防锈油，必须清洁、均匀、无气泡。

（三）偏航刹车盘的安装

1. 清理

用平面刮刀将偏航刹车盘装配面的毛刺和多余的防腐层清理干净。用清洗剂和大布将偏航刹车盘的各表面清理干净。偏航刹车盘如图 2-52 所示。

2. 吊装

将 3 个吊环螺钉紧固到偏航刹车盘的 3 个吊装螺纹孔内，用一根特制的三腿吊带将偏航刹车盘吊起，如图 2-53 所示。

注意：偏航刹车盘上带有外止口的一面朝下。

偏航制动器安装

图 2-52　偏航刹车盘

图 2-53　偏航刹车盘的吊装

3. 安装

将偏航刹车盘吊到偏航轴承上，用 4 个导正棒使偏航刹车盘上的 4 个光孔与偏航轴承上 4 个螺纹孔对正，导正棒均布，如图 2-54 所示。调整偏航刹车盘的位置，令偏航刹车盘上其余的光孔与偏航轴承上其余的螺纹孔对正。然后用一个导正棒对偏航刹车盘和偏航轴承进行检验，偏航刹车盘安装导正棒必须能够通过所有的孔。如果有未对正的孔，应使用白板笔

对偏航刹车盘和偏航轴承的安装位置及不合格的孔位进行标记，将偏航刹车盘吊离安装位置后进行磨修。修磨后用压缩空气吹净铁屑，然后重新试装，直至偏航刹车盘安装导正棒能够通过所有的孔。调整对正后，用内六角圆柱头螺钉将偏航刹车盘与偏航轴承连接起来，在螺钉的螺纹处涂螺纹锁固胶。

4. 紧固

螺钉紧固顺序为十字对称紧固，紧固力矩值为 120N・m，分两次打力矩，力矩值为：T_1=60N・m，T_2=120N・m。偏航刹车盘的紧固如图 2-55 所示。

图 2-54　导正棒均布

图 2-55　偏航刹车盘的紧固

5. 技术要求

偏航刹车盘安装的技术要求如下：

① 安装偏航刹车盘时，将偏航刹车盘上带有外止口的平面与偏航轴承安装面配合；

② 偏航刹车盘上的所有光孔必须与偏航轴承上所有的螺纹孔对正，用导正棒检验是否可以通过所有孔。

(四) 偏航制动器的安装

1. 清理

用清洗剂和大布清理偏航制动器各零部件。

2. 准备

先将偏航制动器按上闸体、下闸体依次摆放在底座安装位置附近。注意闸体的塑料堵头安装 O 形密封圈。用内六角扳手将上、下闸体的油管堵头旋松（注意清理干净闸体流出的液压油），将偏航制动器刹车片安装到偏航制动器的上、下闸体内，用橡皮锤轻轻敲击安装到位，如图 2-56 所示。

3. 安装

偏航制动器的安装位置如图 2-57 所示。调整垫片的规格和数量，应尽量保证偏航制动器在底座上的安装面（即偏航刹车调整垫片的上平面）与偏航刹车环上环面的间距值接近 118mm，以保证偏航制动器上、下刹车片与偏航刹车盘的间隙均匀，如图 2-58 所示。用螺栓和垫圈将上、下闸体连接在一起，螺栓紧固顺序为对称紧固（从中间开始，逐渐向两边对称地扩展）。螺栓螺纹旋合部分及螺栓头与平垫圈接触面涂固体润滑膏。螺栓分三次紧固，紧固力矩值分别为：T_1 = 440N・m，T_2 = 660N・m，T_3 = 880N・m。安装完成的制动器如图 2-59 所示。安装时注意带有铭牌的闸体在底座，翻身后铭牌的文字为正字（易于阅读），如图 2-60 所示。

图 2-56　偏航制动器

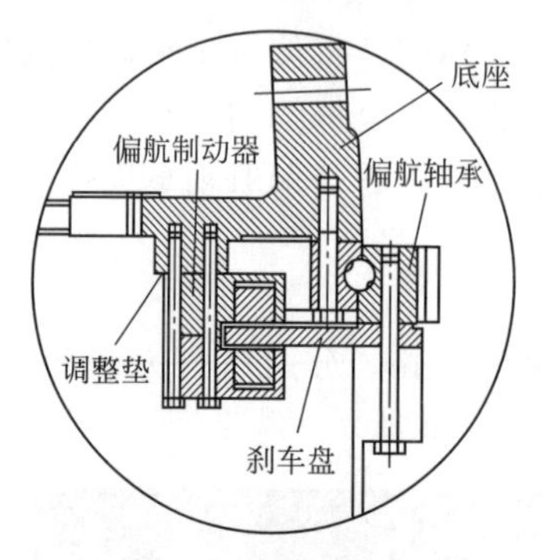

图 2-57　偏航制动器的安装位置

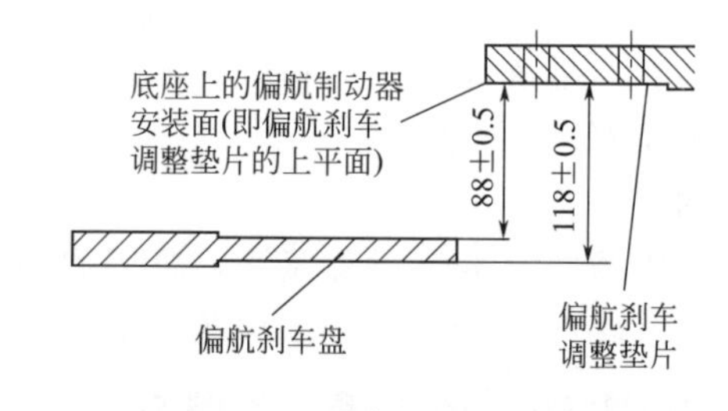

图 2-58　偏航制动器的安装距离

图 2-59　偏航制动器安装完成

图 2-60　铭牌向上

4. 检查

调整 2000N·m 的扭力扳手扭力值至 880N·m，用扭力扳手依次对所有螺栓的力矩值进行检查。若有螺栓的力矩值不合格，必须重新对此螺栓打力矩，再检查，直至力矩值合格为止。

图 2-61　防松标记和防腐处理

5. 后处理

螺栓的力矩值检查合格后，在螺栓六角头侧面与偏航制动器面做防松标记，如图 2-61 所示，待防松标记完全干后，用油漆刷在每个螺栓和垫圈的裸露表面均匀地涂抹 MD 硬膜防锈油，要求清洁、均匀，无气泡。

6. 技术要求

偏航制动器安装技术要求如下：

① 偏航制动器上、下闸体间安装 O 形密封圈，防止漏油；

② 偏航制动器刹车片安装到位；

③ 调整调整垫的规格和数量，应尽量保证偏航制动器在底座上的安装面（即偏航刹车调整垫片的上平面）与偏航刹车环上环面的间距值接近 118mm，以保证偏航制动器上、下刹车片与偏航刹车盘的间隙均匀；

④ 所有螺栓紧固顺序为对称紧固，紧固力矩值为 880N·m；

⑤ 检查螺栓的防松标记和防锈油，防锈油要清洁、均匀，无气泡。

（五）底座组件的翻身

1. 清理

将机舱总成运输支架组对好并清理干净，在工位上放置好。

注意：在机舱总成运输支架的支撑腿下面垫上两块橡胶垫来保护地面，如图 2-62 所示。

2. **吊装**

用两个卸扣将一根吊带与两个特制的吊环螺钉相连，吊带从偏航轴承安装孔穿出。用两个卸扣将一根吊带与两个底座吊具相连。将与底座吊具相连的吊带挂在主钩上，将与特制吊环螺钉相连的吊带挂在辅钩上，如图 2-63 所示。吊带与底座接触的部位用吊带护套进行防护。

图 2-62　机舱总成运输支架

3. **翻身**

平稳提升主钩，使吊带处于张紧状态，然后平稳地提升辅钩，使吊带处于张紧状态，交替缓慢地启动主钩和辅钩，将底座提升至离地面 3m 处。辅钩平稳下降，使吊带处于松弛状态，将吊带从辅钩摘下，将底座水平旋转 180°，将摘下的吊带从底座斜面孔穿出，重新挂在辅钩上，如图 2-64 所示。平稳地提升辅钩，使底座偏航轴承的安装面处于水平状态。平稳地移动底座至机舱总成运输支架的正上方，主钩和辅钩平稳地交替下降，对正安装孔，将底座放置在机舱总成运输支架上，放置要平稳。

图 2-63　主辅吊具的安装

图 2-64　重新安装辅吊具

注意：在机舱总成运输支架的安装平面上垫 4 块橡胶板进行防护（先将防护橡胶垫修剪成和垫块顶板形状一致）。底座的放置如图 2-65 所示。

图 2-65　底座的放置

4. **固定**

用螺栓将机舱总成固定在运输支架上，螺栓的螺纹部分涂固体润滑膏。出厂前套完机舱罩底再紧固螺栓。

5. **后处理**

各螺栓紧固完毕后，将各吊带、吊环螺钉、底座翻身吊具取下，摆放到规定的位置。

6. **技术要求**

底座组件翻身技术要求如下：

① 将橡胶垫垫在机舱总成运输支架下面来保护

地面；

② 在机舱总成运输支架的安装平面上垫橡胶板进行防护；

③ 底座翻身时用吊带护套对吊带进行防护，翻身过程中底座要进行防护。

（六）偏航减速器和偏航电机的安装

1. 清理

先将偏航减速器总成和偏航电机做如下编号：底座右前部安装的为偏航减速器总成 1 和偏航电机 1，右后部的为偏航减速器总成 2 和偏航电机 2，左后部的为偏航减速器总成 3 和偏航电机 3，如图 2-66 所示。将 3 台偏航减速器整齐地摆放在橡胶垫板上，用清洗剂和大布将偏航减速器的安装面清洗干净。

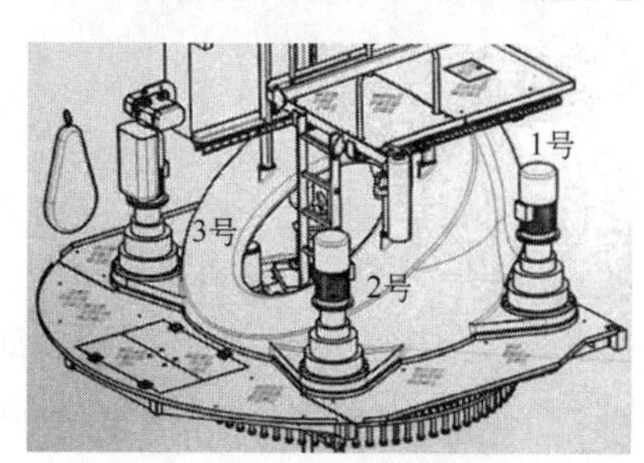

图 2-66 偏航减速器和偏航电机位置编号

2. 润滑油加注及检查

安装偏航减速器前，要检查偏航减速器的油位，保证油位处于上、下油位限的中间部位。如果润滑油过多，则放油至上、下油位限的中间部位；如果润滑油过少，则加油至上、下油位限的中间部位。

3. 准备

查看偏航减速器总成最大直径圆周面上的标识位置（不同厂家生产的偏航减速器在相应位置上有不一样的标识），此处是偏心圆盘的圆周面到偏航减速器中心轴距离的最远点，称为大端，如图 2-67 和图 2-68 所示。

偏航减速器安装

图 2-67 偏航减速器

图 2-68 偏航减速器大端标识

也可以分别通过测量标识位置，以及与标识位置相对的圆周面到偏航减速器偏心圆盘最大直径圆周面的距离，距离小的就是最远点，称为大端，用白板笔标记此位置；反之就是最近点，称为小端。用清洗剂将底座上安装偏航减速器的 3 个安装孔内表面清洗干净。

4. 安装

用两个卸扣和一根吊带将一台偏航减速器吊起，在偏航减速器调整盘裸露的金属面均匀地涂抹一层固体润滑膏（图 2-69）。然后将偏航减速器的安装孔和底座螺纹孔对正，找到偏航轴承齿顶圆的最大标记处（涂绿油漆处），在该处调整齿侧间隙。旋转偏航减速器，使偏

航减速器的偏心圆盘大端、小端的中间位置处在齿轮啮合位置。然后用4个试装螺钉将偏航减速器安装到底座上，对称紧固。用同样方法将其余两台偏航减速器安装到底座的相应位置上。

5. 电源的连接

用倒顺开关连接3个偏航电机，为调整齿侧间隙做准备。

图 2-69　裸露金属面涂固体润滑膏

6. 调整齿侧间隙

采用压铅丝法测量齿侧间隙，调整大、小齿轮的齿侧啮合的双边间隙为0.50～0.90mm。具体步骤为：先将两根铅丝在齿轮齿长方向对称放置，上、下铅丝距齿轮上、下端面的距离均为20～30mm，如图2-70所示。启动偏航电机驱动偏航小齿轮碾压铅丝，测量铅丝的双面厚度（即为齿侧双面间隙），如图2-71所示。若间隙偏小，则将偏航减速器大端向远离大齿方向旋转；若间隙偏大，则将偏航减速器大端向靠近大齿方向旋转。由于偏航减速器的小齿轮的齿形被修正过，上测量点间隙应大于下测量点间隙。

注意：3台偏航减速器的齿侧间隙要分别调整。

图 2-70　铅丝位置

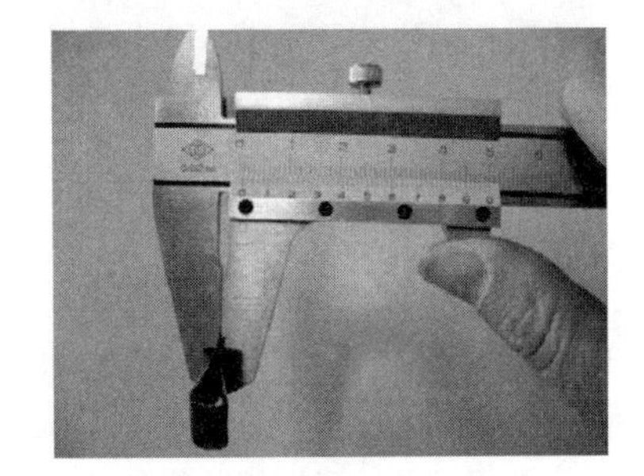

图 2-71　测量铅丝厚度

用同样的方法，调整另外两台偏航减速器小齿轮与偏航轴承上大齿轮的啮合间隙。

7. 调整电机接线盒

调整3台偏航电机上接线盒的位置。要求：偏航电机1接线盒的接线方向朝后；偏航电机2接线盒的接线方向朝左；偏航电机3接线盒的接线方向朝前。如果任意一电机接线盒接线方向不合适，则将偏航电机的螺栓拆出，重新调整电机接线盒的位置，直至合适为止。然后用螺栓重新将偏航电机安装到偏航减速器上，螺栓的螺纹部分涂螺纹锁固胶。

8. 固定

偏航减速器的齿侧间隙调整合适后，用内六角圆柱头螺钉和垫圈将偏航减速器固定到底座上，在螺钉螺纹旋合部分及螺钉头与平垫圈接触面涂固体润滑膏。再将调整齿侧间隙时固定偏航减速器用的4个螺钉取出，在螺钉螺纹旋合部分及螺钉头与平垫圈接触面涂固体润滑膏后，再旋入。

紧固所有螺钉时，螺钉紧固顺序为十字对称紧固，分三次打力矩。

9. 防腐处理和放油嘴的调整

将底座上安装偏航减速器的两个安装孔裸露的内表面和偏航减速器调整盘上涂抹的多余固体润滑膏清理干净，用油漆刷涂刷MD硬膜防锈油，要求清洁、均匀，无气泡，如图

2-72～图 2-74 所示。同时检查调整好偏航减速器放油嘴位置，放油嘴如果朝向底座方向，必须进行调整，使放油嘴位于易操作的位置（清理干净流出的润滑油）。

10. 安装放气帽（自带）

将 3 个偏航减速器上靠近底座的内侧加油口处的堵塞拧下来，将放气帽安装到加油口上并紧固，如图 2-75 所示。

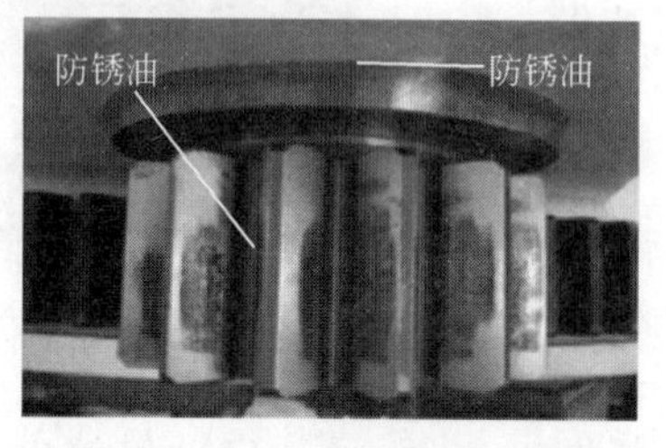

图 2-72　下安装孔防锈油的涂抹

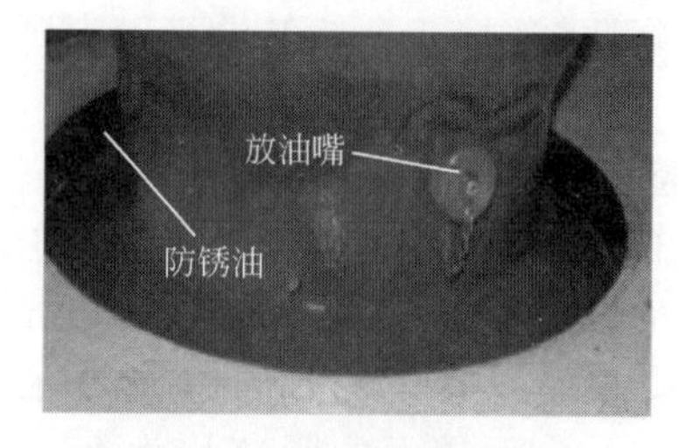

图 2-73　放油嘴的位置

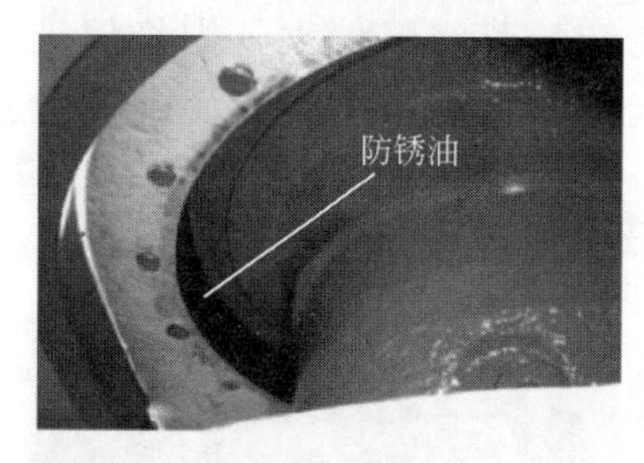

图 2-74　上安装孔防锈油的涂抹

图 2-75　放气帽的安装

11. 后处理

将偏航减速器放油阀用绑扎带固定在放油嘴的铁链上，然后用塑料薄膜将偏航减速器放油阀防护好。每个偏航减速器配一个放油阀，如图 2-76 所示。检查偏航减速器外表面油漆是否有脱落，如果需要，补刷脱落的油漆，油漆的颜色要一致。

图 2-76　固定放油阀

12. 技术要求

偏航减速器和偏航电机安装的技术要求如下：

① 保证底座偏航减速器安装面和偏航减速器齿面清洁；

② 偏航系统的齿侧啮合双面间隙为 0.50～0.90mm，上测量点间隙应大于下测量点间隙；

③ 电机接线盒位置正确，接线正确；

④ 放油嘴必须位于易操作的位置；

⑤ 每台偏航减速器必须配一个放油阀。

（七）内平台总成安装

1. 清理

用清洗剂和大布将内平台总成的各零部件及底座安装面清理干净。

内平台安装

2. 粘贴减振垫

用万能胶将减振垫粘贴在前踏板、左踏板焊合、右踏板焊合和左、右平台门的外边沿的下端面上，如图 2-77 所示。将 U 形护边安装在两个限位板上，安装应美观牢固。

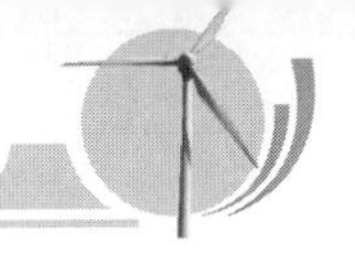

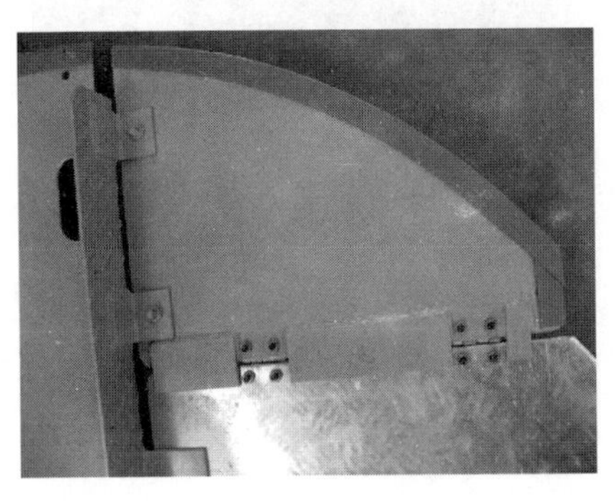

图 2-77　粘贴减振垫

图 2-78　吊装前踏板

3. 安装前踏板

用一根吊带将前踏板吊入底座内部前端，用螺栓和垫圈将前踏板固定在底座对应的螺纹孔上，螺栓的螺纹部分涂螺纹锁固胶，螺栓紧固，如图 2-78 所示。

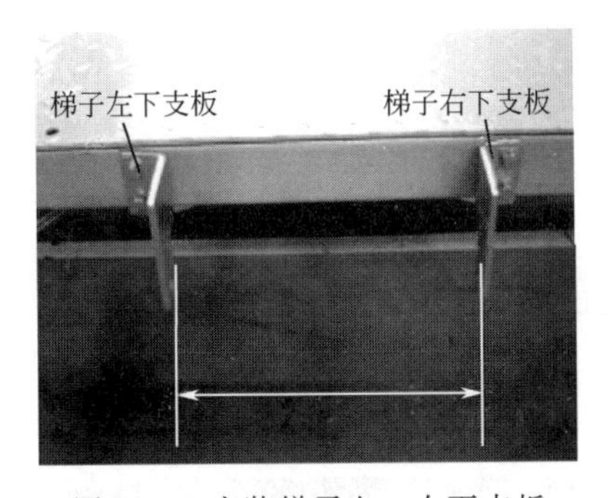

图 2-79　安装梯子左、右下支板

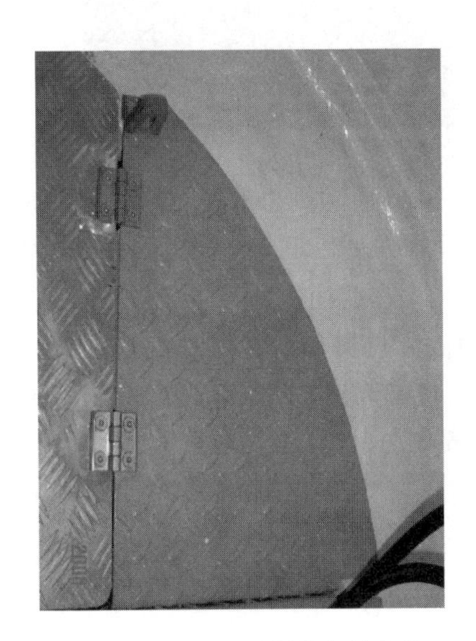

图 2-80　左踏板及限位板的安装

4. 安装梯子左、右下支板

将梯子左下支板和右下支板安装到前踏板上。注意梯子左、右下支板的安装位置要正确，要求支板的内壁距离为 432～434mm，同时保证支板的内壁相互平行，如图 2-79 所示。螺栓在试装梯子时紧固。

5. 安装左、右踏板焊合和限位板

将左、右踏板焊合与前踏板相连，将两个限位板分别串在左、右踏板焊合上并固定在底座对应的螺纹孔上，连接底座的螺栓的螺纹部分涂螺纹锁固胶，如图 2-80 所示。

6. 安装护圈

将液压站管路护圈安装在内平台前踏板的液压站管线的穿线孔位置，如图 2-81 所示；将润滑站管线护圈安装在内平台前踏板的润滑泵的穿线孔位置，将滑环电缆护圈安装在内平台前踏板的滑环线穿线孔位置。

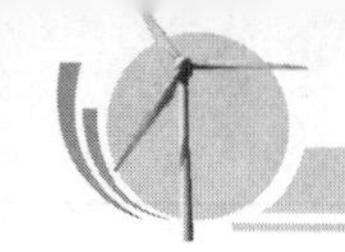

图 2-81 液压管路护圈的安装

图 2-82 动力电缆护圈的安装

7. 安装动力电缆护圈

将动力电缆护圈安装在前踏板上，如图 2-82 所示。

图 2-83 左、右平台门及把手的安装

8. 安装左、右平台门和把手

将左、右平台门分别与左、右踏板相连，将两个把手分别安装到左、右平台门上，使用螺钉进行紧固，螺钉的螺纹部分涂螺纹锁固胶，如图 2-83 所示。

9. 技术要求

内平台总成安装的技术要求如下：

① U 形护边安装应牢固、美观；

② 左、右平台门安装完后开启自如，无卡滞现象；

③ 保证内平台总成安装完后平整、无翘曲。

(八) 液压站的安装

1. 清理

用清洗剂和大布将液压站、液压站支架清理干净。

2. 粘贴

用万能胶将减振垫粘贴在液压站支架上（长孔的一面），如图 2-84 所示。

3. 连接液压站和液压站支架

将液压站固定在液压站支架上（液压站支架背靠背地安装），如图 2-85 所示。

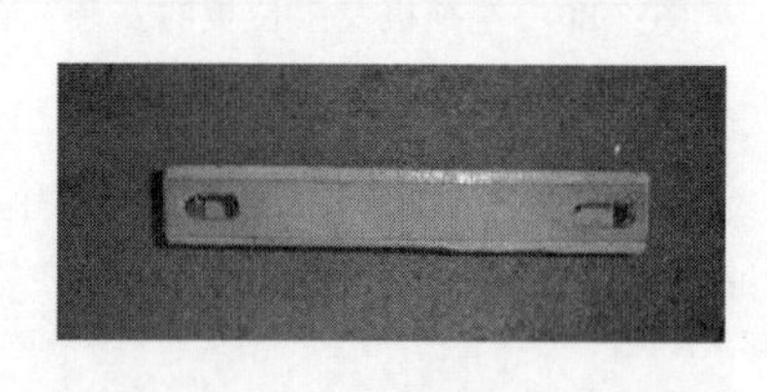

图 2-84 粘贴减振垫

图 2-85 固定液压站

4. 安装液压站

将液压站支架安装在前踏板上，如图 2-86 所示。

5. 液压管线路的连接及固定

对液压管线路进行连接及固定。

图 2-86　安装液压站

图 2-87　机舱底板清理、过丝

6. 技术要求

液压站安装的技术要求为：液压站手动手柄不得与其他零件干涉。

(九) 润滑站及润滑齿轮的安装

1. 清理

用清洗剂和大布将润滑站支架、润滑站及附件、润滑齿轮总成清理干净。用丝锥将机舱底座上安装的计数器支架、振动传感器支架和润滑小齿轮支架的相应螺纹孔清理干净并过丝，如图 2-87 所示。

2. 加油脂

从润滑泵的手动加油口由下向上将润滑油脂加到润滑站的油脂桶内，充满泵室，如图 2-88 所示。将润滑泵安装到内平台后，再将润滑泵的油脂桶上盖打开，从上向下将润滑油脂加到油脂桶内，如图 2-89 所示。

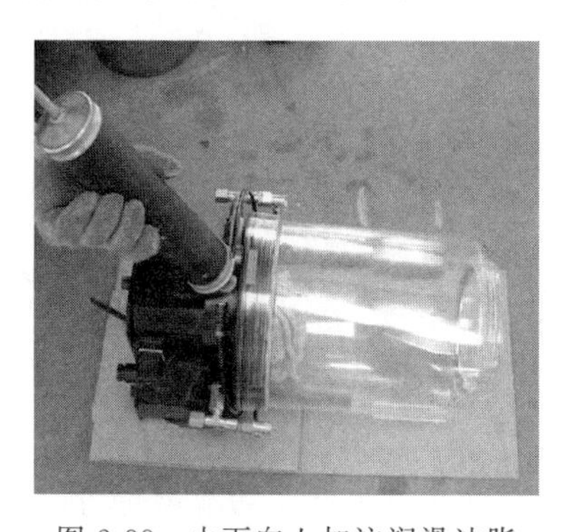

图 2-88　由下向上加注润滑油脂

图 2-89　由上向下加注润滑油脂

3. 安装润滑站

用万能胶将减振垫粘贴在润滑站支架上，如图 2-90 所示；将润滑泵固定在润滑站支架上（螺栓头在靠近润滑泵罐体一侧），如图 2-91 所示。将润滑站支架安装在前踏板上，如图 2-92 所示。

4. 安装润滑小齿轮总成

将润滑小齿轮及其支架安装在底座上，要求润滑齿轮的上平面和偏航轴承大齿的上平面平齐。调节润滑齿轮与偏航轴承的外齿啮合间隙，要求润滑齿轮和偏航轴承外齿啮合情况良好（啮合双面间隙约为 1.5～3mm）。螺栓的螺纹部分涂螺纹锁固胶。润滑小齿轮的安装如图 2-93 所示。

图 2-90　粘贴减振垫

图 2-91　润滑罐和支架连接

图 2-92　润滑站支架的安装

图 2-93　润滑小齿轮的安装

5. 润滑管线路的连接及固定

对润滑管线路进行连接及固定。

6. 技术要求

润滑站及润滑齿轮安装的技术要求如下：

① 安装管路前油管中应充满油脂；

② 要求各附件安装牢固、可靠、美观；

③ 连接管路时，要求先将润滑泵和分配器连接好，运行润滑泵，将分配器内试验用的润滑脂排出后，再连接分配器到各个润滑点的管路；

④ 保证管路美观，软管无扭曲；

⑤ 在内平台有棱角的地方，油管须用橡胶套保护；

⑥ 要求润滑齿轮的上平面和偏航轴承大齿的上平面平齐，调节润滑齿轮与偏航轴承的外齿啮合间隙，要求润滑齿轮和偏航轴承外齿啮合情况良好（啮合双面间隙约为 1.5～3mm）；

⑦ 安装完后需做润滑系统功能检测，润滑泵运转方向正确，检查各润滑点，保证每个润滑点能够打出润滑脂。

（十）下平台总成的安装

下平台装配

1. 清理

用清洗剂和大布将下平台总成中各零部件清洗干净。

2. 安装

用两根吊带将下平台骨架焊合水平吊起，从底座上部套在底座上，注意不能伤及底座防腐层，如图 2-94 所示。

图 2-94　下平台骨架焊合吊装

图 2-95　固定下平台骨架焊合后端

3. 固定

将下平台骨架焊合上的光孔与底座前后端相应的螺纹孔对正，并将下平台骨架焊合固定在底座上，固定螺栓的螺纹旋合部分及螺栓头与平垫圈接触面涂固体润滑膏，按要求的力矩值分三次进行紧固，如图 2-95 和图 2-96 所示。

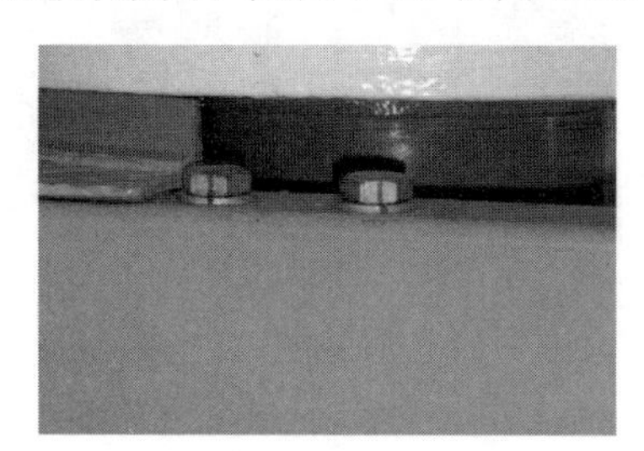

图 2-96　固定下平台骨架焊合前端

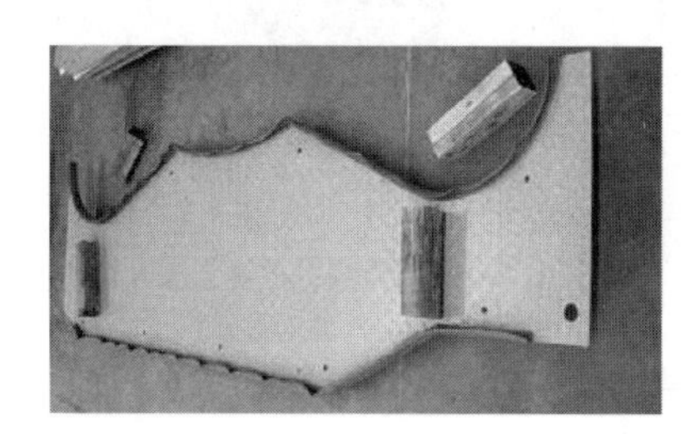

图 2-97　安装右平板 F 形护边

4. 防松标记及防锈处理

螺栓紧固完后，用红色漆油笔在螺栓六角头侧面与下平台骨架焊合连接面做防松标记，防松标记位于易观察部位。待防松标记完全干后，均匀涂抹 MD 硬膜防锈油，要求清洁、均匀，无气泡。

5. 试装左、右平板和后平板

将左平板、右平板和后平板分别在下平台骨架焊合上试装，若各板上有的孔位不合适，需进行修正，直至所有孔位均满足要求。

6. 安装 F 形护边

试装合格后，取下各平板，将 F 形护边分别安装在后平板、左平板和右平板各边紧靠底座边缘和紧靠机舱罩边缘的相应位置上，即内侧边缘和外侧边缘。直角弯处的护边要在 F 形护边带有卡簧的一侧剪一个开口，如图 2-97～图 2-99 所示。将 U 形护边安装在左平板的长圆孔边上，如图 2-100 所示。**注意**安装 F 形、U 形护边时用橡胶锤轻轻敲击，要求安装牢固。

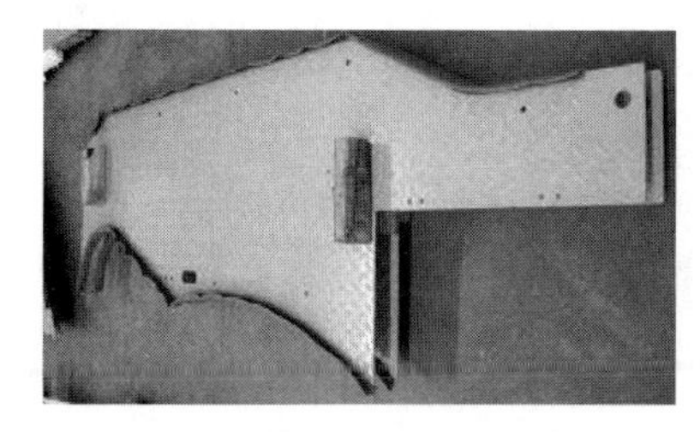

图 2-98　安装左平板 F 形护边

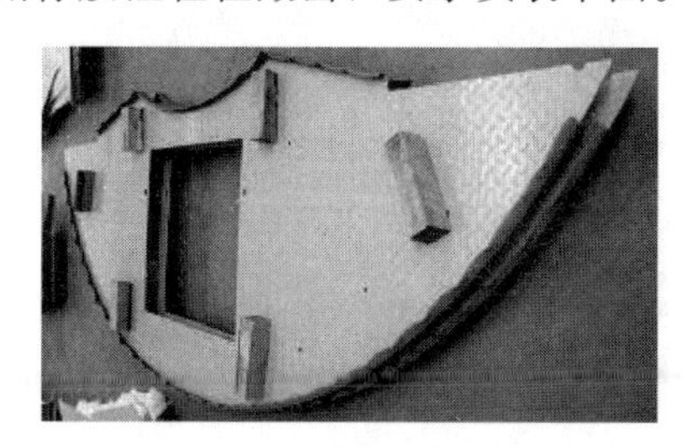

图 2-99　安装后平板 F 形护边

图 2-100　安装左平板 U 形护边

图 2-101　减振垫上涂胶

7. **粘贴减振垫**

用万能胶将减振垫粘贴在下平台骨架焊合上，如图 2-101 和图 2-102 所示。

图 2-102　粘贴减振垫

图 2-103　安装左平板

8. **安装左、右平板和后平板**

将左平板、右平板和后平板分别固定在下平台骨架上，如图 2-103～图 2-105 所示。将左盖板安装在左平板上，用万能胶将减振垫粘贴在左盖板下平面和下平台骨架前梁接触的平面上，用机械密封胶将 F 形护边粘贴在左盖板靠近底座的边上，如图 2-106 所示。

图 2-104　安装右平板

图 2-105　安装后平板

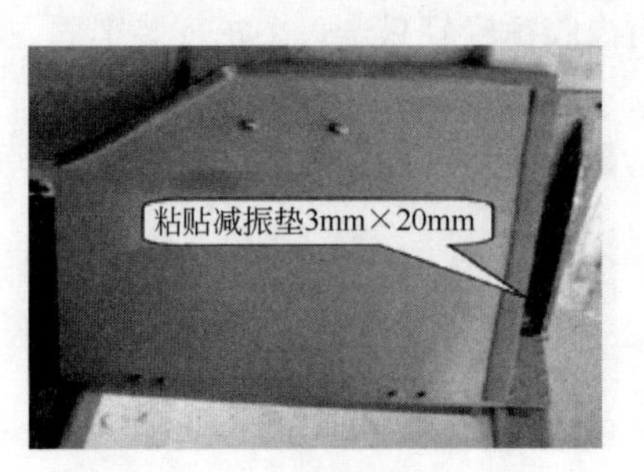

图 2-106　左盖板上粘贴减振垫

图 2-107　安装偏航轴承护板

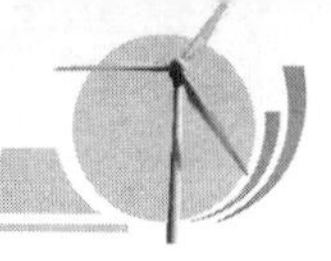

9. 安装下平台门及把手

将 2 个下平台门安装在后平板上，将 3 个把手安装到下平台门和左盖板上，紧固用螺钉的螺纹部分涂螺纹锁固胶。

10. 安装偏航轴承护板

将偏航轴承护板安装到下平台骨架焊合的前梁上，紧固螺栓的螺纹部分涂螺纹锁固胶，如图 2-107 所示。

11. 技术要求

下平台总成安装的技术要求如下：

① F 形护边安装要牢固美观；

② 在吊装下平台骨架焊合时，不得碰伤底座的防腐层；

③ 下平台门与左盖板安装完后开启自如，无卡滞现象；

④ 后踏板及左右踏板安装完后平整、无翘曲；

⑤ 螺栓六角头涂抹防锈油必须清洁、均匀、无气泡。

（十一）上平台总成的安装

上平台主要由上平板、上平板骨架、各支腿、连接板、电缆托板及电缆架、扶手及梯子等部件组成。上平台的装配要求如下。

① 安装护边　将护边沿着上平板边沿安装，直角拐弯处将护边剪开口（卡簧侧），沿着平板折弯，用橡皮锤轻轻敲击。

② 用紧固件将上平板固定在上平板骨架焊合上，并按要求的力矩进行紧固。

③ 安装各支腿　用工装将上平台骨架支撑起来，避开支腿的连接位置。用紧固件将上平台骨架与各支腿连接，并按要求的力矩进行紧固。

④ 安装上平台连接板　用紧固件将上平台连接板与控制柜连接，并按要求的力矩进行紧固。

⑤ 安装电缆托板　用紧固件将电缆托板安装在上平台骨架上，并按要求的力矩进行紧固。

⑥ 安装电缆架　用紧固件和电缆架压板将电缆架安装在上平台骨架上，并按要求的力矩进行紧固。

⑦ 安装扶手　用紧固件将扶手固定在上平板上，并按要求的力矩进行紧固。

⑧ 安装梯子固定板　用紧固件将梯子固定板安装在上平台骨架上，并按要求的力矩进行紧固。

上平台总成安装

⑨ 安装上平台　在上平台总成支腿和相应的连接面上涂导电膏，用紧固件将组装好的上平台总成与底座进行固定，并按要求的力矩进行紧固。

⑩ 连接上平台盖板与上平板。

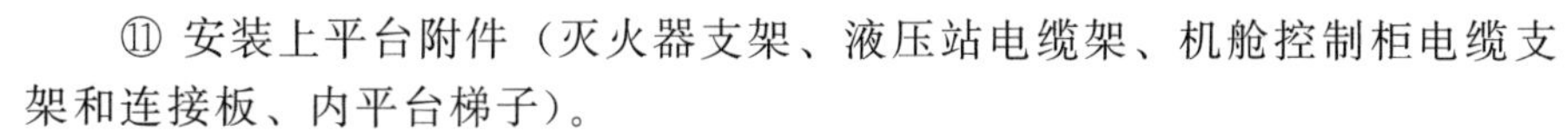

⑪ 安装上平台附件（灭火器支架、液压站电缆架、机舱控制柜电缆支架和连接板、内平台梯子）。

（十二）机舱罩总成的安装

1. 安装机舱罩前准备

机舱罩的组对及试装

① 使用检验合格的机舱罩及标准件，并对主要配合尺寸进行复查。经钳工修正的配合尺寸应由检验部门复查。合格后方可装配，并应将复查报告存入该机组档案。

② 清理螺纹孔。可用丝锥或螺纹清理毛刷对螺纹孔进行清理。清理后用压缩空气吹扫螺纹孔，确保螺纹孔内无污物。

③ 清洗。用无水酒精和大布清洗机舱盖组件、上下机舱罩组件、舱门等部件，要求舱罩表面干净光滑、无毛刺、油污等。

④ 准备好安装机舱罩所需的工装吊索具等工艺装备，如吊具、吊带、卸扣、吊环螺钉、工装、大布、酒精、胶布等。

注意：要按图样或装配工艺规程正确选取吊带、卸扣和吊环螺钉，如正确选取吊带规格、长度和数量，卸扣和吊环的规格等。

⑤ 按照装配工艺规程的要求，在机舱体的起吊固定点安装吊具、吊带等工装工具。

2. 机舱罩的装配方法

机舱罩主要由机舱罩上、下罩体组成。下面以一种永磁直驱机组的机舱罩为例，介绍机舱罩主要部件的结构及装配方法。

机舱罩下罩体主要由左、右机舱体组件组成。与底座的配合，是通过机舱罩的支撑座与紧固螺栓将左、右机舱体组件连接起来的。机舱罩下罩体的安装要求如下。

① 用洗洁精和大布将机舱罩及主平台安装面清理干净。

② 按照图样和装配工艺规程的要求，使用螺栓等紧固件将左、右机舱体组件与底座的主平台及支架连接在一起，按要求的力矩进行紧固。

③ 组对。用特制吊带吊具将机舱盖组件吊运至已安装好的左、右机舱组件上，使用撬杠调整左右连接管安装法兰孔，使其孔对正，安装正确。

④ 安装左右连接组件。用紧固件将左右连接管分别连接左、右机舱体组件，螺栓螺纹旋合部分涂抹螺纹锁固胶，并按紧固力矩进行紧固。之后对裸露的紧固件表面进行二次防腐处理，并用黄色或红色油漆做防松标识。

3. 安装附件

① 安装灯座支架　使用紧固件将灯座支架与机舱罩连接，并对螺栓力矩紧固。

② 安装提升机支架　使用紧固件将提升机支架固定在机舱盖组件相应安装位置，并按螺栓力矩紧固。

③ 涂胶密封。在固定提升机支架的外露六角头处，涂抹机械密封胶；在机舱体组件连接后的外表面接缝处两侧、机舱盖组件和机舱体组件安装接缝处，涂抹机械密封胶。

④ 安装提升机和逃生器挂耳。

4. 试装机舱底机件

① 清理　用酒精和大布清洗机舱底组件。

机舱罩吊装

② 放置机舱罩试装工装　预定装主平台骨架机舱罩试装工装，使用特制吊具将组完的机舱体组件平稳吊起，并与平台相应的孔对正连接、紧固。

③ 试装机舱底座与机舱体件　用螺栓、大垫圈和锁紧螺母将左、右机舱底分别与左、右机舱体组件连接。

④ 试装发电机与机舱密封总成　用机舱密封软连接装置与机舱罩连接好，需配钻孔；用铆钉铆接左、右机舱体组件前端上的软连接。

⑤ 试装和检查吊物孔门。

5. 机舱罩的调整

为了便于制造、安装和运输，机舱罩采用分块设计。在组对机舱罩时，用专用工装和工量具按工艺规程的技术要求，调整好机舱罩的安装位置尺寸与同轴度（机舱罩前端与底座前端安装法兰面的同轴度）。

调整的方法　用尺子对称测量机舱罩上壳体圆弧法兰上 1、2 两点到专用工装中心的距离，差值（同轴度）满足工艺规程要求即为合格。用尺子对称测量机舱罩下壳体圆弧法兰面上 3、4 两点到专用工装中心的距离，差值（同轴度）满足工艺规程的要求即为合格。若同轴度不符合要求时，可用工装调整预埋连接支座与底座的安装孔位置，也可通过在机舱罩预埋连接支座处增加和减少调整垫来调整。调整完毕后进行螺栓的连接和紧固，以保证机舱罩的安装质量，避免影响机舱罩与风力发电机组间的配合。见图 2-108。

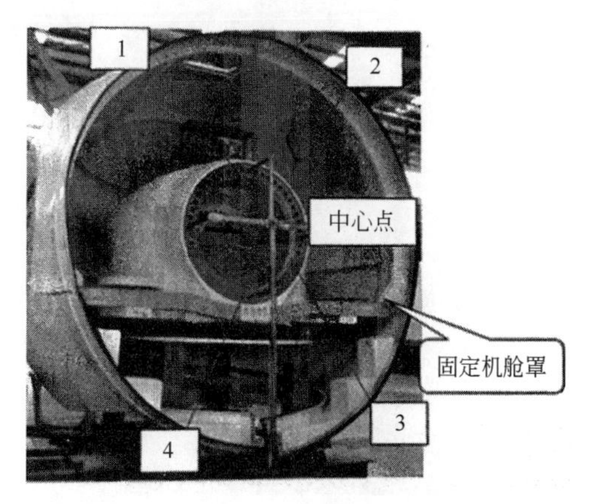

图 2-108　调整机舱罩

（十三）提升机及其护栏总成的安装

1. 清理

用清洗剂和大布将提升机和提升机护栏总成各表面清洗干净。

2. 安装提升机

将提升机安装到提升机支架焊合上，再将提升机链盒安装到提升机支架焊合上，如图 2-109 所示。

3. 安装提升机护栏总成

将护栏固定到耳板焊合上，如图 2-110 所示。

图 2-109　安装提升机

图 2-110　安装护栏

4. 技术要求

提升机及其护栏总成安装的技术要求如下：

① 提升机护栏总成安装完后，应保证各关节活动自如，不得有卡滞现象；

② 根据塔架高度选择对应的提升机。

（十四）测风系统总成的安装

1. 清理

用清洗剂和大布将测风系统支架焊合总成、护座和垫板清理干净，如图 2-111 所示。将护座上的螺纹孔过丝，并清理干净。

2. 查看项目配置

如果项目要求安装航空障碍灯总成，则在测风系统支架焊合总成的立管上，按照工艺文件要求钻一个孔，打孔后去除毛刺，如图 2-112 所示。

3. 安装护座

将护座固定在测风系统支架焊合总成上，紧固牢固。

图 2-111　测风系统支架焊合总成

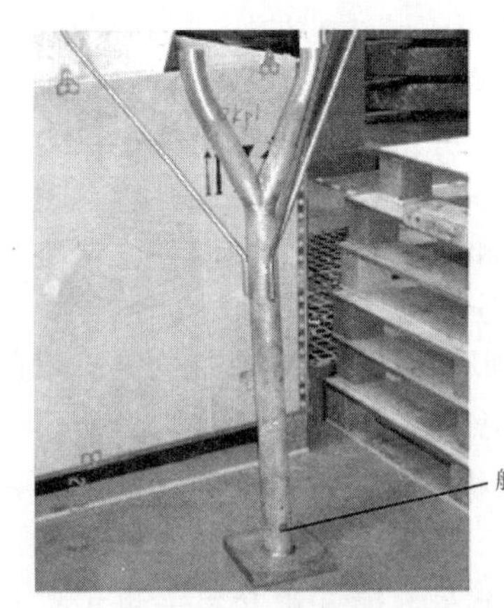

图 2-112　钻航空障碍灯安装孔

4. 试装测风系统支架焊合

将测风系统支架焊合总成与机舱罩总成连接起来，固定牢固，如图 2-113 所示。

注意： 垫板安装在导流罩体内，如图 2-114 所示。试装结束后，将测风系统支架焊合总成拆下，标准件包装后放置好。

图 2-113　测风系统支架试装

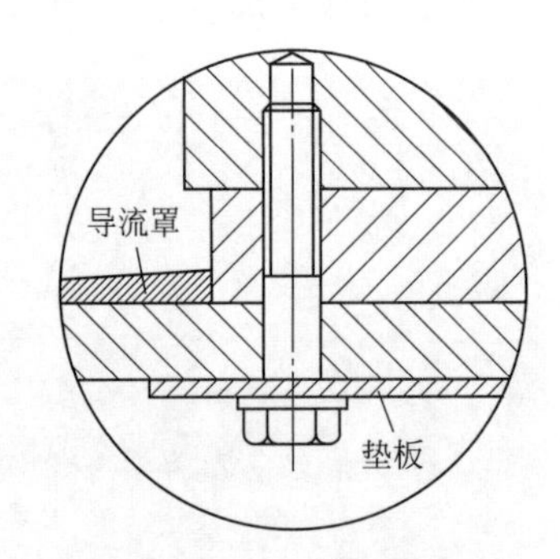

图 2-114　安装垫板

5. 技术要求

测风系统总成安装的技术要求如下：

① 航空灯支座安装孔位置正确；

② 试安装时，保证测风系统支架焊合总成轴线与地面垂直。

(十五) 机舱总成运输前的准备

1. 偏航轴承大齿轮和偏航减速器驱动小齿轮的防锈

检查偏航轴承大齿轮的上、下端面和齿面以及偏航减速器驱动小齿轮的齿面是否生锈，除锈清洁。把油漆刷在偏航轴承大齿轮的上、下端面及齿面裸露的金属表面，均匀地涂抹一层 MD 硬膜防锈油；把油漆刷在偏航减速器驱动小齿轮的上、下端面及齿面，均匀地涂抹一层 MD 硬膜防锈油，要求清洁、均匀，无气泡。

2. 安装吊具

将吊耳焊合安装到底座定轴连接面上，吊具与定轴连接面之间垫橡胶垫，用一个卸扣将一根专用吊带的一端和吊耳焊合连接在一起，专用吊带的另一端从上平台总成的方孔穿出，通过机舱盖体挂在行车的主钩上，如图 2-115 所示。再将两个特制的吊环螺钉安装到底座偏航轴承安装面的安装孔内，用两个卸扣将两根专用吊带的一端分别和两个特制的吊环螺钉连接在一起，专用吊带的另一端通过机舱盖体挂在行车的主钩上，如图 2-116 所示。

图 2-115　吊耳焊合与底座连接

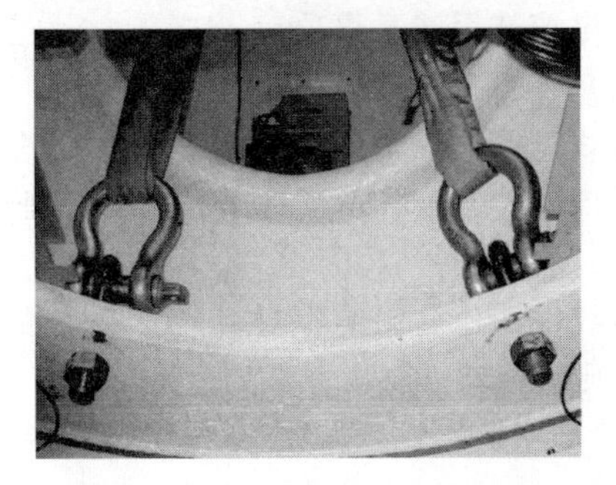

图 2-116　吊环螺钉与底座连接

3. 导出绑扎提升机链条

将提升机链条导到一个纸箱内盘好，用 3～4 根绑扎带均匀地将导出的提升机链条绑扎牢固，如图 2-117 所示。

图 2-117　导出并绑扎提升机链条

4. 后处理

将机舱总成清理干净，将机舱总成表面磕碰处进行补漆。

5. 零部件的包装防护

按照生产厂家的具体要求，对有防护要求的零部件进行包装防护。

6. 吊装及固定

将机舱部分吊装到运输车辆上，按照生产厂家的具体要求进行固定。

7. 文件准备

按照生产厂家的具体要求，编制《机舱部分随机零部件清单》《主要零部件清单（机舱部分）》《机组零部件缺件清单（机舱部分）》等文件。

机舱出厂自检

8. 技术要求

机舱总成运输前准备工作的技术要求如下：

① 偏航轴承大齿轮和偏航减速器驱动小齿轮的上、下端面及齿面的防锈油涂抹，要求清洁、均匀，无气泡；

② 将提升机链条导出到纸箱内，盘好并绑扎牢固。

任务三　机舱电气安装接线

[知识目标]

① 掌握电气测量仪器正确的操作要求。

② 掌握风力发电机组机舱电气接线要求。

[能力目标]

① 能熟练掌握电气测量仪器的操作方法。

② 能熟练掌握机舱中各部件间电气接线方法。

一、电缆选用知识

1. 电缆选用注意事项

（1）查看“CCC”认证标志

电线电缆产品是国家强制安全认证的产品，所以生产企业必须取得中国电工产品认证委员会认证的“CCC”认证标志，在合格证或产品上有“CCC”认证标志。

（2）看检验报告

电线电缆作为影响人身和财产安全的产品，因此，销售商应能提供出质检部门检验报告，否则产品质量的好坏就缺乏依据。

（3）注重包装

选购时，应注意包装要精美，印刷要清晰，型号规格、厂名、厂址等信息要齐全。

（4）看外表

产品外观应光滑圆整、色泽均匀。假冒劣质产品的外观一般粗糙、无光泽。对于橡皮绝缘软电缆，要求外观圆整，护套、绝缘、导体紧密，不易剥离。假冒劣质产品常常外观粗糙、椭圆度大，护套绝缘强度低，用手就可以撕掉。

（5）看导体

符合国家标准要求的电线电缆，不论是铝材料导体还是铜材料导体，都比较光亮、无油污，具有良好的导电性能，安全性高。

（6）量长度

长度是区别符合国家标准要求和假冒劣质产品主要的直观的方法。长度一定要符合100m±0.5m 标准要求，即以 100m 为标准，允许误差 0.5m。

此外，购买电线电缆还要考虑它的用途，通常须根据所带电器功率的大小计算出电线电流，再按电流大小选购电线规格。

2. 规格表示法的含义

（1）规格采用芯数、标称截面和电压等级表示

① 单芯分支电缆规格表示法。同一回路电缆根数 *（1 * 标称截面） 0.6/1kV。例如：4 *（1 * 185）+1 * 95 0.6/1kV。

② 多芯绞合型分支电缆规格表示法。同一回路电缆根数 * 标称截面 0.6/1kV。例如：4 * 185+1 * 95 0.6/1kV。

③ 多芯同护套型分支电缆规格表示法。电缆芯数 * 标称截面-T，例如：4 * 25-T。

（2）完整的型号规格表示法

因为分支电缆包含主干电缆和支线电缆，而且两者规格结构不同，因此有以下两种表示方法。

① 将主干电缆和支线电缆分别表示，如干线电缆：FD-YJV-4 *（1 * 25）+1 * 26 0.6/1kV。这种方法在设计时尤为简明，可以方便地表示支线规格的不同。

② 将主干电缆和支线电缆连同表示，如 FD-YJV-4 *（1 * 185/25）+1 * 95/16 0.6/1kV。这种方法比较直观，但仅限于支线电缆为同一种规格的情况，无法表示支线的不同规格。由于分支用于 1kV 低压配电系统，其额定电压 0.6/1kV 在设计标注时可以省略。

3. 电缆的结构

电缆结构主要由导线铁芯、绝缘层和保护层三部分组成，见图 2-118。

（1）导线线芯

导线线芯是用来输送电流的，必须具有高的导电性、一定的抗拉强度和伸长率、较

高的耐腐蚀性和便于加工制造等特点。电缆的导电线芯通常由软铜或铝的多股绞线制成，这样制成的电缆比较柔软且易弯曲。

我国制造的电缆线芯的截面有以下几种：$1mm^2$、$1.5mm^2$、$2.5mm^2$、$4mm^2$、$6mm^2$、$10mm^2$、$16mm^2$、$25mm^2$、$35mm^2$、$50mm^2$、$70mm^2$、$95mm^2$、$120mm^2$、$150mm^2$、$185mm^2$、$240mm^2$、$300mm^2$、$400mm^2$、$500mm^2$、$625mm^2$、$800mm^2$。

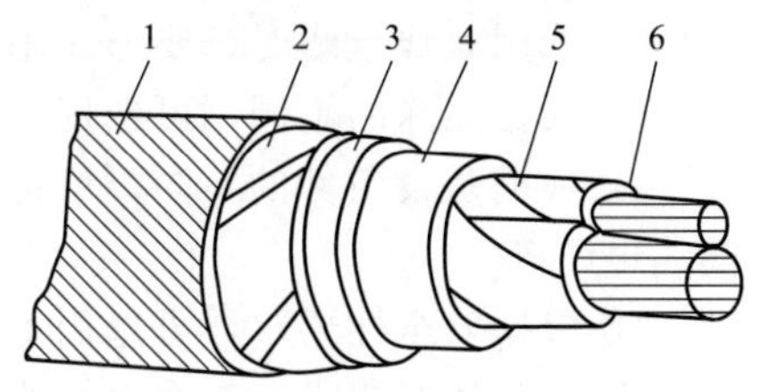

图 2-118　电缆结构

1—沥青麻护层；2—钢带铠装；3—塑料护层；4—铝保护层；5—纸包绝缘；6—导体

(2) 绝缘层

绝缘层的作用是将导电线芯与相邻导体和保护层隔离，抵抗电力电流、电压、电场对外界的作用，保证电流沿线芯方向传输。绝缘的好坏，直接影响电缆运行的质量。

电缆的绝缘层材料，分为均匀质和纤维质两类。均匀质有橡胶、沥青、聚乙烯、聚氯乙烯、交联聚乙烯和聚丁烯等；纤维质有棉、麻、丝、绸和纸等。

(3) 保护层

保护层简称护层，它是为使电缆适应各种使用环境的要求而在绝缘层外面加的防护覆盖层，其主要作用是保护电缆在敷设和运行过程中，免遭机械损伤和各种环境因素，如水、日光、生物、火灾等的破坏，以保持其长时间稳定的电气性能，因此电缆的保护层直接关系到电线电缆的寿命。

保护层可分为内保护层和外保护层。内保护层直接包在绝缘层上，保护绝缘不与空气、水分或其他物质接触，因此要包得紧密无缝，并且要有一定的机械强度，使其能承受住在运输和敷设时的机械力。内保护层有铅包、橡套和聚氯乙烯包等。外保护层用来保护内保护层的，使铅包、铝包等不受外界的机械损伤和腐蚀，在电缆的内保护层外面包上浸过沥青混合物的黄麻、钢带或钢丝。至于没有外保护层的电缆，如裸铅包电缆等，则用于无机械损伤的场合。

二、电缆防腐的基本要求

铜接线端头用压线钳压好后，在电缆芯与端头的结合部用防水绝缘胶带均匀紧密缠绕，防止电缆内部进入潮气，腐蚀线芯，最后套热缩管进行防护。

铜接线端头连接前需要在接触面上涂导电膏。涂导电膏时，要注意并不是涂得越多越好，只需涂上薄薄的一层，将表面不平整的地方填平，达到增强接触面积的目的即可。

接地部分连接时（包括接地排、接地扁铁和接地耳板），需要将接地部分表面的油漆、杂质和不平整的部位用磨光机处理，连接表面涂抹导电膏。连接完成后，在金属表面喷镀铬自喷漆，注意应喷涂均匀。喷镀铬自喷漆要求喷两遍，第一遍和第二遍应间隔 4h 以上。

三、电缆电线的选型原则及规范

电缆是电能输送的载体，是实现电能转换过程中必不可少的材料之一。选用电线电缆时，一般要注意电线电缆型号、规格（导体截面）的选择。

1. 电线电缆型号的选择

电线电缆的选择原则有以下几点。

① 选用电线电缆时，要考虑用途、敷设条件和安全性。

② 根据用途的不同，可选用电力电缆、架空绝缘电缆和控制电缆等。

③ 根据敷设条件的不同，可选用一般塑料绝缘电缆、钢带铠装电缆、钢丝铠装电缆和防腐电缆等。

④ 根据安全性要求，可选用不延燃电缆、阻燃电缆、无卤阻燃电缆、耐火电缆。

⑤ 根据接线要求，查看电缆芯数是否与其相符合。

2. 电线电缆规格的选择

确定电线电缆的使用规格（导体截面）时，一般应考虑发热、电压损失、承载电流密度和机械强度等选择条件。根据经验，低压动力线因其负荷电流较大，故一般先按发热条件选择截面，然后验算其电压损失和机械强度；低压照明线因其对电压水平要求较高，可先按允许电压损失条件选择截面，再验算发热条件和机械强度；对高压线路，则先按电流密度选择截面，然后验算其发热条件和允许电压损失，而高压架空线路，还应验算其机械强度。

3. 电线电缆命名及其遵循的原则

电线电缆的完整命名通常较为复杂，所以人们有时用一个简单的名称（通常是一个类别的名称）结合型号规格来代替完整的名称。如低压电缆代表 0.6/1kV 级的所有塑料绝缘类电力电缆。电线电缆的型号较为完善，只要写出电线电缆的标准型号规格就能明确具体的产品。它的完整命名原则如下。

① 产品名称中包括的内容：产品应用场合和大小类名称，产品结构、材料和形式。产品的重要特征和附加特征，基本上按顺序命名，有时为了强调重要或附加特征，将特征写到前面或相应的结构描述前。

② 产品的结构描述按从内到外的原则，导体→绝缘→内互层→外护层→铠装形式。

③ 在不会引起混淆的情况下，有些结构描述可以省写或简写。

电线电缆的型号组成与顺序如下：①类别、用途；②导体；③绝缘；④内护层；⑤结构特征；⑥外护层或派生；⑦使用特征。①～⑤项和第⑦项用拼音字母表示，每项可以是 1～2 个字母。第⑥项是 1～3 个数字。

型号中的省略原则是：电线电缆产品中铜是主要使用的导体材料，故铜芯代号 T 省写，但裸电线及裸导体制品除外。裸电线及裸导体制品类、电力电缆类和电磁线类产品不标明大类代号，电力装备用电线电缆类和通信电缆类也不列明，但列明小类和系列代号等。第⑦项是各种特殊使用场合和附加特殊使用要求的标记，在“-”后以拼音字母标记。有时为了突出该项，把此项写到最前面。如 ZR-(阻燃)，NH-(耐火)，WDZ-(低烟无卤企业标准)，TH-(湿热地区用)，FY-(防白蚁企业标准) 等。电缆型号表见表 2-1。

四、线缆捆绑的工艺要求

① 根据绑扎电缆的整体外径和重量选取合适长度和宽度的绑扎带，绑扎带断口长度不得超过 2mm，并且位置不得向维护面。

② 电缆应远离旋转和移动部件，避免电缆出现悬挂、摆动的情况。

③ 相同走向电缆应并缆，在与金属部分接触时要对电缆防护，用缠绕管保护电缆绝缘层，再用规定的绑扎带固定。电缆绑扎带间距 150mm，发电机 185mm 以上动力电缆选择适合位置绑扎。绑扎带间距根据路线适当调整，但须保证间距排布均匀。

绑扎的间隔距离和线束直径关系如表 2-2 所示。

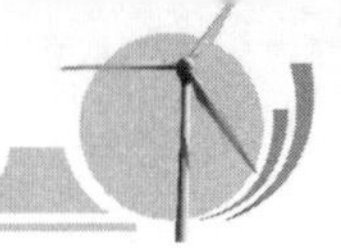

表 2-1　电缆型号表

电缆类别和用途代号	
A	安装线
B	绝缘线
C	船用电缆
K	控制电缆
N	农用电缆
R	软线
U	矿用电缆
Y	移动电缆
JK	绝缘架空电缆
M	煤矿用
ZR	阻燃性
NH	耐火型
WD	低压无卤型
导体代号	
T	铜导线
L	铝芯

绝缘层代号	
V	PVC 塑料
YJ	XLPE 绝缘
X	橡胶
Y	聚乙烯料
F	聚四氟乙烯
护层代号	
V	PVC 塑料
Y	聚乙烯料
N	尼龙护套
P	钢丝编制屏蔽
P2	钢带屏蔽
L	面纱编制涂蜡
Q	铅包
特称代号	
B	PVC 塑料
R	聚乙烯料
C	重型
Q	轻型
G	高压
H	电焊机用
S	双绞型

表 2-2　绑扎间隔距离和线束直径关系

线束直径/mm	绑扎距离/mm
$d \leqslant 5$	30～50
$5 < d \leqslant 10$	50～80
$10 < d \leqslant 15$	80～100
$15 < d \leqslant 20$	100～150
$20 < d \leqslant 25$	150～200

各种连接器端头到线束绑扎起始处的距离和线束直径关系如表 2-3 所示。

表 2-3　连接器到绑扎处距离与线束直径关系

线束直径/mm	绑扎距离/mm
$d \leqslant 12$	25～50
$12 < d \leqslant 25$	50～75
$d > 25$	75～100

注意事项

尼龙扎带（束线带）操作时应注意以下几点。

① 尼龙扎带具有吸湿性，在未使用之前不要打开包装。在潮湿环境中打开包装后，尽量在12h内用完，或者把未用完尼龙扎带进行重新包装，以免影响尼龙扎带的抗拉强度和刚性。

② 使用时，抽紧拉力不能超过尼龙扎带本身的拉伸强度（拉力）。

③ 捆扎物体圈径要小于尼龙扎带圈径，大于或等于尼龙扎带圈径将不方便操作，导致捆扎不紧固。扎紧后带体剩余长度不小于100mm为宜。

④ 被捆扎物体表面部分不能有尖角。

⑤ 在使用尼龙扎带的时候一般有两种方法，一种是人工用手拉紧，另一种是用扎带枪来拉紧并切断。在使用扎带枪时，要注意调整好扎带枪力度，具体情况要根据扎带的大小、宽和厚薄来确定。

五、风电机组机舱电气安装接线工艺

1. 机舱内偏航电机接线

如图2-119和图2-120所示，偏航电机的动力电缆与信号电缆分别根据电气接线通用规范剥除长度合适的外层绝缘，分别压接相应的环形预绝缘端头和管型预绝缘端头，根据图纸要求接在电机接线盒内的接线柱U、V、W和接线座L、N上，接地线接在线盒内的PE接地点上。接线时，线缆须固定牢靠，不能虚接和松动。线缆在接线盒内布线时禁止交叉。

动力电缆与信号电缆出接线盒排布时，根据线缆直径分别选用合适的缠绕管进行防护，汇合处用缠绕管进行统一防护。在固定点与固定座位置，使用尼龙扎带进行绑扎固定，要求布线整齐、美观、禁止交叉。

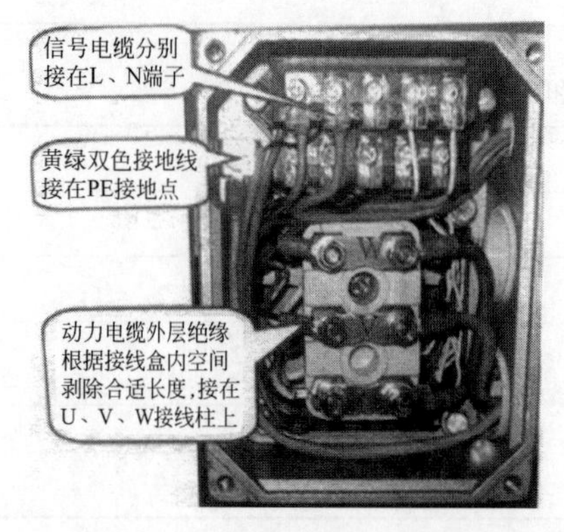

图2-119 偏航电机接线盒接线

图2-120 偏航电机线缆排布

2. 机舱内液压站接线

如图2-121和图2-122所示，液压站动力电缆根据电气接线通用规范剥除合适的绝缘层长度。压接与线芯直径相符的管型预绝缘端头，按图纸要求对应接入相应L1、L2、L3、PE端子。信号电缆也是根据接线盒空间和接线端子位置，每根线缆剥除相应合适的绝缘层长度，压接与纤芯直径相符的管型预绝缘层端头，根据图纸接在相应的端子上，要求线缆排列整齐、美观。信号电缆屏蔽层使用缠绕管热缩进行防护后，压接合适的管型预绝缘端头接入PE端子。

液压站动力电缆与信号电缆布线时用缠绕管防护，进线缆槽盒走线，使用绑扎带进行绑扎固定。

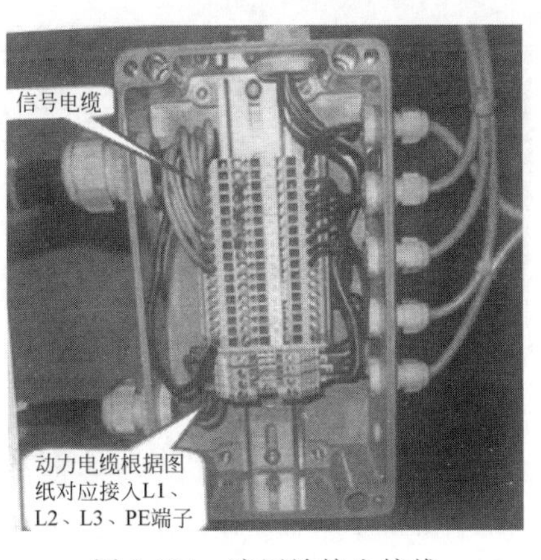

图 2-121 液压站接盒接线

图 2-122 液压站线缆排布

3. **机舱润滑油泵接线**

如图 2-123 和图 2-124 所示，润滑油泵电缆分别按照润滑油泵接线图，正（+）接 1，负（-）接 2，PE 接 PE 接入润滑油泵电源端头，并将电源端头安装在润滑油泵上。

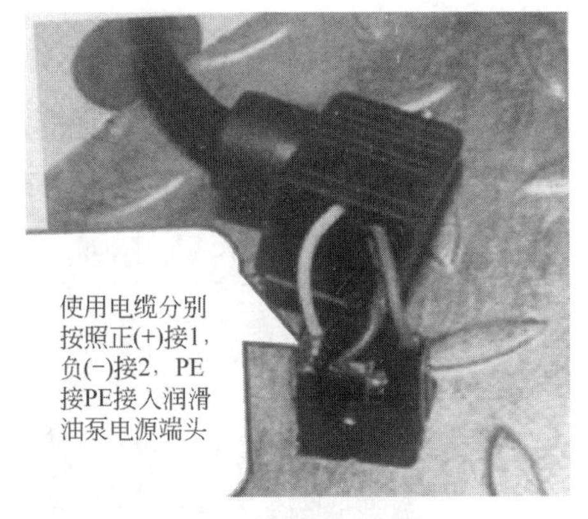

图 2-123 润滑油泵电源接线

图 2-124 润滑油液压站线缆排布

润滑油泵根据线缆直径选用合适的缠绕管，与油管一起用绑扎带进行固定排布。

4. **机舱凸轮计数器接线**

如图 2-125 和图 2-126 所示，计数器用螺栓安装在凸轮计数安装器的支架上，要求凸轮齿顶与偏航轴承齿的齿根之间间隙为 15～20mm。凸轮计数器内部接线按照电气接线通用规范，将电缆绝缘层剥除合适的预留长度，电缆头根据线缆直径压制相应的管型预绝缘端子，对照图的关系分别接入凸轮开关和电位器，见图 2-127。

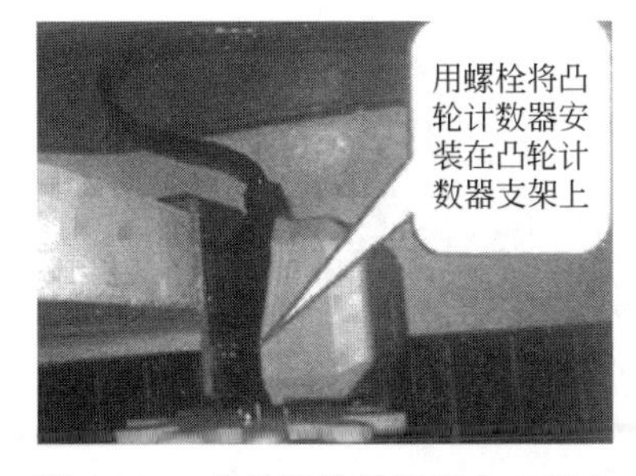

图 2-125 凸轮计数器固定在支架上

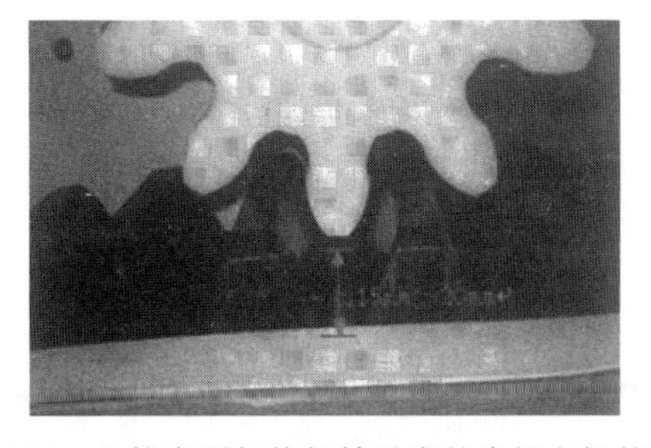

图 2-126 凸轮齿顶与偏航轴承齿的齿根之间的间隙

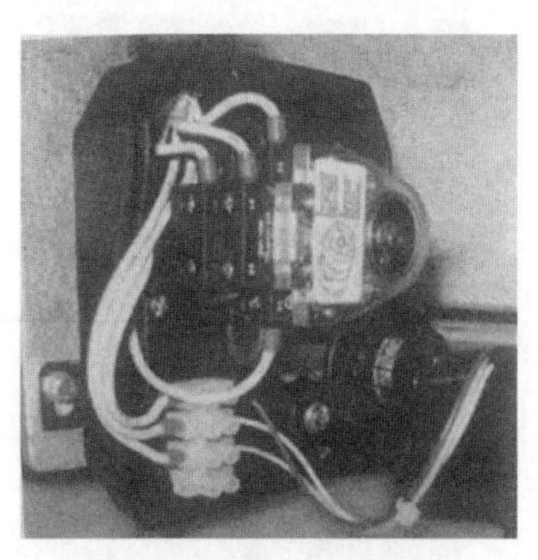

图 2-127　凸轮计数器接线

图 2-128　凸轮计数器布线

凸轮计数器与油管用绑扎带固定在一起，穿过线缆预留支架走线孔排布，见图 2-128。

5. 机舱振动开关接线与试验

电缆根据电气接线通用规范剥除合适长度的电缆绝缘层，压接管型预绝缘端子，按照图 2-129 接在相应端子上。

布线全程使用缠绕管防护，并在固定座位置使用绑扎带进行固定。见图 2-130。

图 2-129　振动开关接线

图 2-130　振动开关布线

6. 机舱照明灯接线

制作电缆头，须根据电气接线通用规范剥除合适的电缆绝缘层长度，用剥线钳相应的切口剥除电缆内芯端头，用压线钳压制适合电缆直径的管型预绝缘端子。按照并联方式，用电缆连接左右两个机舱照明灯，再用电缆连接机舱左侧照明灯和机舱控制柜，即并联节点在左侧照明灯内。见图 2-131 和图 2-132。

图 2-131　照明灯布线固定

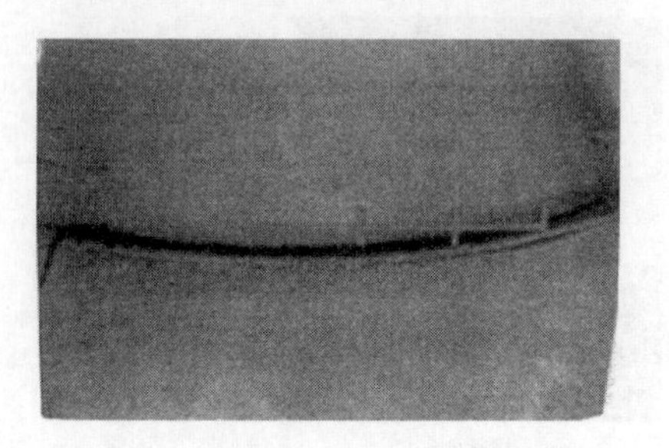

图 2-132　照明灯电缆布线绑扎间距

照明灯电缆布线每隔 300mm 安装一个固定座，用绑扎带固定电缆（这里间隔 300mm 只是个例，具体还要根据现场的实际情况而定）。

7. 机舱提升接线

将提升机电缆接入开关盒，根据电气接线通用规范要求，接线盒内电缆外层护套剥除相应长度，压制管型预绝缘端子。将三根线芯对应 U、V、W 的线序，安装在提升机开关上；黄绿双色线接地需要连接在一起，并用热缩套作防护。若开关盒内有接地点，则不需要将电缆连接在一起，直接接在接地点上即可。见图 2-133。

提升机开关盒出口电缆用缠绕管防护，然后将提升机电缆与照明电缆一起捆扎排布至顶舱控制柜。见图 2-134。

图 2-133　提升机开关盒接线

图 2-134　提升机开关和布线

8. 机舱开关柜接线

开关柜电缆根据电气接线通用规范剥除合适的绝缘层长度，压接管型预绝缘端头，屏蔽层用热缩套管进行防护，依照原理图将其接在相应的接线端子上。见图 2-135。

开关柜线缆用缠绕管进行防护，沿着线缆走线槽布线，并用绑扎带进行绑扎固定。两个开关柜布线时应保持电缆弯曲的弧度一致。两个开关柜汇合后，沿上平台左侧的控缆槽向后排布，要求排列整齐、美观，禁止线缆交叉。见图 2-136。

图 2-135　开关内接线

图 2-136　开关柜布线

9. 机舱控制柜接线

电缆沿桥架布线，线缆用绑扎带固定在桥架上，选择工艺要求相应的 PC 口进入机舱柜。电缆排列须整齐、标示完整。见图 2-137 和图 2-138。

机舱柜内线缆根据电气通用接线规范剥除相应绝缘层长度，压接绝缘端头。线缆布进线槽后，按图纸进行接线，将其接在相对应的端子上。见图 2-139。

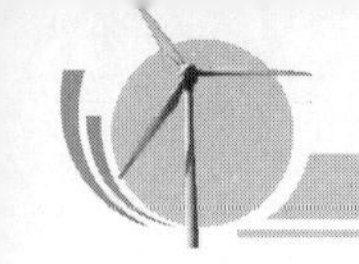

图 2-137　机舱柜布线（一）

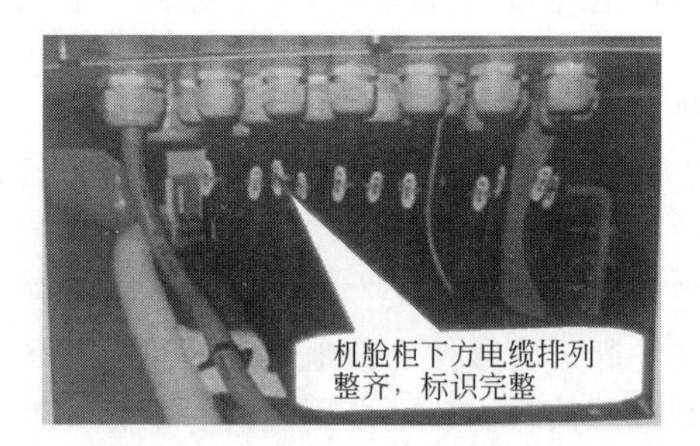

图 2-138　机舱柜布线（二）

[拓展知识] 双馈异步风力发电机机舱装配过程

一、机舱平台装配过程

1. 机座的清理

将机座用抹布、清洗剂、扁铲、毛刷等清理安装面、安装孔，然后用高压气枪吹干，保证安装面及安装孔清洁无油（图 2-140）。

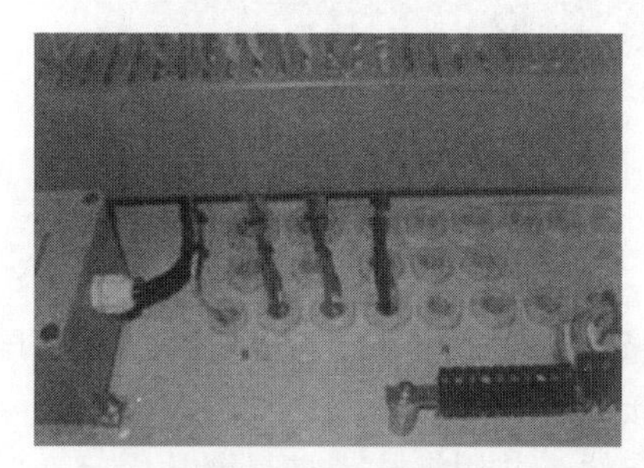

图 2-139　机舱接线

图 2-140　机座清理

2. 梁的装配

将梁与机座用螺栓连接起来，用气动扳手打紧（图 2-141）。

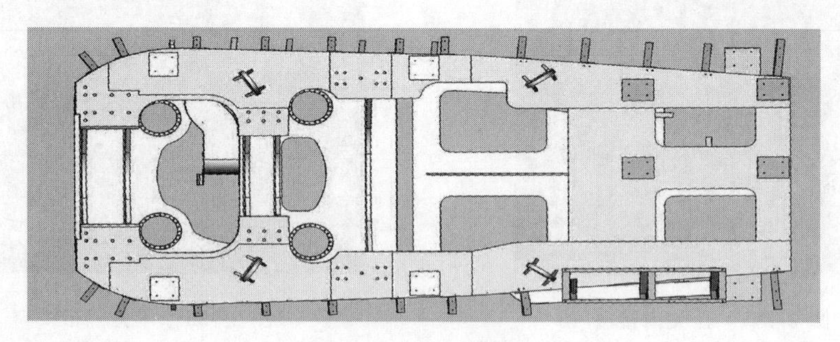

图 2-141　梁的装配

3. 机舱面板的装配

将机舱面板平铺于各梁及机座上，用内六角平圆头螺钉、平垫圈、锁紧螺母与梁连接，用内六角平圆头螺钉与机座连接，所有螺栓用内六角扳手和棘轮扳手配外六角套筒头拧紧（图 2-142）。

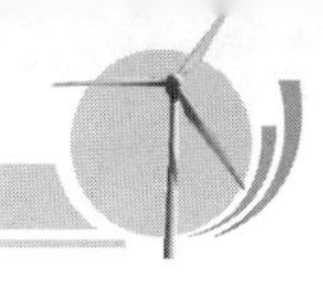

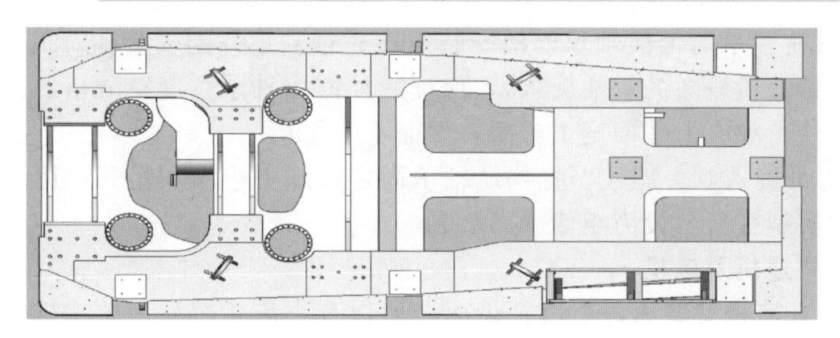

图 2-142　机舱面板的装配

4. 补漆和防腐

安装完毕后检查零部件，对损伤的、裸露的涂层及未使用的安装孔按要求进行作业，有力矩要求的螺栓防腐后，用红色油漆笔做好防松标记。

二、偏航系统安装

1. 清理机座、偏航轴承

① 将机座吊至偏航减速机装配架上，用清洗剂、扁铲、抹布清理装配面及安装孔，再用高压气枪吹净，保证各安装面和安装孔清洁无油（图 2-143）。

② 用丝锥清理偏航轴承内圈螺纹孔，用清洗剂、抹布清理孔内杂质油污并用高压气枪吹干，然后喷涂防锈油进行防腐。

2. 偏航轴承与机座连接

① 用四爪吊带和吊环螺钉将偏航轴承吊至偏航轴承安装架上，此时偏航轴承外圈应高于内圈（图 2-144），否则应进行翻转（偏航轴承装配面上的灰尘、杂质应用干净抹布清理）。

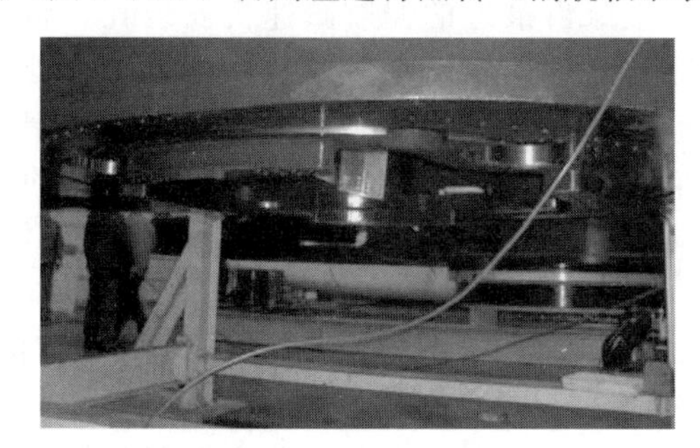

图 2-143　清理机座

图 2-144　偏航轴承的吊放

② 将载有偏航轴承的偏航轴承安装架推至机座底部对应的位置，轴承滚道软带位置位于机座左右任一侧。将四爪吊带的各爪从机座上方分别穿过机座上偏航减速箱安装孔，吊住偏航轴承装配小车，升起吊钩，使偏航轴承靠近机座上安装止口（图 2-145）。

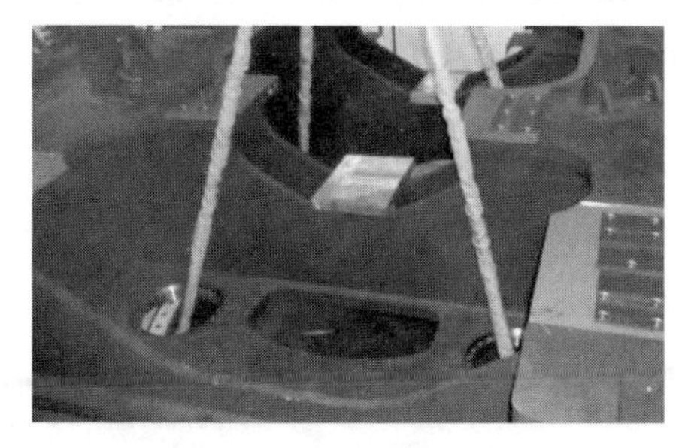

图 2-145　偏航轴承的吊装

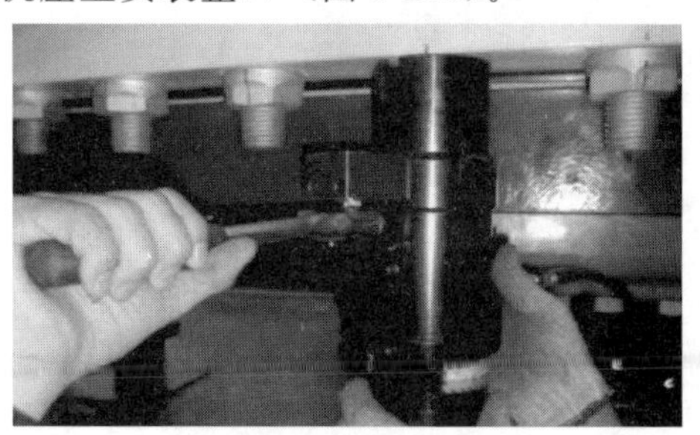

图 2-146　偏航轴承的安装

③ 将固定偏航轴承的偏航轴承外圈安装螺柱通过轴承外圈安装孔对正旋入机座上的轴承螺柱固定孔（螺纹段较短的一端旋入），保证螺柱露出轴承长度 75mm±2mm（保证螺柱不被拧到底而卡住。如有卡住回旋 1/4 圈，保证不卡住）。

④ 将专用螺母旋入双头螺柱，将偏航轴承固定，卸去小车和吊具，用一对液压拉伸器交叉对称拉伸双头螺柱至所设力矩值（图 2-146）。

3. 安装偏航减速机及电机

① 清理偏航减速机安装面、小齿轮齿面杂质以及小齿轮端面，减速机竖直状态检查油位是否正常。

② 在偏航减速机上拆下偏航电机（图 2-147），垂直缓慢提升电机，手托住侧面，避免电机轴脱离偏航减速箱时猛烈摆动而撞伤电机。

图 2-147　偏航电机的拆卸

图 2-148　偏航减速机的安装

③ 用两爪吊带将偏航减速机吊起，先安装距绿齿最近的偏航减速机安装孔，将减速机 E 点位置放在偏航减速机与偏航轴承啮合处的正对面侧偏左（或右）四五个孔处来保证有一定侧隙后将偏航减速机装入安装孔，卸去吊带（图 2-148）。用螺栓、平垫圈十字方向将减速机固定，再用偏航齿隙调整手柄转动偏航轴承内圈，使三个标记绿色的齿与偏航减速机齿轮啮合（偏航减速机需装一个调一个侧隙，不能四个一起吊装之后再统一调侧隙）。

④ 用塞尺检查齿轮啮合侧隙是否在 0.6～1.0mm 之间（图 2-149），如果啮合侧隙偏大，则需将 E 点往靠近啮合点方向旋转一个或多个孔位；反之，则将 E 点往远离啮合点方向旋转，再次进行测量，直到符合要求。啮合要求：齿面啮合接触痕迹（齿面防腐涂层磨损痕迹）均匀，长度（齿宽）不小于 40%，高度（齿高）不小于 30%。最后将余下的螺栓、垫圈安装并紧固。

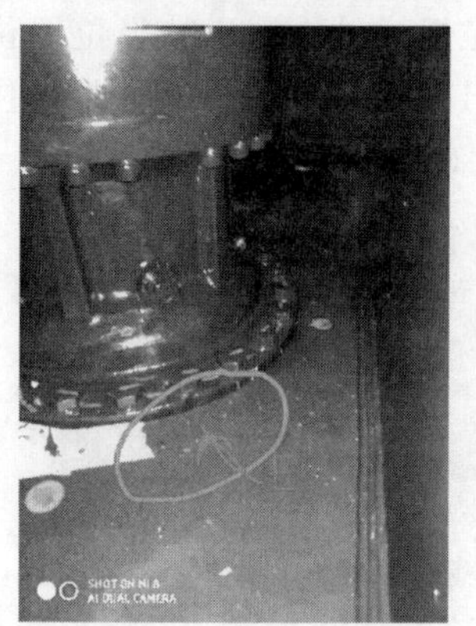

图 2-149　测量啮合齿隙

注意：侧隙测量时测量深度（齿宽方向）不小于齿宽的 80%。

⑤ 安装偏航电机。取出密封圈，将原先的密封胶铲除干净，并擦去端面的水迹、油污等杂质后重新放入密封圈。

⑥ 清理偏航电机轴外圆的毛刺。

⑦ 吊起偏航电机，托住电机侧面，保证电机轴线垂直，缓慢插入偏航减速机输入轴内孔，下降到位。

注意：若无法顺利插入，切忌野蛮操作，需查明原因（键未安装到位、轴线倾斜、毛刺等）后作业。

⑧ 将安装好的偏航电机接上电源，驱动偏航轴承内齿圈，以调整齿轮绿色标记至下一个偏航减速机安装位置。

⑨ 按照第一个减速机的安装要求，依次将其余 3 个偏航减速机安装到位并保证 4 个偏航减速机侧隙偏差不大于 0.3mm。

⑩ 做偏航联动试验，保证 4 个偏航电机同时上电，同步运行，并检查偏航电机、偏航减速机和偏航轴承运行是否平稳，是否有异响（如有异响应拆除检查）。

注意：试验结束时，确认偏航轴承内圈螺栓孔其中的一个位于机座中轴线上，以便于同运输工装连接。

⑪ 用液压扳手将偏航减速机螺栓力矩交叉、对称紧固（图 2-150）。

⑫ 偏航系统装配完成后对螺栓头进行防腐处理（图 2-151）。

图 2-150　打紧偏航减速机安装螺栓

图 2-151　螺栓头防腐

4. **偏航制动盘与机座连接**

① 用清洗剂清理制动盘与偏航轴承、塔筒连接的配合面及制动盘的上下摩擦两面，保证各面清洁无油，用吊环螺钉和四爪吊带将清理好的偏航制动盘止口朝上吊放在偏航轴承装配小车上（图 2-152），将载有偏航制动盘的小车推至机座底部对应的位置，先转动小车将制动盘上预装螺栓孔与轴承上相应螺纹孔大致对准。

② 将四爪吊带的各爪从机座正上方吊住偏航轴承装配小车上的吊环，起升吊钩，使偏航制动盘贴近偏航轴承上的安装止口，用内六角螺钉将制动盘与偏航轴承连接，用机械力矩扳手交叉对称紧固，卸掉小车及吊带（图 2-153）。

图 2-152　偏航制动盘

图 2-153　安装偏航制动盘

5. 紧固偏航轴承

用液压螺栓拉伸器交叉对称将固定偏航轴承外圈的双头螺柱拉伸至设定值（图 2-154）。

6. 安装偏航制动器

① 用两爪吊带将偏航制动器下半部分吊至偏航制动器安装小车上，然后起吊制动器上半部分，对准位置放至下半部分上，将小车移动到机座底部安装位置，起升到所需高度后将制动器推到偏航制动盘盘面上，对准机座上固定孔，用螺栓、平垫圈将制动器连在机座上（图 2-155）。

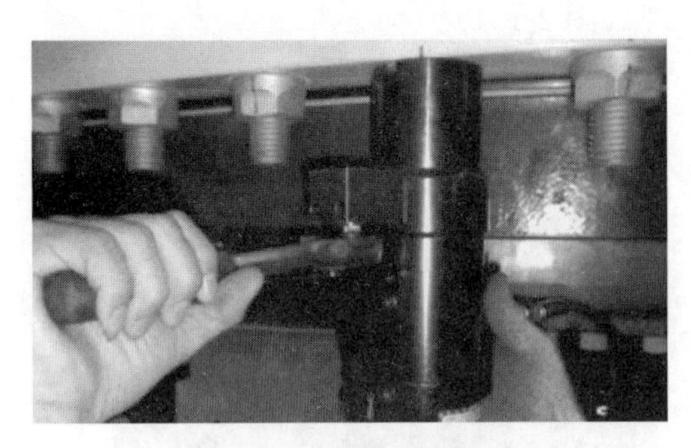

图 2-154 紧固偏航轴承

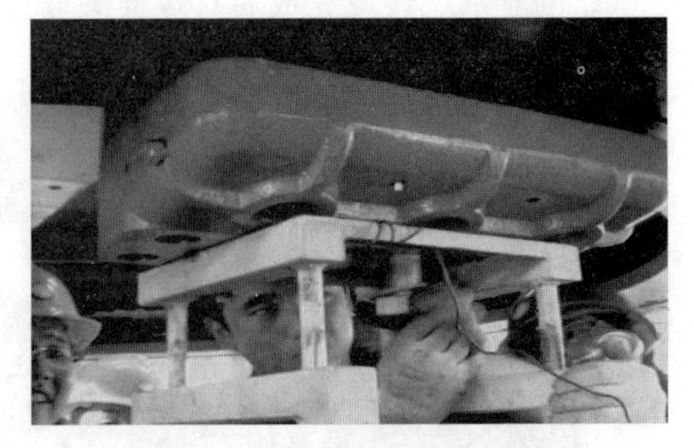

图 2-155 安装偏航制动器

⑨⑦①③⑤⑪
⑫⑥④②⑧⑩

图 2-156 制动器螺栓拧紧顺序

注意： 在制动器吊装之前务必确认摩擦片安装正确到位（摩擦材料朝向制动盘面，钢背朝向制动器活塞）。

② 转动小车摇把，使小车下降并移开，此时制动器下半部分同上半部分分开，在制动器下半部分的凹槽内放置密封圈，然后用气动扳手将螺栓拧紧，拧紧顺序参照图 2-156。

注意： 拧紧螺栓过程中扶住制动器，防止上下两半制动器错位，破坏中间的密封圈，且将上下两半制动器对齐。

③ 检查偏航制动器上下缸体与制动盘盘面之间的间隙，保证上下间隙值都不小于 2.5mm。

④ 按照上述方法安装其余偏航制动器，最后将余下的螺栓、平垫圈安装到位，用气动扳手对称交叉打紧。打力矩前，制动器的每一个半钳必须打开其中一个进油孔，然后按规定的力矩紧固工序进行操作，在这期间保持操作环境干净，防止灰尘和杂质进入到油孔。然后用机械力矩扳手将所有固定制动器的螺栓交叉对称紧固（图 2-157）。

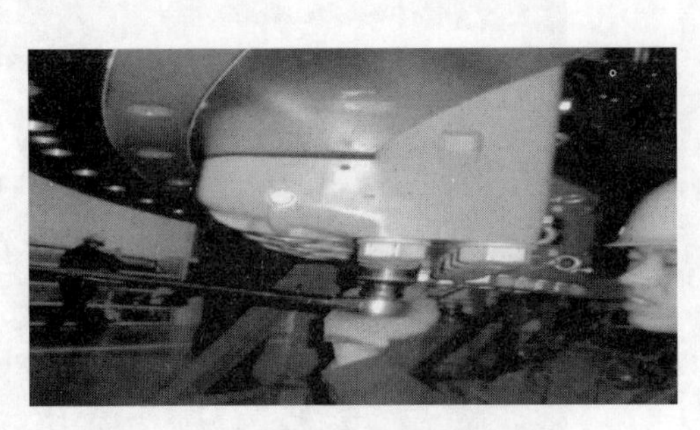

图 2-157 打紧偏航制动器安装螺栓

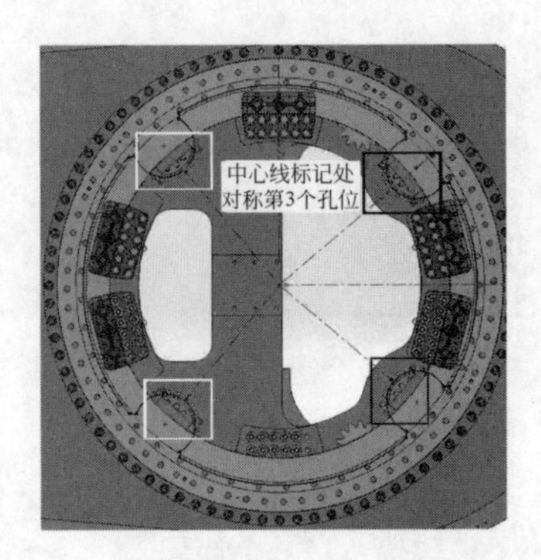

图 2-158 偏航驱动接油装置安装示意图

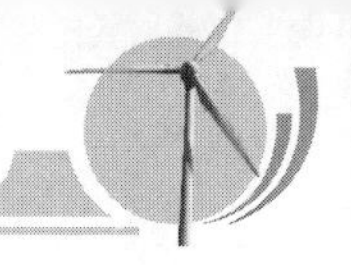

7. **安装偏航驱动接油装置（图 2-158）**

① 借用靠向轴承中心的固定偏航编码器安装螺钉将编码器接油盘进行固定，如图 2-159 所示。

图 2-159　偏航编码器接油装置安装示意图

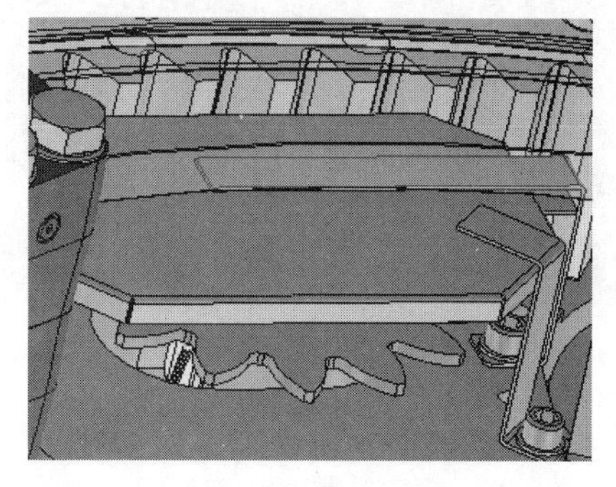

图 2-160　扭缆装置接油盘安装示意图

② 将扭缆装置接油盘安装固定，如图 2-160 所示。

③ 用内六角螺钉、弹簧垫圈、平垫圈将偏航驱动接油装置安装到图示位置并用扳手拧紧。安装具体位置：在 4 个偏航驱动小齿轮的下方与偏航驱动共用螺纹孔，安装后露出制动盘的部分对称，如图 2-158 所示。

注意：所有的螺钉涂抹螺纹锁固胶。对于需要安装齿面集中润滑的项目，应先安装齿面集中润滑系统后再安装此接油装置。

8. **安装偏航轴承油嘴（有集中润滑时取消此序）（图 2-161）**。

图 2-161　安装偏航轴承油嘴

图 2-162　安装机舱梯子

9. **安装机舱梯子**

起吊机舱梯子放入偏航减速机口，用螺栓、垫圈固定在机座横向加强钢板上，气动扳手打力矩（图 2-162）。

10. **安装固定槽（图 2-163）**。

11. **安装整机运输架**

用圆形吊带和卸扣双钩将偏航系统吊至整机运输架，用气动扳手将工装螺栓把偏航轴承与整机运输架打紧（图 2-164）。

12. **补漆和防腐**

安装完毕后检查零部件，对损伤的、裸露的涂层及未使用的安装孔按要求进行作业，有力矩要求的螺栓防腐后用红色油漆笔做好防松标记，对偏航减速机齿面涂刷富锌底漆。

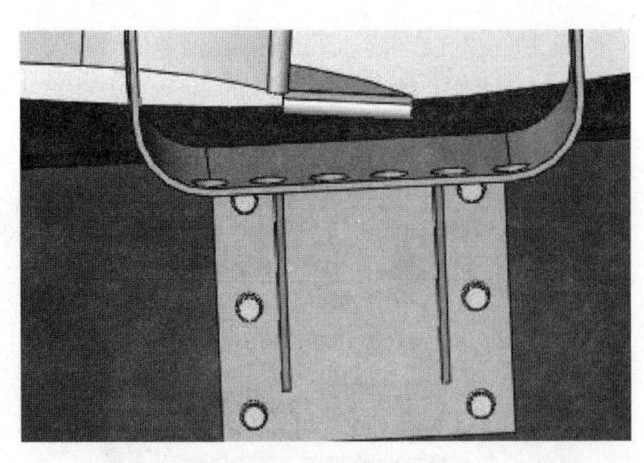

图 2-163　安装固定槽

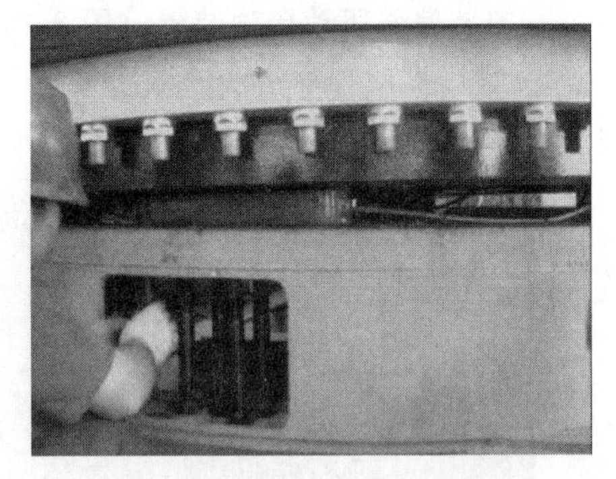

图 2-164　安装整机运输架

注意：偏航制动器外露金属面及紧固螺栓头部进行防腐前，要使用清洗剂将油污彻底清洗干净以保证表面附着力。

思考题

1. 简述机舱装配工艺的相关规定。
2. 简述偏航轴承的安装工艺步骤及技术要求。
3. 简述偏航制动器的安装工艺步骤及技术要求。
4. 简述偏航减速器和偏航电机的安装工艺步骤及技术要求。
5. 简述内平台的安装工艺步骤及技术要求。
6. 简述机舱罩总成的安装工艺步骤及技术要求。
7. 简述机舱总成运输前的准备工作。

学习情境三

风力发电机组叶轮的安装与调试

任务一　叶轮部件认知

［知识目标］

① 掌握叶轮各部件的工作过程和工作原理。

② 掌握风力发电机组技术参数及其意义。

［能力目标］

① 能熟练掌握叶轮部件的组成。

② 能熟练掌握叶轮中各部件的工作位置和功能。

风作用在叶片上产生的升力使叶轮转动，叶轮的转动可将空气的动能转换为机械能。以 1500kW 永磁直驱风力发电机组为例，叶轮采用三叶片、上风向的布置形式，每个叶片有一套独立的变桨机构，主动对叶片进行调节。叶片配备雷电保护系统，当遭遇雷击时，通过间隙放电器将叶片上的雷电经由塔架导入接地系统。叶片桨距角可根据风速和功率输出情况自动调节。

风轮叶片介绍

风力发电机组的叶轮部分一般由导流罩、叶片、轮毂、变桨系统总成等部分构成，如图 3-1 所示。

1. 轮毂

轮毂主要是安装变桨驱动支架、变桨轴承、延长节、叶片等部件的基础，采用球墨铸铁铸造加工而成。轮毂的作用是将叶片固定在一起，并且承受叶片上传递的各种载荷，并将其传递到发电机转动轴上。轮毂结构如图 3-2 所示。

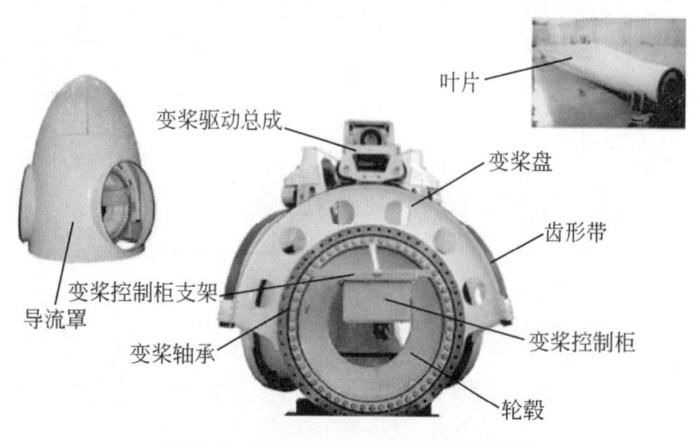

图 3-1　风力发电机组叶轮结构图

图 3-2　轮毂

2. **变桨系统总成**

变桨系统的作用是使叶片在不同风速时，通过改变叶片的桨距角，使叶片处于最佳的吸收风能的状态，当风速超过切出风速时，使叶片顺桨刹车。

变桨系统总成包括以下几个部分。

① 变桨电机　变桨电机作为变桨系统中的动力源，为变桨减速器提供扭矩，从而带动变桨减速器工作。变桨电机如图 3-3 所示。

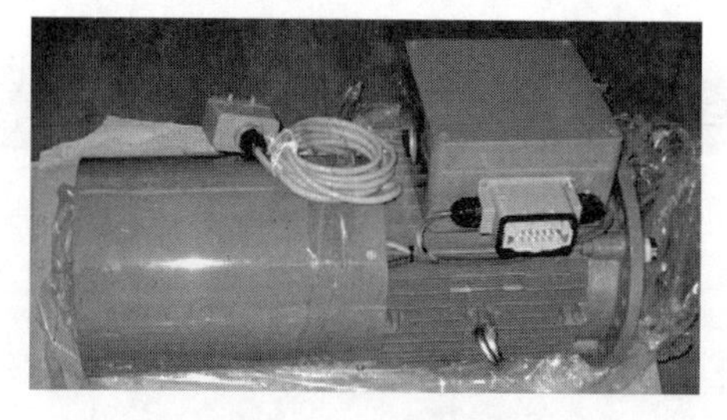

图 3-3　变桨电机

变桨系统介绍

② 变桨减速器　变桨减速器为三级行星减速机构，是将变桨电机的高转速通过偏航减速器转化为低转速，将小转矩转化为大转矩，使变桨电机能够驱动叶片转动，从而改变桨距角。变桨减速器结构如图 3-4 所示。

③ 变桨驱动支架　变桨驱动支架采用钢板制成，主要给变桨电机、变桨减速器作支架使用。变桨驱动支架结构如图 3-5 所示。

图 3-4　变桨减速器

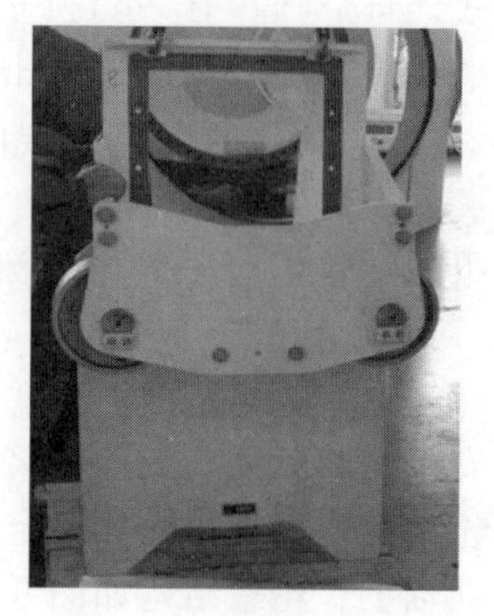

图 3-5　变桨驱动支架

④ 变桨驱动齿轮　将变桨减速器输出扭矩传递给齿形带，从而带动变桨盘转动，其结构如图 3-6 所示。

⑤ 变桨盘　变桨盘采用钢板焊合制造而成，其结构如图 3-7 所示。

图 3-6　变桨驱动齿轮

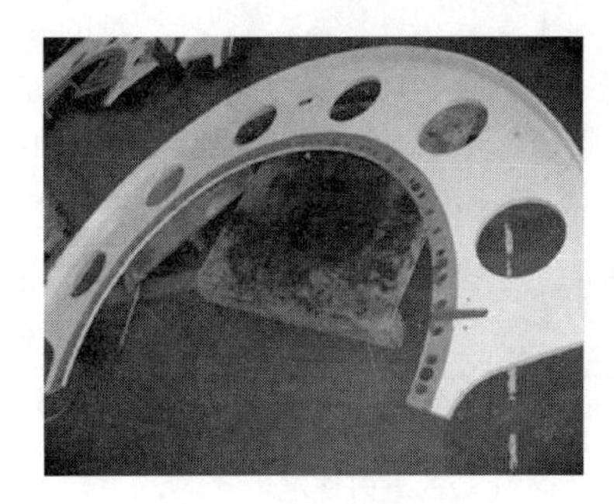

图 3-7　变桨盘

⑥ 变桨轴承　变桨轴承为双排四点接触球轴承，采用 42 铬钼钢制造而成，带一定的阻尼力矩。变桨轴承作为连接部件，轴承外圈与叶片连接，从而带动叶片转动。变桨轴承结构如图 3-8 所示。

⑦ 变桨控制柜　变桨控制柜主要通过控制变桨电机的转动，从而控制叶片的转动角度。变桨控制柜结构如图 3-9 所示。

图 3-8　变桨轴承

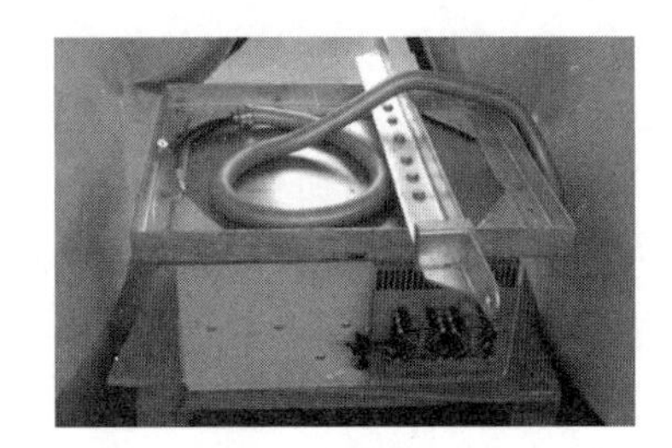

图 3-9　变桨控制柜

3. 其他附件

其他附件包括导流罩、变桨锁、限位开关、电缆桥架等。

任务二　风力发电机组叶轮安装与调试

[知识目标]

① 掌握叶轮各部件的安装工艺和安装步骤。

② 掌握叶轮各部件装配的技术要求。

[能力目标]

① 能熟练掌握叶轮装配过程中的工装设备和工器具的使用方法。

② 能熟练掌握叶轮装配完成后的检测和调试方法。

一、叶轮装配的相关规定

以 1500kW 永磁直驱风力发电机组的叶轮装配为例，在装配前需对风力发电机组叶轮装配的

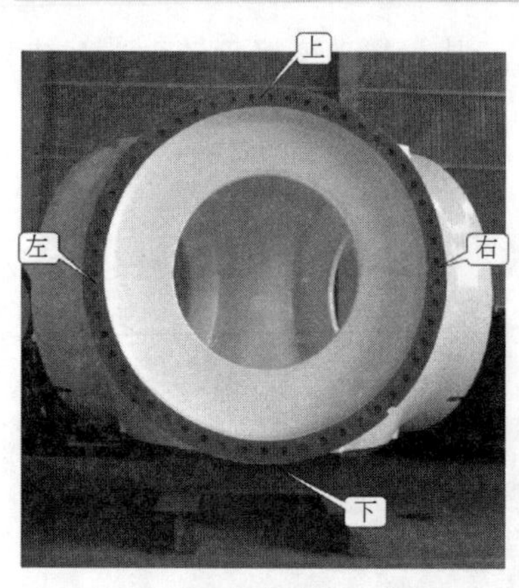

图 3-10 轮毂的方向规定

技术要求进行规范，以保证装配工艺的规范性。

1. 方向的规定

按照轮毂装配位置，规定人站在轮毂外边，面对轮毂的变桨轴承安装法兰面，左手位置为左，右手位置为右，安装转动轴的法兰面为下，安装变桨驱动支架的平面为上，如图 3-10 所示。

2. 0°和 90°标记线的规定

用细黑色记号笔做标记线，同一台机组的 0°和 90°标记线要一致，均为黑色直线，宽度约为 1.5～2mm。

3. 其他规定

叶轮装配过程中螺栓防松标记的规定、丝锥的选用及其使用要求、螺纹锁固胶的使用规定、固体润滑膏的使用规定、涂抹防锈油、工件清理要求、关于化学品侵蚀的规定等，均与机舱装配过程中的各项规定相同，可参见学习情境二机舱装配的各项规定。

二、风力发电机组的装配工艺与技术要求

1. 轮毂的清理及工装的连接

（1）清理

将轮毂上各塑料堵头拆掉，并将塑料堵头清理干净放置好，以备叶轮部分和机舱部分出厂时防护螺纹孔用。用平刮刀清理装配面的毛刺和多余的防腐层，不合格的防腐层要用对应的防腐材料进行修补。用加长丝锥对轮毂上的螺纹孔过丝，用压缩空气将螺纹孔内的污物吹干净，用大布和清洗剂将轮毂各表面清理干净。

（2）吊梁吊具的安装

用一个卸扣将一根吊带的一端固定在轮毂吊具上，另一端挂在行车的主钩上，如图 3-11 所示。

轮毂与主轴

（3）轮毂与工装固定

叶轮防护罩分为罩底和罩体两部分。将叶轮防护罩罩底铺在运输支架上，将罩底的孔和运输支架上的孔对正，将轮毂摆放在支架上，紧固连接螺栓，如图 3-12 所示。螺栓螺纹旋合面涂固体润滑膏。

注意：运输支架与轮毂的相对位置，如图 3-13 和图 3-14 所示。

图 3-11 吊具的安装

图 3-12 防护罩的固定

（4）拆卸吊具

将轮毂吊具卸掉，放置在规定位置。

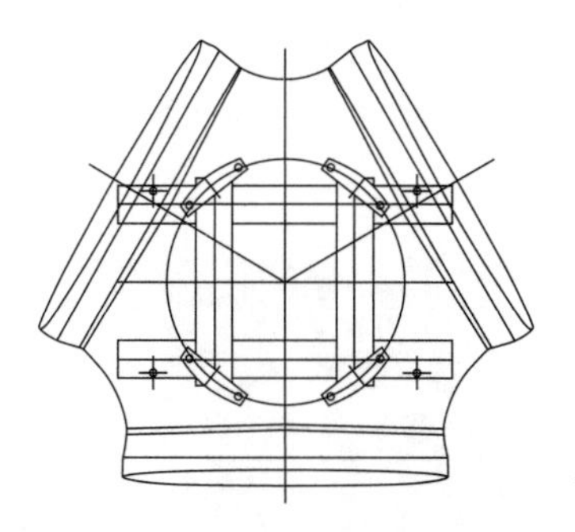

图 3-13　支架与轮毂的相对位置（一）

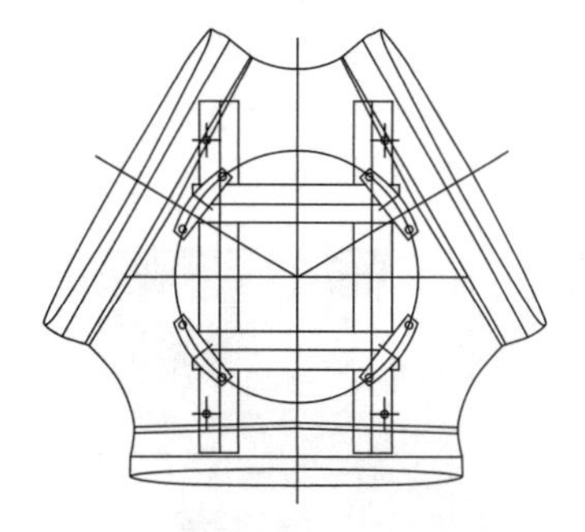

图 3-14　支架与轮毂的相对位置（二）

（5）画“0”刻度线

人站在轮毂外边，面对轮毂的变桨轴承安装法兰面，右边法兰面上的标记线为“0”刻度线，用直角尺和细黑色记号笔将“0”刻度线画在轮毂的内、外两表面上，长 100mm，宽 1.5～2mm，如图 3-15 和图 3-16 所示。

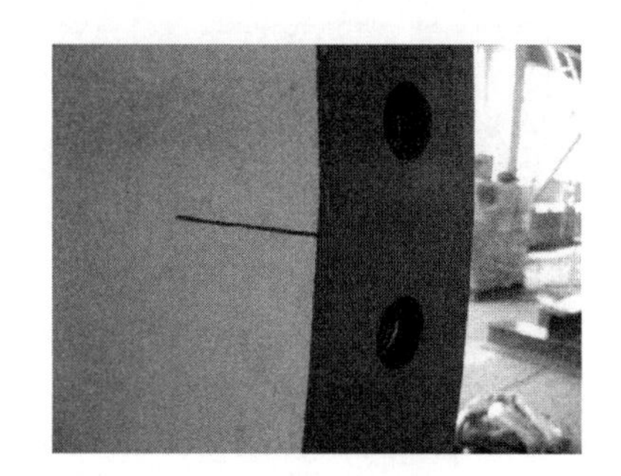

图 3-15　“0”刻度线位置（轮毂内侧）

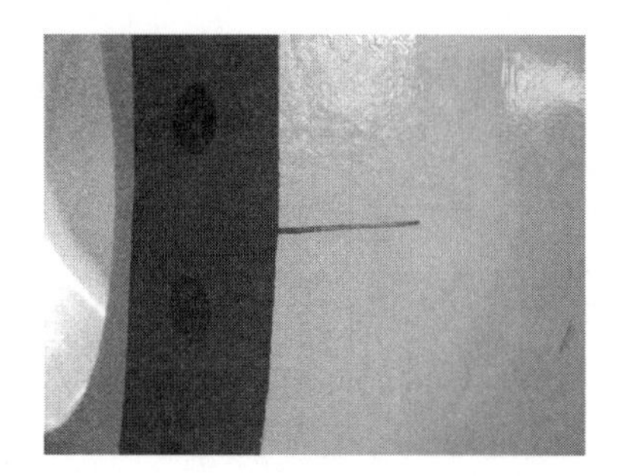

图 3-16　“0”刻度线位置（轮毂外侧）

注意：如果供应商在轮毂的变桨轴承安装法兰面上没有做“0”刻度线标记，可以用下面的方法做出“0”刻度线：人站在轮毂外边，面对轮毂法兰面，轮毂上 12 点的螺纹孔为第一孔，顺时针数，第 14 孔的孔心和第 15 孔的孔心连线的中垂线即为“0”刻度线，并将其延伸到轮毂的内外表面上，如图 3-17 所示。

（6）技术要求

轮毂的清理及工装连接的技术要求如下：

① 变桨系统运输支架焊合和各工装下面垫放橡胶垫，以免损伤地面和轮毂防腐面；

②“0”刻度线要求位置正确，标记线延伸到轮毂的内、外表面上，长 100mm，宽 1.5～3mm。

2. 变桨盘总成的安装

（1）清理

拆除变桨轴承的包装物，注意：不能损伤密封圈。用大布和清洗剂将变桨轴承和变桨盘清理干净，用平刮刀清理变桨盘上多余的防腐层，用丝锥对变桨轴承和变桨盘的螺纹孔过丝。

（2）摆放变桨轴承

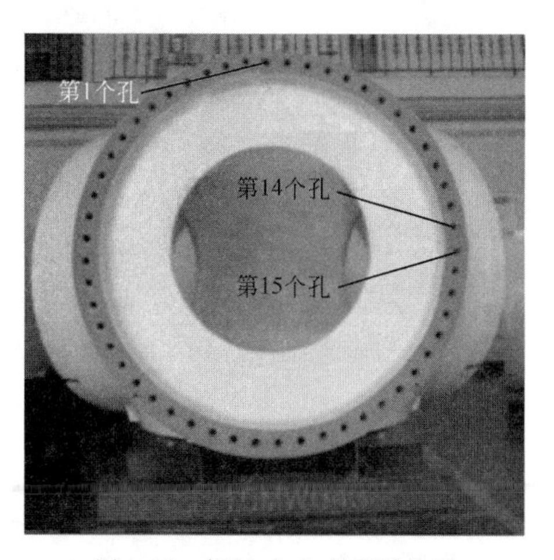

图 3-17　标记“0”刻度线位置

安装变桨轴承吊具，如图 3-18 和图 3-19 所示。将变桨轴承吊运到工位上，摆放在三块垫木上（垫木高度 200mm），变桨轴承（图 3-20）内圈高于外圈的面朝上，如图 3-21 所示。其余两个变桨轴承的放置方法与此相同。如果变桨轴承内外圈的软带或堵塞的相对位置不是 50°，按图 3-22 进行调整。

图 3-18　吊具

图 3-19　安装吊具

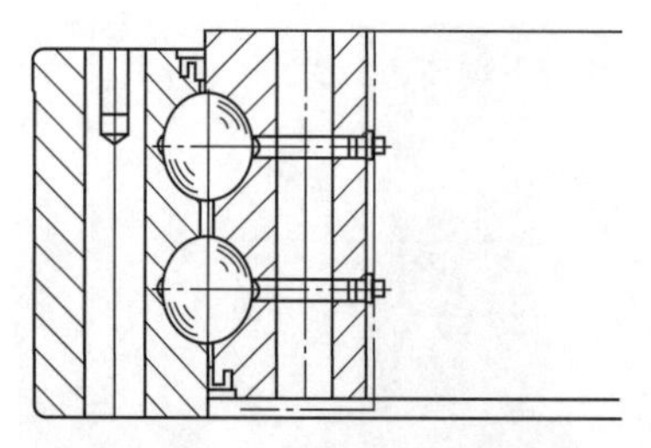
图 3-20　变桨轴承剖面图

图 3-21　变桨轴承的吊装及摆放

（3）摆放变桨盘

将变桨盘摆放在两块垫木上，安装变桨锁的平面朝上放置，如图 3-23 所示；将两个吊环螺钉安装到变桨盘上，将一根吊带对折中间挂到行车的吊钩上，用卸扣将吊带的两端分别固定到吊环螺钉上。

图 3-22　调整变桨轴承内外圈软带位置

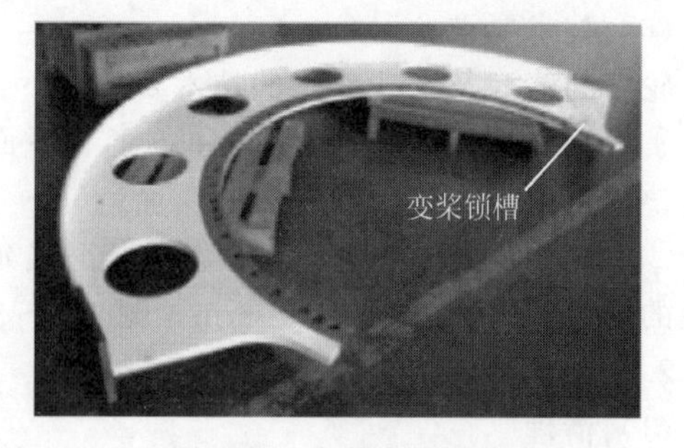

图 3-23　变桨盘的摆放

（4）变桨盘的安装方法

将变桨盘吊运到变桨轴承上面，将两个导正棒插入变桨盘两端的两个光孔使之与变桨轴承上的光孔对正，如图 3-24 和图 3-25 所示。调整变桨盘的位置，用第三个导正棒依次通过变桨盘和变桨轴承上其余的光孔，确保对正。再将变桨盘固定到变桨轴承外圈上。

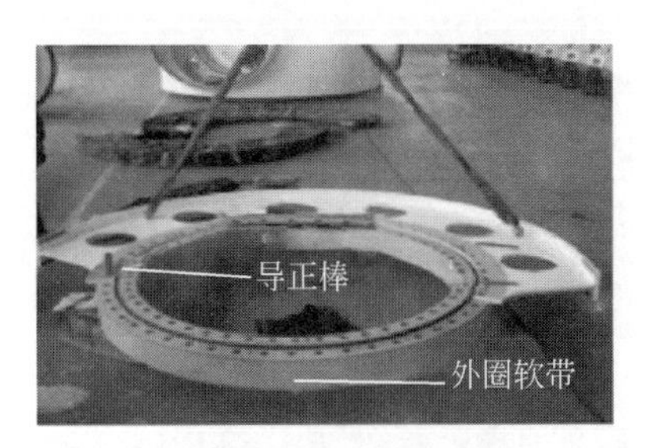

图 3-24　变桨盘的吊装

图 3-25　导正变桨盘

注意：变桨盘与变桨轴承外圈连接时，变桨轴承外圈的软带位置（S 区或堵塞）应位于变桨盘的对面（约 180°），如图 3-26 所示。

图 3-26　外圈软带位置

（5）技术要求

变桨盘总成安装的技术要求如下：

① 变桨盘总成与变桨轴承外圈连接时，变桨轴承内圈高于外圈的面朝上，摆放变桨盘时，安装变桨锁的面朝上，变桨轴承外圈软带或堵塞位于变桨盘对面；

② 根据订货方具体要求选择 54 孔或 64 孔的变桨盘和变桨轴承；

③ 安装变桨盘时，变桨盘上光孔必须和变桨轴承外圈的光孔对正。

3. 变桨轴承的安装

（1）清理

用清洗剂和大布将轮毂的安装表面清理干净。

（2）安装吊具

用一套变桨轴承安装吊具穿过变桨盘和变桨轴承外圈的光孔。用两个卸扣将一根吊带的两端分别与变桨轴承安装吊具上的两个吊具耳板相连，吊带的另一端挂在行车主钩上，如图 3-27 和图 3-28 所示。

图 3-27　变桨轴承吊具

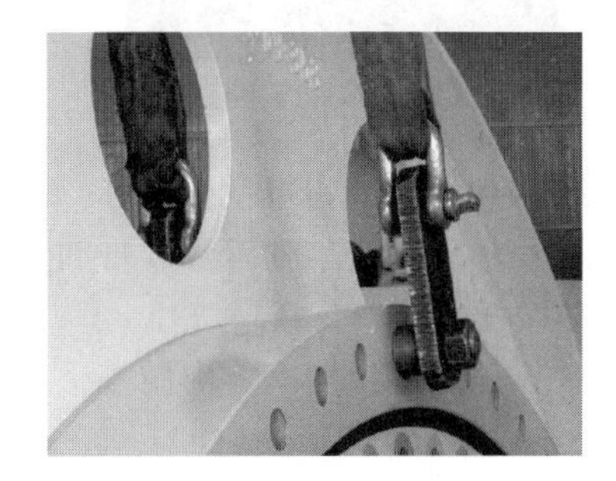

图 3-28　安装吊具

（3）安装变桨轴承导正棒

在轮毂 6 点位置的螺纹孔上安装变桨轴承导正棒，如图 3-29 所示。

（4）安装变桨轴承

在变桨轴承内圈 6 点位置的光孔穿入导正棒，再将变桨轴承内圈上其余光孔与轮毂相应的螺纹孔对正，将变桨轴承固定到轮毂上，紧固螺栓的螺纹旋合面和螺栓头部与平垫圈接触面涂固体润滑膏。拆下变桨轴承安装吊具，如图 3-30 和图 3-31 所示。

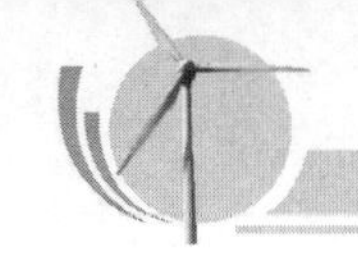

图 3-29　安装导正棒

图 3-30　安装变桨轴承

（5）预留变桨控制柜的固定螺栓

不同生产厂家生产的变桨控制柜固定方式不同，所以变桨控制柜预留安装螺栓孔的位置也不同，此处只介绍 Freqcon 变桨控制柜的预留位置。

Freqcon 变桨控制柜预留 5 个固定螺栓，暂时不拧紧。以变桨轴承 12 点位置的螺栓为基准，左、右各预留第 8 和第 9 个螺栓，如图 3-32 所示。

图 3-31　安装变桨轴承固定螺栓

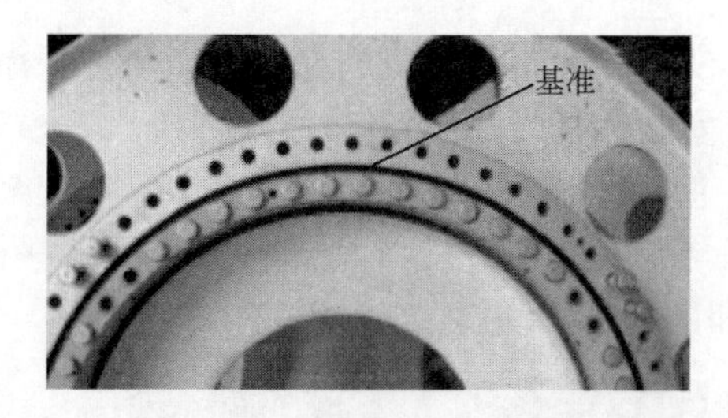

图 3-32　Freqcon 变桨控制柜预留螺栓孔位置

（6）软带和堵塞的相对位置

安装变桨轴承时变桨轴承 S 软带和堵塞的位置要符合规定。根据不同生产商的要求，变桨轴承具体分类如下。

第一种：外圈两个堵塞，内圈一个 S 软带（图 3-33，图 3-34）。

图 3-33　外圈两个堵塞

图 3-34　内圈一个 S 软带

内圈S软带的安装位置：人站在轮毂外，面向轮毂，规定轮毂上固定轴承的6点位置的螺纹孔为第1孔，逆时针数第8孔和第9孔中间为变桨轴承内圈S软带位置（图3-35）。

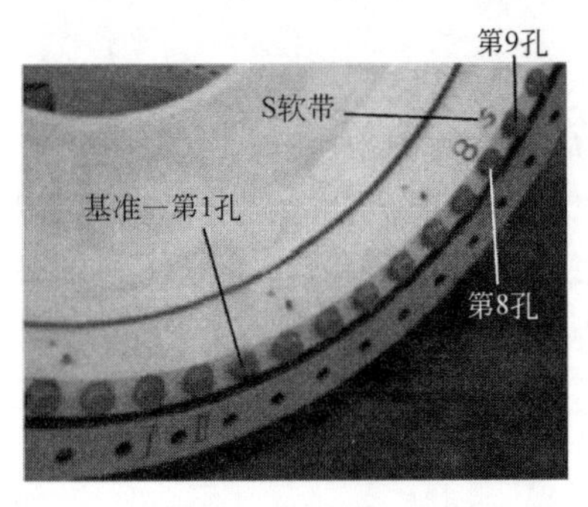

图3-35　第一种S软带的安装位置

图3-36　第二种S软带和堵塞的安装位置

外圈堵塞与变桨盘的相对位置：安装变桨盘时，变桨轴承外圈的第Ⅱ个堵塞位于变桨盘对面（约180°），固定变桨轴承。

第二种：外圈一个S软带，内圈两个堵塞。

内圈两个堵塞的安装位置：人站在轮毂外，面向轮毂，规定轮毂上固定轴承的6点位置的螺纹孔为第1孔，逆时针数第8孔和第9孔中间为变桨轴承内圈第Ⅰ个堵塞的位置，如图3-36所示。

外圈S软带与变桨盘的相对位置：安装变桨盘时，变桨轴承外圈S软带位于变桨盘对面（约180°），固定变桨轴承。

第三种：外圈两个S软带（红点）相距180°，内圈两个堵塞相距180°。

内圈堵塞的安装位置：人站在轮毂外，面向轮毂，规定轮毂上固定轴承的6点位置的螺纹孔为第1孔，逆时针数第8孔和第9孔中间为变桨轴承内圈任意一个堵塞的位置（图3-37）。

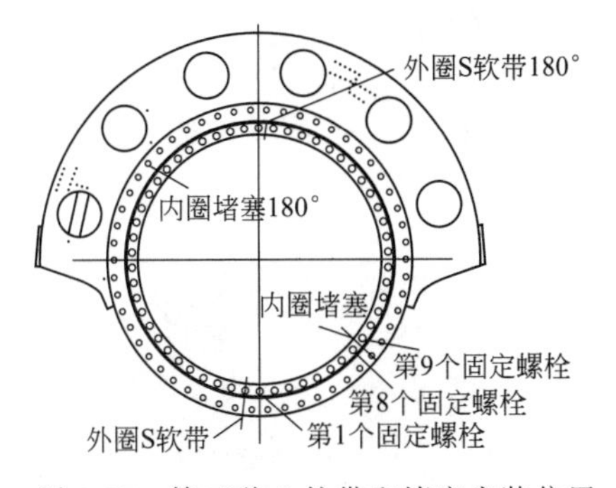

图3-37　第三种S软带和堵塞安装位置

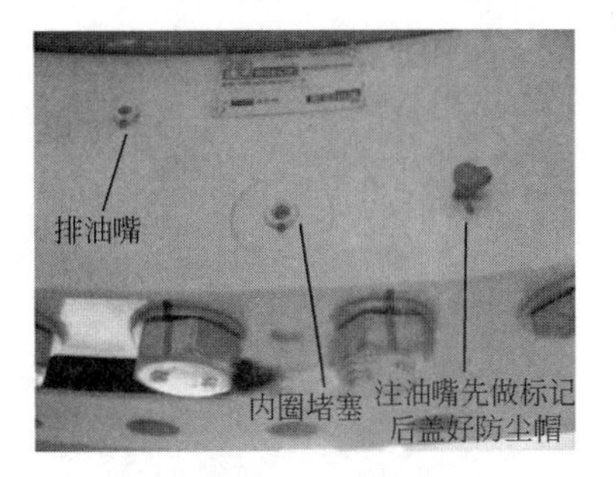

图3-38　后处理

外圈两个S软带与变桨盘的相对位置：安装变桨盘时，变桨轴承外圈任意一个S软带位于变桨盘对面（约180°），固定变桨轴承。

（7）固定螺栓

螺栓的紧固顺序为十字形对称紧固，分三次紧固。打力矩前，按照气动扳手上的压力值与力矩值对照表，将气动扳手的气动单元的压力值调节到相应的压力值。调整好气动单元的压力值后，试打一个螺栓的力矩，再用扭力扳手调整到相应的力矩值，对气动扳手的打力矩值进行校对。使用气动扳手时，应对气动扳手的反作用力臂做好防护，不能伤及变桨轴承和螺栓的防腐层。也可以使用相应力矩值的液压扳手和电动扳手。

（8）检验

调整扭力扳手的力矩值至标准值，依次检查已经打好力矩的紧固螺栓，若有不合格，则继续打力矩，直至合格为止。

（9）后处理

螺栓的力矩检查完毕后，在螺栓的六角头部及其连接件接触面上用红色油漆笔做防松标记，并在紧固螺栓的六角头部裸露部分涂 MD 硬膜防锈油，要求清洁。最后取下注油嘴的防尘帽，检查紧固注油嘴和排油嘴，用红色油漆笔做标记，盖好注油嘴的防尘帽，如图 3-38 所示。

（10）技术要求

变桨轴承安装的技术要求如下：

① 将轮毂和轴承的连接表面清理干净；

② 将变桨轴承与轮毂的连接螺栓全部穿上并预紧后，方可取下变桨轴承安装吊具；

③ 螺栓的螺纹旋合面和螺栓头部与平垫圈接触面涂固体润滑膏，螺栓紧固顺序为对称紧固；

④ 预紧固螺栓时，如果螺栓有卡塞，立刻停止紧固，取出螺栓，检查螺纹孔，对螺纹孔清理过丝或更换螺栓；

⑤ 根据项目合同的要求，预留变桨控制柜支架的固定螺栓；

⑥ 安装完变桨轴承后，用红色油漆笔在螺栓六角头部做防松标记，涂 MD 硬膜防锈油；

⑦ 变桨轴承安装完成后，检查紧固注油嘴和排油嘴，用红色油漆笔做标记。

4. 变桨减速器和变桨驱动齿轮的安装

（1）清理

用清洗剂和大布将变桨减速器、调节滑板、垫板、变桨驱动支架总成和变桨驱动齿轮等零部件清理干净。用丝锥将调节滑板上的螺纹孔过丝，用专用加长丝锥将调节滑板侧面的螺纹孔过丝。用压缩空气清理干净螺纹孔。检查张紧轮的转动状态，转动不灵活时应调整使其转动灵活，张紧轮轴裸露的圆周面和两端面刷 MD 硬膜防锈油。

（2）变桨减速器打力矩支架的防护与摆放

将变桨减速器打力矩支架放置在相应的工位上，如图 3-39 所示。支架与变桨减速器接触的部位用胶垫做好防护，以免碰伤变桨减速器的防腐层，如图 3-40 所示。

图 3-39　打力矩支架

图 3-40　打力矩支架的防护

（3）安装垫板和调整滑板

将变桨减速器吊置到变桨减速器打力矩支架上，将垫板的小端面朝下安装到变桨减速器的法兰面上，对正孔位。然后将调整滑板带止口的端面朝下安装到垫板上，要求变桨系统调节滑板上两个 M16 调整螺栓的螺纹孔与变桨减速器安装变桨电机的法兰面成 180°，即方向相反，如图 3-41 所示。

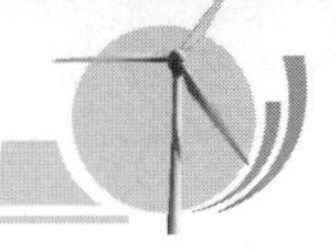

(4) 固定垫板和调节滑板

将垫板和调节滑板固定到变桨减速器上，螺钉的紧固顺序为对称紧固，分两次打力矩。螺栓的螺纹旋合面涂螺纹锁固胶。用同样方法安装其余两台垫板和调节滑板，如图 3-42 所示。

图 3-41 安装调节滑板

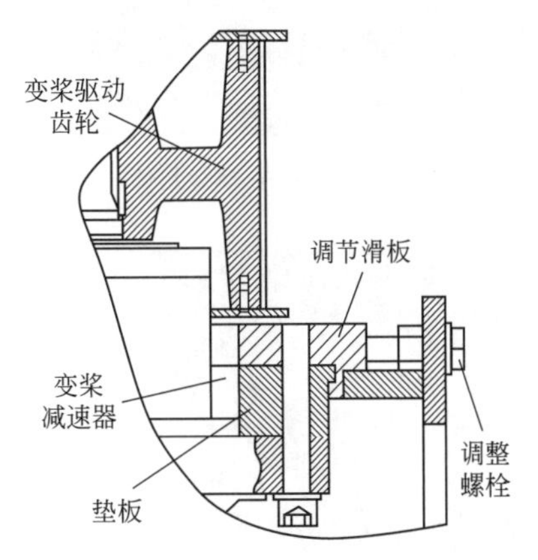

图 3-42 固定垫板和调节滑板

(5) 安装变桨驱动齿轮

将变桨驱动齿轮的内花键与变桨减速器的外花键正确啮合（内孔端面到变桨传动齿轮端面距离小的一端朝上，如图 3-43 所示）。安装变桨驱动齿轮之前，在下端面上刷 MD 硬膜防锈油。

(6) 安装变桨驱动齿轮的压盖

安装变桨驱动齿轮的压盖时，将压盖的销孔和减速器轴的销孔对正，用不锈钢内六角头螺钉将压盖固定到变桨减速器上，螺钉紧固顺序为对称紧固，螺栓的螺纹旋合面涂螺纹锁固胶。将大弹簧销有倒角的一端对正销孔装入，使弹簧销端面与压盖端面平齐，再将小弹簧销装入，使小弹簧销端面与压盖端面平齐。

注意：大小弹簧销的开口成 180°，如图 3-44 所示。

图 3-43 安装变桨驱动齿轮

图 3-44 安装变桨驱动齿轮的压盖

(7) 安装吊环螺钉

在变桨减速器花键轴的中心孔内安装 M12 的吊环螺钉，如图 3-45 所示。

(8) 安装变桨减速器

将变桨减速器安装到变桨驱动支架（图 3-46）上，如图 3-47 和图 3-48 所示。旋紧螺栓，螺栓的螺纹旋合面和螺栓头部与平垫圈接触面涂固体润滑膏。调整好位置再紧固螺栓。

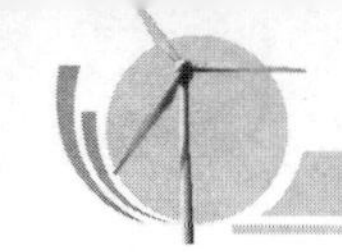

图 3-45　安装吊环螺钉

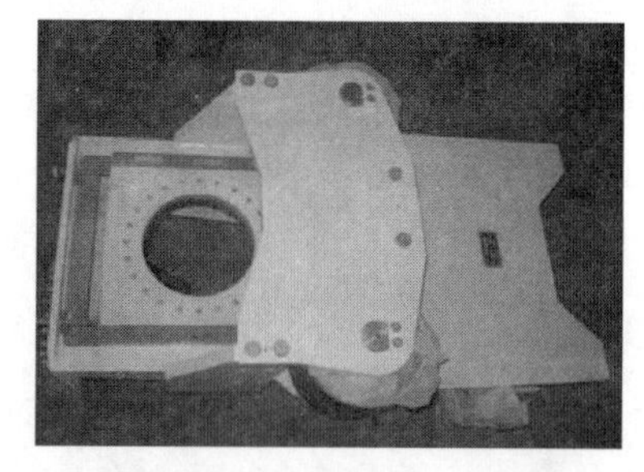

图 3-46　变桨驱动支架

图 3-47　吊装变桨减速器

图 3-48　安装变桨减速器

(9) 安装旋编齿轮支架和旋编驱动齿轮

将旋编驱动齿轮安装在旋编齿轮支架上，用弹簧销固定。再将旋编齿轮支架固定在压盖上，紧固螺栓的螺纹旋合面涂螺纹锁固胶，紧固支架的弹簧销端面低于旋编齿轮支架固定板平面 5mm，如图 3-49 和图 3-50 所示。

图 3-49　旋编驱动齿轮的安装

图 3-50　旋编驱动齿轮

(10) 安装旋转编码器和旋编齿轮

将旋转编码器固定在旋编固定板上，螺纹部分涂螺纹锁固胶，如图 3-51 所示。用弹簧销或旋编锁紧销将旋编齿轮固定在旋转编码上，如图 3-52 所示。

注意：保证旋转编码的轴不能受冲击，不能弯曲。

(11) 安装 LUST 和 SSB 旋编固定板

将旋编固定板固定在变桨驱动支架上，如图 3-53 所示。

注意：螺栓不要紧固，待电气做完试验，调整好旋编齿轮啮合间隙后再紧固螺栓，螺栓的螺纹部分涂螺纹锁固胶。

图 3-51　固定旋转编码器

图 3-52　固定旋编齿轮

（12）技术要求

变桨减速器和变桨驱动齿轮安装的技术要求如下：

① 安装压盖时，要使压盖上面的销孔对应减速器花键上面的销孔；

② 将调节滑板的调整螺栓旋到底后再调整到合适位置；

③ 检查张紧轮转动状态，转动不灵活时应调整使其转动灵活；

④ 安装驱动齿轮和旋编齿轮时注意不能损坏安装轴。

图 3-53　固定旋编固定板

5. 变桨电机的安装

（1）清理

用清洗剂和大布将变桨电机和变桨减速器的轴孔及法兰面清理干净。用丝锥将变桨减速器上的螺纹孔过丝，用压缩空气将螺纹孔内的污物清理干净，吊装变桨电机，如图 3-54 所示。

图 3-54　吊装变桨电机

图 3-55　输出轴涂抹润滑脂

（2）变桨电机的安装

在变桨电机输出轴的表面涂一层润滑脂，如图 3-55 所示。清理干净变桨减速器轴孔内的污物。变桨电机和变桨减速器连接起来，连接螺栓的紧固顺序为对称紧固，如图 3-56 所示。螺栓的螺纹旋合面涂螺纹锁固胶。

（3）技术要求

保证变桨电机出线盒的位置正确，便于电气人员接线。

6. 变桨驱动总成的安装

（1）涂导电膏

在轮毂的变桨驱动总成安装面上涂抹一层导电膏，如图 3-57 所示。

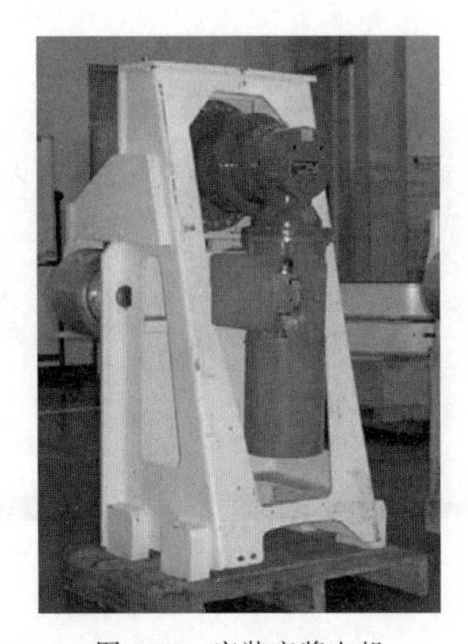

图 3-56　安装变桨电机

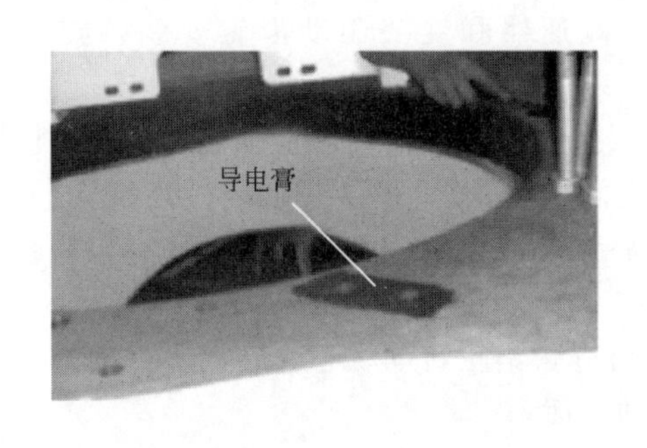

图 3-57　涂导电膏

图 3-58　安装变桨驱动总成

（2）安装

将吊带对折后，用吊带将变桨驱动总成吊装到轮毂上，吊带需要做好防护，如图 3-58 所示。将变桨驱动总成分别安装到轮毂上，螺栓的紧固顺序为对称紧固，分三次紧固，螺栓的螺纹旋合面和螺栓头部与平垫圈接触面涂固体润滑膏。

注意：吊装前可以先将齿形带安装到变桨驱动齿轮和张紧轮上。

（3）后处理

齿形带调整完成，检查紧固螺栓的力矩，在螺栓的六角头部及其连接件接触面上用红色油漆笔做防松标记。螺栓的六角头部裸露部分涂 MD 硬膜防锈油，要求清洁。

7. 齿形带的安装

（1）安装齿形带一端

人站在轮毂外，面朝变桨轴承，将外压板和齿形带的一端固定到变桨盘的左端齿板上，如图 3-59 所示，要求齿形带上的齿与齿板上的齿相啮合，齿形带下端距离外压板下端预留四个齿的长度，螺栓对称紧固。

（2）安装齿形带另一端

人站在轮毂外，面朝变桨轴承，将变桨驱动支架上固定调节滑板的螺栓松开，使调节滑板在最低位置。将齿形带的另一端分别穿过两个张紧轮和变桨驱动齿轮，将齿形带拉紧，如图 3-60 所示。将齿形带的另一端安装到变桨盘右端齿板上，安装方法同上。

图 3-59　齿形带一端的固定

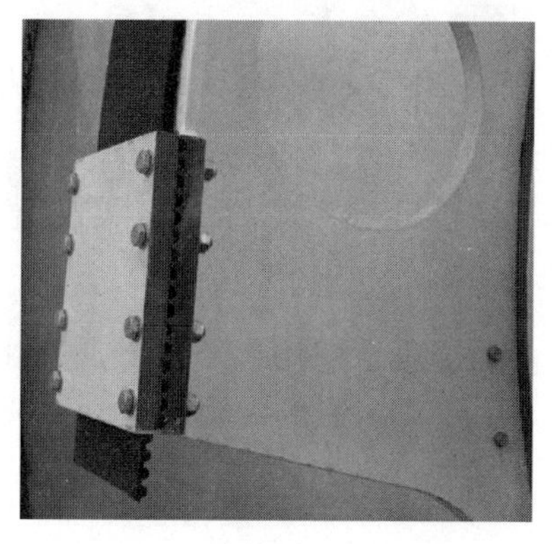

图 3-60　齿形带另一端的固定

(3) 调整齿形带的频率

用皮带张力测量仪测量齿形带的振动频率，要求振动频率在限定值之间。调整齿形带频率的步骤为：将传感器放置在张紧轮与变桨驱动轮之间的齿形带上，用小锄头敲击齿形带，查看测量仪显示的频率值，如果振动频率小于最小限定值，则调整调节滑板上的调节螺栓，将齿形带拉紧，再次测量振动频率直到合格；如果高于最大限定值，调整调节滑板上调节螺栓，将齿形带放松，然后再次测量齿形带的振动频率，直到齿形带的振动频率在极限值之间，紧固调节滑板侧面的调整螺栓的螺母，如图 3-61 所示。

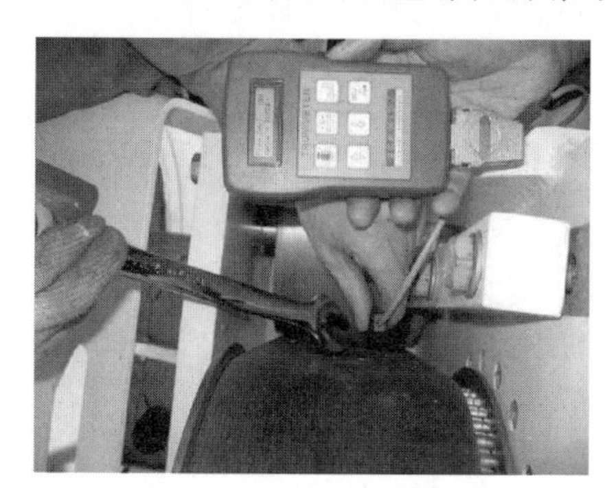

图 3-61　调整齿形带频率

图 3-62　合格的齿形带

(4) 调整齿形带

变桨盘在 5°～87°范围内变桨 6 次，如果齿形带两侧与变桨驱动齿轮立边不接触则为合格，如图 3-62 所示，如果齿形带一侧与变桨驱动齿轮立边接触则为不合格。当不合格时，调整方法为：如果内侧接触，将调整滑板的螺栓旋松，在上端调整滑板和变桨驱动支架之间的左右两边对称加调整垫片；如果外侧接触，将调整滑板的螺栓旋松，在下端调整滑板和变桨驱动支架之间的左右两边对称加调整垫片，如图 3-63～图 3-66 所示。

(5) 紧固螺栓

紧固调节滑板的固定螺栓，分两次紧固。

图 3-63　齿形带向内侧偏离

图 3-64　内侧偏离的调整方法

图 3-65　齿形带向外侧偏离

图 3-66　外侧偏离的调整方法

（6）拆卸右端齿形带

将齿形带右端松开，紧固螺母拆下放好（可重复利用），齿形带右端从外压板下取出来，用绑扎带将齿形带固定在变桨盘上，如图 3-67 所示。

（7）后处理

安装完成后，调节滑板的裸露金属面涂 MD 硬膜防锈油，要求清洁、均匀。

（8）技术要求

变桨驱动总成安装的技术要求如下：

① 齿形带应放置在压板中间；

② MD 硬膜防锈油应清洁、均匀、无气泡；

③ 齿形带的振动频率必须调节到限定值之间。

图 3-67　拆卸右端齿形带

8. 变桨控制柜支架总成和变桨控制柜的安装

（1）清理

用大布和清洗剂将变桨控制柜、连接框焊合、电缆固定支架、横梁焊合和斜支撑清理干净，如图 3-68～图 3-71 所示。

（2）放置

将变桨控制柜的安装面朝上放置在安装工位上。

注意：在控制柜和托盘之间垫上泡沫板或其他软的物体，如图 3-68 所示。

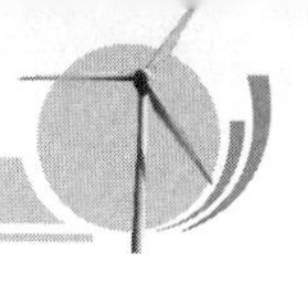

图 3-68 变桨控制柜

图 3-69 连接框焊合

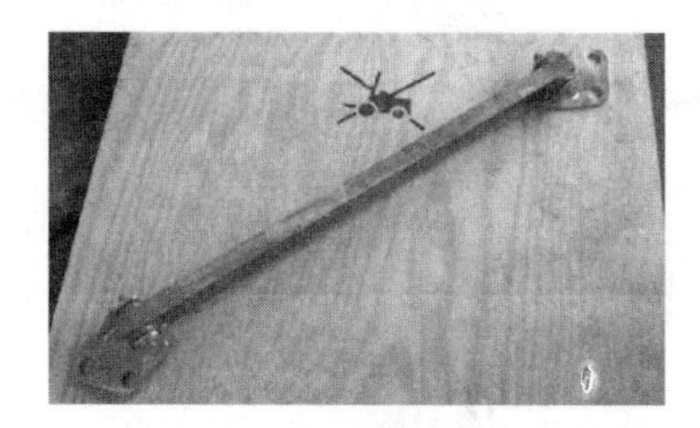

图 3-70 横梁焊合

图 3-71 斜支撑

(3) 涂抹导电膏

在变桨柜与连接框接触的面上连续涂抹导电膏；在连接框架焊合与横梁焊合连接面上、横梁焊合与轮毂接触的连接面上、斜支撑两端的安装面上均涂抹导电膏，如图 3-72 和图 3-73 所示。

(4) 安装变桨控制柜支架总成

将连接框焊合固定到变桨控制柜上，如图 3-72 所示。将横梁焊合和框架连接在一起。

注意：横梁焊合的方向，连接板朝向控制柜连接器的方向，如图 3-73 所示。

图 3-72 安装连接框架焊合

图 3-73 固定横梁焊合

(5) 安装变桨控制柜

将吊带对折后，吊带的两端挂在变桨控制柜上，再将吊带中间挂在行车吊钩上。将变桨控制柜平稳地提升至轮毂相应的安装位置，如图 3-74 所示；将横梁焊合的两端分别固定到变桨轴承的预留孔上，再将斜支撑的一端固定到变桨轴承上，另一端固定到连接框焊合上（图 3-75），所有紧固螺栓的螺纹旋合面涂螺纹锁固胶。

(6) 固定

变桨控制柜安装完毕后，分三次打力矩紧固。打完力矩后，要检测力矩值，直至力矩值合格为止。

图 3-74　变桨控制柜的吊装

图 3-75　斜支撑的固定

（7）安装电缆固定支架

将 6 个电缆固定支架的一端分别连接到三个连接框焊合上，另一端固定到三个变桨驱动支架总成上，如图 3-76 和图 3-77 所示。

图 3-76　电缆架的固定（一）

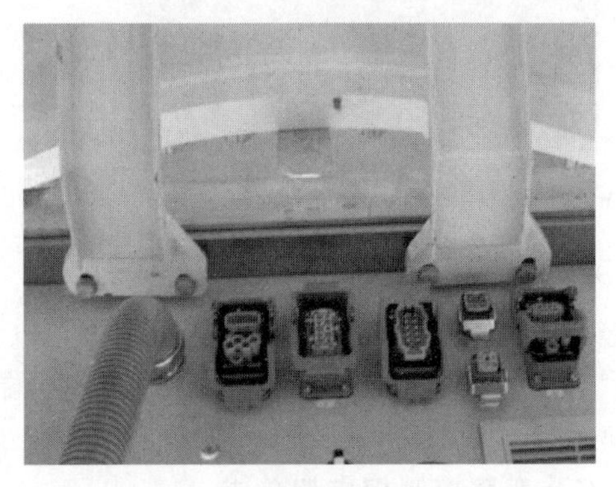

图 3-77　电缆架的固定（二）

（8）后处理

在打好力矩的螺栓六角头部及连接件接触面上做防松标记。在螺栓六角头部上裸露部分涂 MD 硬膜防锈油，要求清洁、均匀、无气泡。

（9）技术要求

变桨控制柜支架总成和变桨控制柜安装的技术要求如下：

① 螺栓的紧固力矩值正确；

② 变桨控制柜支架胶垫间隙上部不大于 3mm；

③ 变桨控制柜支架的座体不能与变桨轴承密封圈干涉。

9. 导流罩体分块总成的安装

（1）清理

用大布和清洁剂将 6 个罩体分块总成清理干净。

（2）安装舱门

将三片舱门固定在导流罩上，固定螺栓进行紧固，螺栓的螺纹部分涂抹螺纹锁固胶，如图 3-78 和图 3-79 所示。

（3）导流罩舱门涂机械密封胶

检查导流罩舱门内侧，如果舱门内侧四周没有涂玻璃胶或机械密封胶，在舱门与导流罩连接缝的四周涂抹机械密封胶，如图 3-80 所示。在舱门外侧的接缝上涂机械密封胶，如图 3-81 所示。

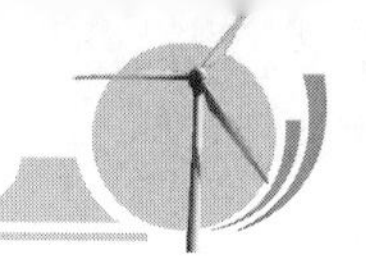

图 3-78　预埋焊接螺母

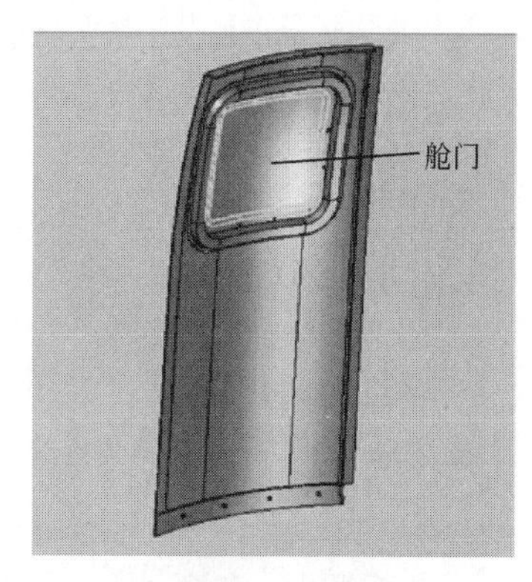

图 3-79　舱门

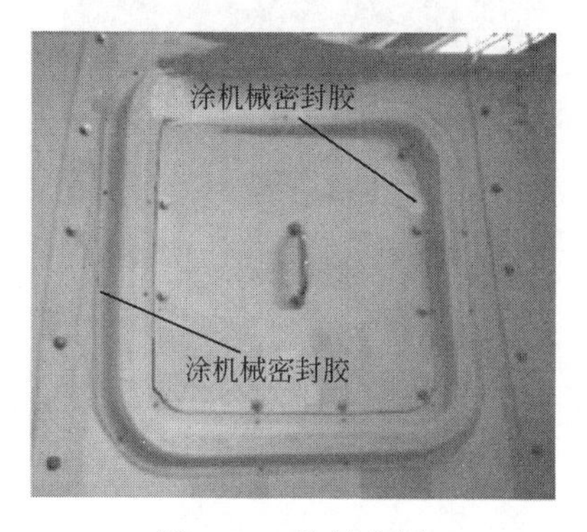

图 3-80　舱门内侧

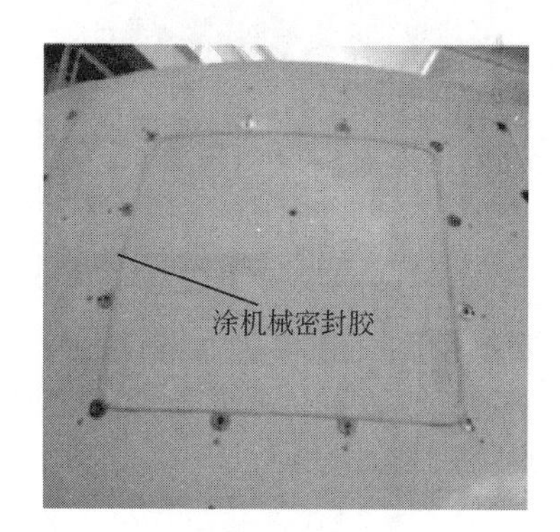

图 3-81　舱门外侧

(4) 组对导流罩罩体

根据产品上粘贴的序号标记顺序组对导流罩罩体。首先，依次将导流罩罩体 1 和罩体 2、罩体 3 和罩体 4、罩体 5 和罩体 6 组装在一起，如图 3-82 所示，对连接螺栓进行紧固，螺纹部分涂抹螺纹锁固胶。将 3 个弧形连接件组对成圆弧，如图 3-83 所示，再将拼装后的罩体 1～罩体 6 依次组装成一个整体，用连接螺栓进行紧固，螺栓的螺纹部分涂抹螺纹锁固胶，如图 3-84 和图 3-85 所示。

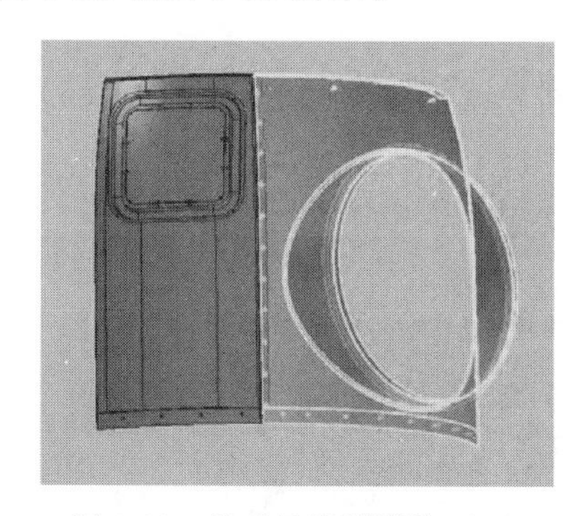

图 3-82　组对导流罩罩体（一）

图 3-83　弧形连接件组对

(5) 安装弧形连接件

将弧形连接件固定在导流罩罩体上。

注意： 弧形连接件的安装方向如图 3-86、图 3-87 所示。

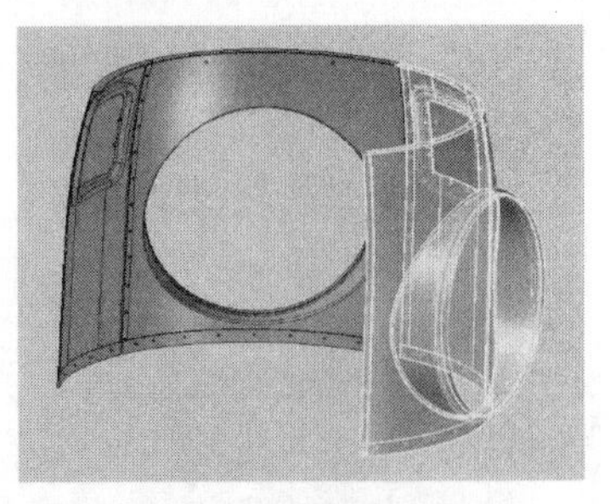
图 3-84　组对导流罩罩体（二）

图 3-85　组对完成的导流罩罩体

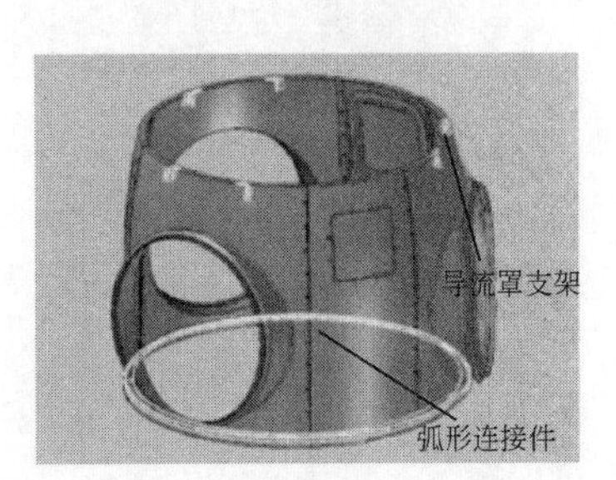

图 3-86　弧形连接件安装位置

图 3-87　弧形连接件的安装

（6）安装角形固定架

将相邻的导流罩罩体上的角形固定架连接起来（图 3-88 和图 3-89），紧固螺钉的螺纹部分涂抹螺纹锁固胶。

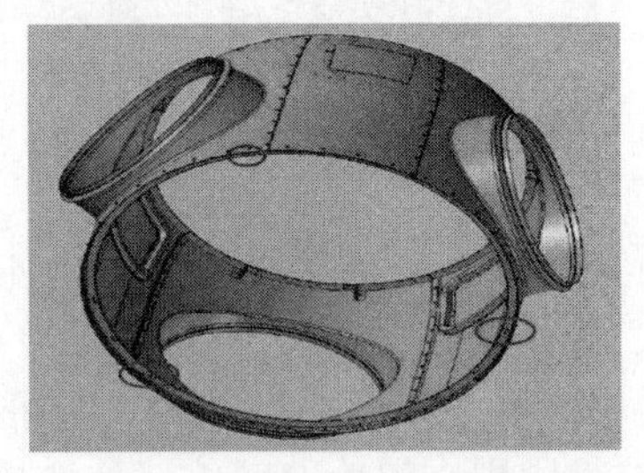
图 3-88　角形固定架的安装位置

图 3-89　角形固定架的安装

（7）安装导流罩连接支架

将 3 个左导流罩支架和 3 个右导流罩支架安装到导流罩罩体的上口（图 3-86），螺栓六角头在导流罩外侧，其中大垫圈紧靠螺栓头（图 3-90）。

注意：导流罩连接支架安装前，支架与玻璃钢接触面用机械密封胶粘接（图 3-91）。然后再用螺栓紧固，并打紧固力矩。

图 3-90　导流罩连接支架安装位置

图 3-91　涂抹机械密封胶

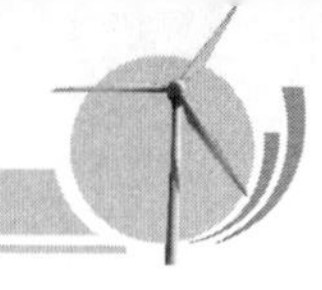

（8）导流罩罩体与机组的装配

在变桨控制柜安装前，将导流罩罩体整体吊起套装在机组上，如图 3-92 和图 3-93 所示。

图 3-92　吊装导流罩罩体

图 3-93　套装导流罩罩体

（9）罩体接缝处涂机械密封胶

在组装好的各罩体接缝处的外侧，涂机械密封胶。

（10）毛刷环内外侧涂机械密封胶

在毛刷环与导流罩搭接处的内外两侧分别涂机械密封胶。

（11）技术要求

导流罩体分块总成安装的技术要求为：导流罩接缝的外侧和舱体接缝的外侧涂机械密封胶，胶线要求平整、光滑、均匀、无间断。

10. 导流罩前后支架的安装

（1）清理

用清洗剂和大布将 3 个导流罩前支架总成和 3 个导流罩后支架总成清理干净。

（2）安装导流罩后支架总成

将导流罩后支架总成的一端固定在轮毂上（图 3-94），螺栓使用力矩分三次紧固，螺栓的螺纹旋合面和螺栓头部与平垫圈接触面涂固体润滑膏。导流罩后支架总成的另一端固定在导流罩分块总成上（图 3-95），螺栓使用力矩分两次紧固，螺栓的螺纹旋合面和螺栓头部与平垫圈接触面涂固体润滑膏。调整导流罩 3 个叶片安装孔与 3 个变桨轴承水平方向的同轴度（图 3-96），同轴度误差不超过 15mm。同轴度的测量如图 3-97 所示。

图 3-94　后支架与轮毂固定

图 3-95　后支架与导流罩固定

（3）安装导流罩前支架总成

将导流罩前支架总成的一端固定在变桨驱动支架总成上（图 3-98），螺栓使用力矩分两次紧固，螺栓的螺纹旋合面和螺栓头部与平垫圈接触面涂固体润滑膏。将导流罩前支架总成的

图 3-96　调整水平方向同轴度

图 3-97　导流罩同轴度的测量

另一端固定在导流罩体分块总成中的 6 个支架焊合上（图 3-99），螺栓使用力矩分两次紧固，螺栓的螺纹旋合面和螺栓头部与平垫圈接触面涂固体润滑膏。

注意：导流罩前支架总成不能与张紧轮干涉。调整导流罩 3 个叶片安装孔与 3 个变桨轴承垂直方向的同轴度，同轴度误差不超过 15mm，其测量如图 3-100 所示。

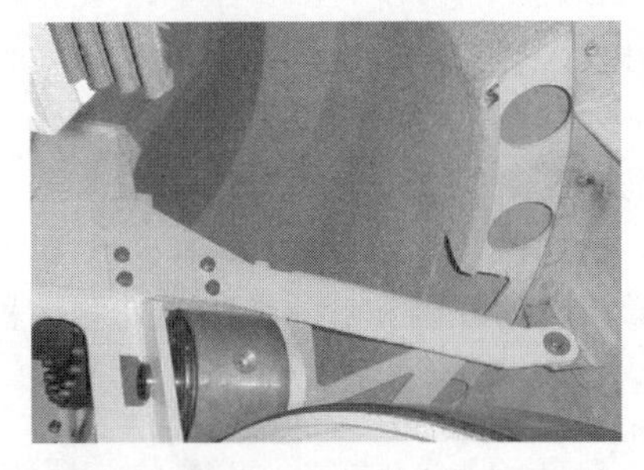
图 3-98　前支架与变桨驱动总成固定

图 3-99　前支架与导流罩体固定

（4）调整

调整导流罩前后支架总成的位置，使罩体下端距离轮毂下法兰安装平面距离为 320～326mm，并且使导流罩 3 个叶片安装孔与 3 个变桨轴承同轴度误差不超过 15mm，如图 3-101 所示。

图 3-100　调整垂直方向同轴度

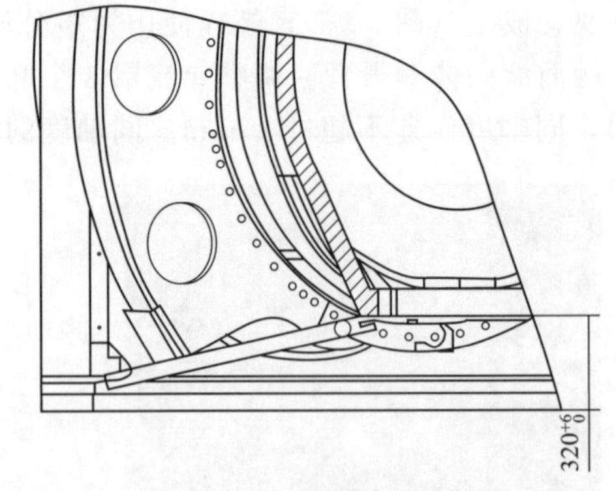

图 3-101　调整导流罩尺寸

（5）固定

紧固导流罩前、后支架总成与导流罩连接的各螺栓。

（6）后处理

所有紧固螺栓的力矩检查完毕后，在螺栓的六角头部及其连接件接触面上用红色油漆笔

做防松标记，螺栓的六角头部裸露部分涂 MD 硬膜防锈油，要求清洁。

（7）技术要求

导流罩前后支架安装的技术要求如下：

① 螺栓紧固力矩值正确；

② 导流罩前支架不能与张紧轮干涉；

③ 导流罩罩体下端距离轮毂下法兰安装平面在限定范围值之内，叶片安装孔与变桨轴承同轴度误差不超过固定值。

11. 导流罩前端盖的安装

（1）清理

将导流罩前端盖的左右片体上所有塑料防护薄膜撕掉，用大布和清洗剂将其清理干净，如图 3-102 所示。

（2）组装导流罩前端盖

将导流罩前端盖的左、右片体固定到一起，螺栓进行力矩紧固，螺栓的螺纹部分涂螺纹锁固胶。

注意：左、右片体的外侧接缝处要涂机械密封胶，且填充均匀，如图 3-103 所示。

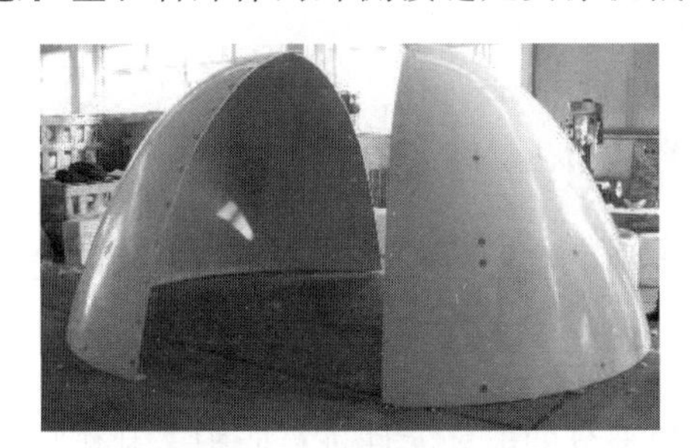

图 3-102　清理导流罩

图 3-103　组装导流罩前端盖

（3）安装踏步

将踏步安装到导流罩前端的片体上，螺栓进行力矩紧固，螺栓的螺纹部分涂螺纹锁固胶。

注意：踏步的周边接缝处涂机械密封胶，涂抹均匀，如图 3-104 和图 3-105 所示。

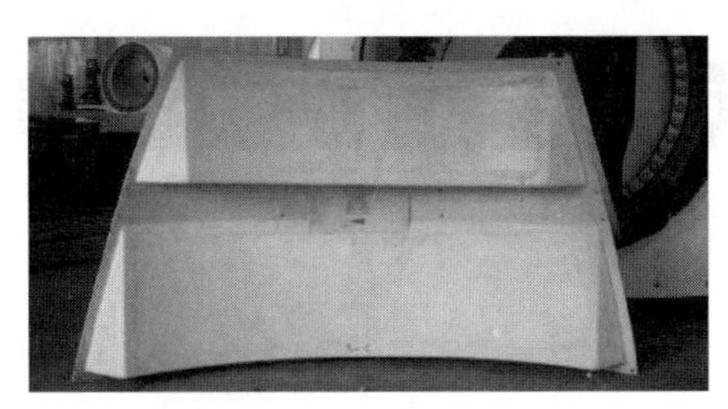

图 3-104　导流罩前端盖踏步

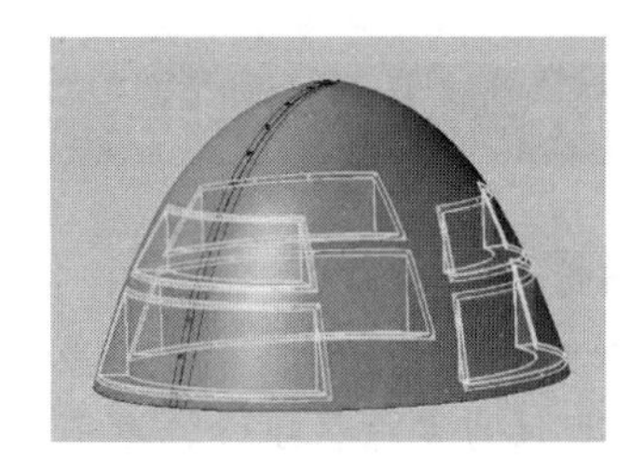

图 3-105　踏步接缝处涂密封胶

（4）安装吊环螺钉

在导流罩前端盖的顶部安装吊环螺钉、垫板和自锁螺母。吊环螺钉内部和外部涂机械密封胶。

（5）试装导流罩前端盖

用一根吊带将组对好的导流罩前端吊到导流罩罩体上，对正螺栓孔，将导流罩前端固定到导流罩罩体上（图 3-106），在导流罩前端盖和罩体上喷涂箭头（图 3-107），方便风电场组对前端盖。

（6）涂机械密封胶

在导流罩前端盖的左右片体的接缝处涂机械密封胶。

图 3-106　试装导流罩前端盖

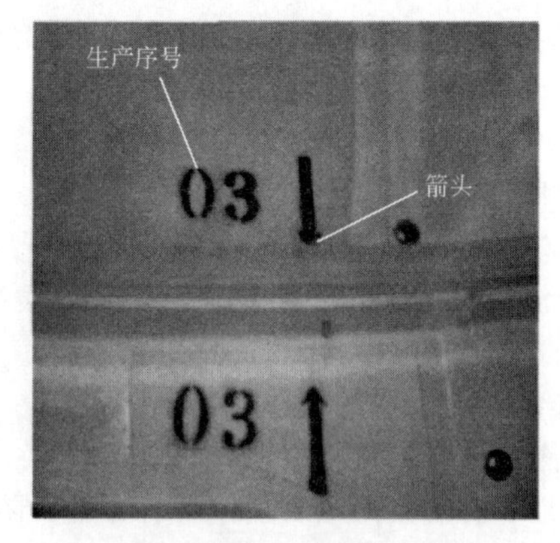

图 3-107　喷涂箭头

(7) 技术要求

导流罩前端盖安装的技术要求为：导流罩外侧的接缝处涂机械密封胶，胶线平整、光滑、均匀、无间断。

12. 叶轮总成运输前的准备工作

(1) 包装风电场使用的零部件

将固定导流罩前端盖的标准件拆下包装好。

(2) 出厂检查

用清洗剂和大布将叶轮总成各零部件清理干净，修补各零部件磕碰的表面防腐层，将轮毂与转动轴连接的螺纹孔用塑料堵头堵好。

(3) 零部件的防护和标识

按照企业的叶轮包装运输技术要求，对叶轮部分的电气元件进行防护。制作相关零部件清单。防护罩、导流罩前端盖和变桨控制柜做标识。

(4) 吊装

用轮毂吊具将叶轮部分吊装到运输车辆上，按照企业的叶轮包装运输技术要求，对叶轮部分进行固定和防护。

任务三　叶轮电气安装接线

[知识目标]

① 掌握电气测量仪器正确的操作要求。

② 掌握风力发电机组叶轮电气接线要求。

[能力目标]

① 熟练掌握电气测量仪器的操作方法。

② 熟练掌握叶轮中各部件间电气接线方法。

一、叶轮电气安装接线工艺

兆欧表测试轮毂内变桨驱动电机接地电阻的方法

① 测量前必须将被测设备电源切断，并对地短路放电。决不能让设备带电进行测量，以保证人身和设备安全。对可能感应出高压电的设备，必须消除这种可能性后，才进行测量。

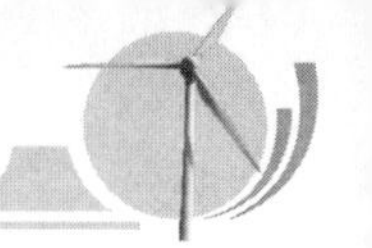

② 被测物表面要清洁，减少接触电阻，确保测量结果的正确性。

③ 测量前，应将兆欧表进行一次开路和短路试验，检查兆欧表是否良好。即在兆欧表未接上被测物之前，摇动手柄使发电机达到额定转速，观察指针是否指在标尺的“∞”位，线（L）和地（E）短接，缓慢摇动手柄，观察指针是否指在标尺的“0”位。如指针不能指到该指的位置，表明兆欧表有故障，应检修后再用。

④ 兆欧表使用时应放在平稳、牢固的地方，且应远离大的外电流导体和外磁场。

⑤ 必须正确接线。兆欧表上一般有 3 个接线柱，其中 L 接在被测物和大地绝缘的导体部分，E 接在被测物的外壳或大地，G 接在被测物的屏蔽层上或不需要测量的地方。测量绝缘电阻时，一般只用“L”和“E”端，但在测量电缆对地的绝缘电阻或被测设备的漏电流较严重时，就要使用“G”端，并将“G”端接屏蔽层或外壳。线路接好后，可按顺时针方向转动摇把。摇动的速度应由慢而快，当转速达到 120r/min 左右时，保持匀速转动，1min 后读数，并且要边摇边读数，不能停下来读数。

⑥ 摇测时，将兆欧表置于水平位置，摇把转动时其端钮间不许短路。摇动手柄应由慢渐快。若发现指针指零，说明被测绝缘物可能发生了短路，这时就不能继续摇动手柄，以防表内线圈发热损坏。

⑦ 读数完毕，将被测设备放电。放电方法是将测量时使用的地线从兆欧表上取下来与被测设备短接一下即可（不是兆欧表放电）。

二、叶轮接线开关与限位开关接线

限位开关用 4 个内六角螺栓固定在变桨支架上，接近开关用手旋紧在变桨支架后，再用开口扳手拧 1/4 圈，并画上防松动标记。见图 3-108。

限位开关与接近开关全程使用缠绕管进行，用绑扎带进行防护，并用绑扎带对电缆进行固定，见图 3-109。

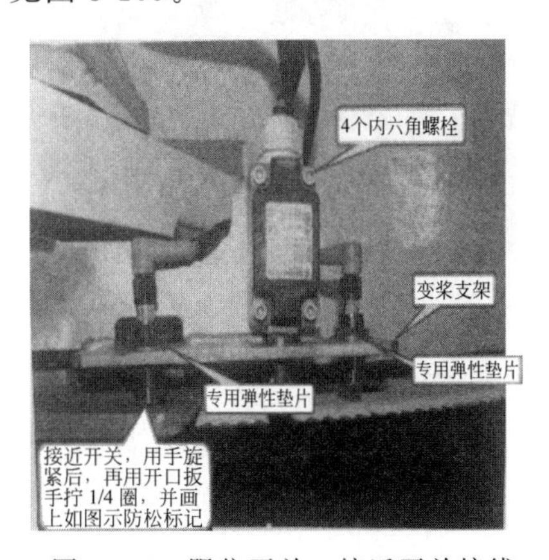

图 3-108 限位开关、接近开关接线

图 3-109 限位开关、接线开关布线

三、叶轮变桨电机接线

偏航电机电缆根据线缆直径压接合适的铜鼻子，压接处根据图纸使用相应相序颜色的热塑管（黄、绿、红）防护，并按照图纸要求接线。黄—U，绿—V，红—W，U、V、W 在接线柱磁座上有明显标示。线缆使用螺母固定时，需要使用力矩扳手根据紧固件使用规范的螺栓紧固值进行紧固。见图 3-110。

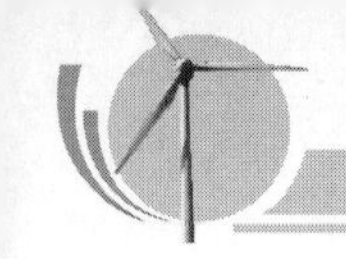

图 3-110　偏航电机接线盒接线

图 3-111　偏航电机布线

偏航电缆沿电缆板进行走线，布线要求排列整齐、美观，并用绑扎带进行绑扎固定。见图 3-111。

[拓展知识] 双馈异步风力发电机叶轮装配过程

一、轮毂系统装配

1. 装配前准备

① 将轮毂吊装到枕木上，保证轮毂与主轴安装面朝下放置（图 3-112）。

② 用清洗剂、抹布清理各安装孔。用扁铲清理安装连接表面的临时防腐层，再用清洗剂清洗安装面，然后用抹布擦净，用高压气枪吹干，保证安装面和安装孔清洁无油。

图 3-112　轮毂

图 3-113　变桨轴承吊装

2. 变桨轴承装配

①（变桨轴承内圈高于外圈时）在变桨轴承外圈零位点对应孔位开始计数 1，顺时针数第 19 个对应的内圈孔位安装变桨轴承吊装工装，用环形吊带将轴承吊起，移动行车使轴承与轮毂安装位置接近（图 3-113）。

② 保证轴承外圈零位点与轮毂零位点对齐并对准止口（图 3-114），在轮毂叶片安装面上下左右各 5 个螺纹孔位置用螺栓、平垫圈连接，用气动扳手、外六角套筒头交叉对称打紧。

③ 卸去吊具和吊带。

④ 将余下螺栓、垫圈全部拧入后用气动扳手打紧，然后用力矩扳手打至所需力矩值，预留出安装左、右整流罩后支撑的各 5 个螺纹孔，留出的孔组之间相隔 13 个螺栓，且从变桨轴承外圈零位点对应孔位开始数，逆时针数第 19 个孔位为最低螺纹孔左右对称。

3. 安装叶片锁定装置

① 将 5 个螺栓放入叶片锁定装置底板 5 个长条孔，用螺纹衬套紧固底板，并用气动扳

手加专用套筒头打紧。

② 装入叶片锁定块，并用法兰面螺母分别连接到 5 个螺栓上，再用气动扳手加套筒头打紧。同时叶片锁定块距离变桨轴承内齿圈最小距离大于 20mm。

③ 按此方法安装另外两套叶片锁定装置（图 3-115）。

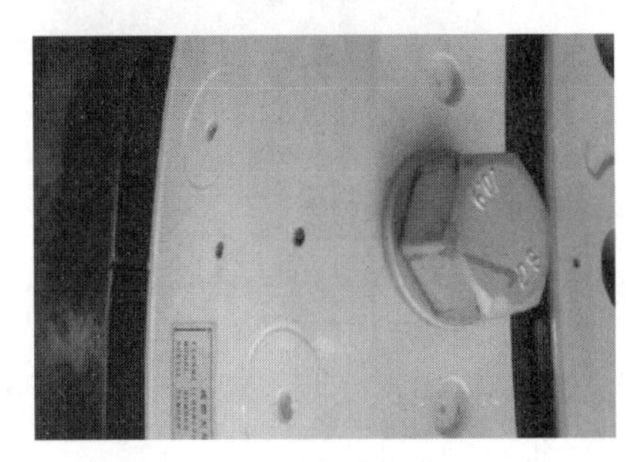

图 3-114　变桨轴承零位点

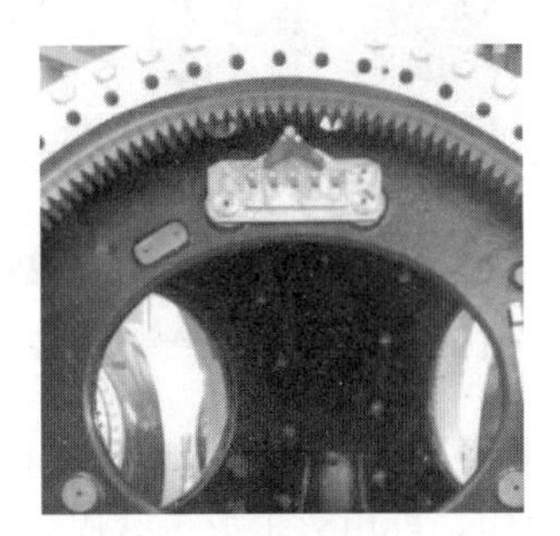

图 3-115　叶片锁定装置

4. 安装变桨减速机

① 用圆形吊带锁吊 1 个变桨减速机（图 3-116），从顶部孔进入轮毂内（变桨减速机安装杆辅助)(图 3-117)，E 点位置在变桨减速机与变桨轴承啮合处的对面偏左或右四五个孔，然后用衬套、螺栓、平垫圈连接紧固。

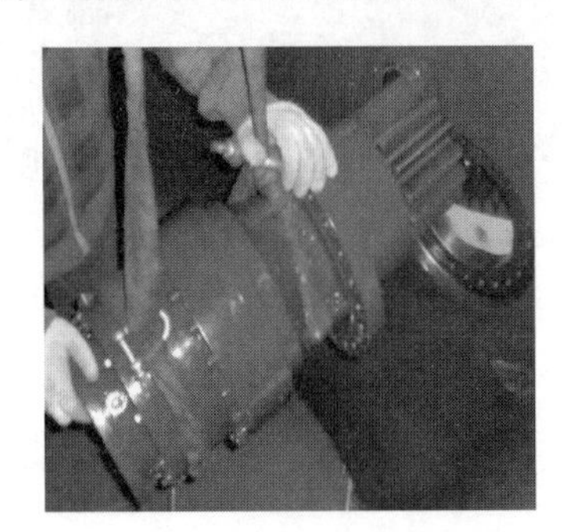

图 3-116　变桨减速机的吊装

图 3-117　变桨减速机的安装

② 用变桨齿隙调整手柄转动变桨减速机，调整变桨减速机驱动齿轮与变桨轴承绿齿啮合侧隙在 0.42～0.70mm 范围内。若偏大，则拆掉 4 个螺栓，再用齿隙调整手柄转动变桨齿轮箱使 E 点靠近啮合处，用螺栓固定再测量。若偏小，则远离啮合处。啮合要求：齿面啮合接触痕迹（齿面防腐涂层磨损痕迹）均匀，长度（齿宽方向）不小于 40%，高度（齿高方向）不小于 30%。

③ 齿隙调整完成，安装余下的衬套、螺栓、平垫圈，对称交叉将螺栓用气动扳手预紧，后用力矩扳手紧固。

④ 按此方法安装另外两个变桨减速机。

5. 安装中控箱底板

将中控箱底板从轮毂侧面的椭圆孔抬入，平放在安装位置（图 3-118）。

6. 安装中控箱

① 用三爪吊带将中控箱按正确安装位置正面朝上的方向锁住，从顶部孔吊入（图 3-119），平放在中控箱安装支架上，再用三爪吊带锁住中控箱安装支架，连同中控箱水平吊起，将中控箱与安装支架螺栓紧固。

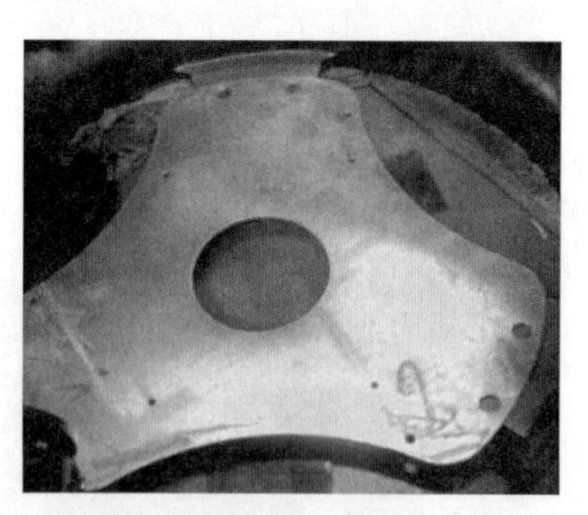

图 3-118　中控箱底板安装

图 3-119　吊装中控箱

② 将中控箱连同底板一起吊放在安装位置，用变桨弹性支撑、螺栓、平垫圈连接，用开口扳手紧固，再用力矩扳手紧固，完成后卸去吊带（图 3-120）。

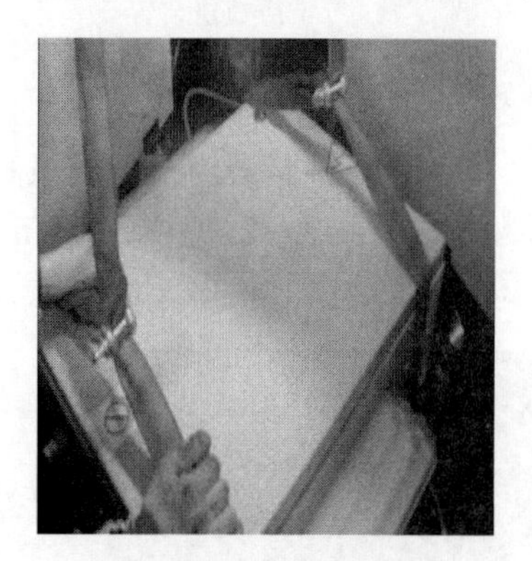

图 3-120　安装中控箱

图 3-121　吊装轴控箱

7. 安装轴控箱（含蓄电池）

① 先将轴控箱与轴控箱安装支架用螺栓连接紧固，然后将轴控箱装配体与轴控箱装配工装预装在一起。

② 用圆形吊带、轴控箱装配工装将一个轴控箱连同安装支架从轮毂侧孔吊至轮毂内，在每个轴控箱安装孔（共 6 个）垫一个弹性支撑，用螺栓、平垫圈固定，然后力矩扳手完成紧固（图 3-121）。

8. 安装变桨电机

用三爪吊带将一个变桨电机从轮毂顶部孔吊入，与变桨减速机连接（电机接线盒朝向如图 3-122），用螺栓、弹簧垫圈、垫圈连接，用开口扳手拧紧。依此安装其他两个变桨电机（变桨电机编号与轴控箱编号要一一对应）。

9. 变桨轴承紧固

① 用液压扳手和外六角套筒头将变桨轴承外圈的螺栓紧固。

注意：最终力矩在 24h 内完成作业。

② 在变桨轴承外圈与轮毂连接处涂抹密封胶，要求胶条均匀连续、平整（图 3-123）。

10. 安装防雷支架

① 将防雷弧形板放置到轴承内圈相应的安装位置上，保证弧形板带圆孔的一端远离变桨轴承内圈零点位置，用内六角螺钉、平垫圈连接到轴承内圈上（图 3-124）。从圆孔一侧开始紧固，保证弧形板与轴承内圈贴合。

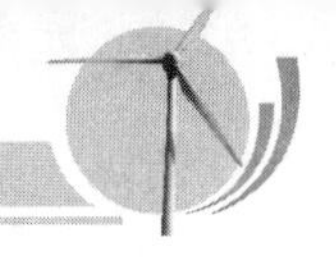

图 3-122　安装变桨电机

图 3-123　变桨轴承的紧固

图 3-124　防雷弧形板安装

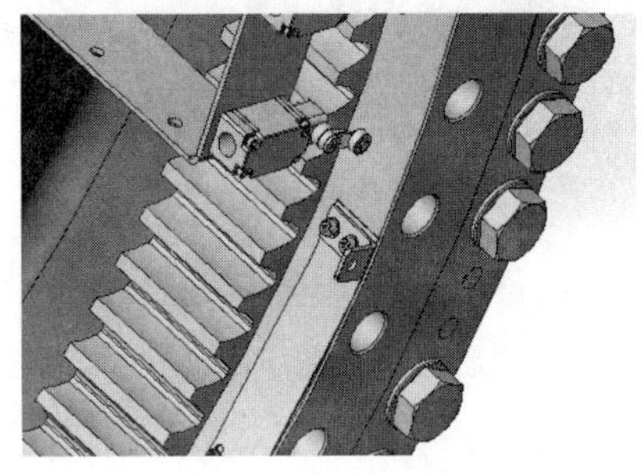

图 3-125　防雷引线支架安装

② 用内六角螺钉、平垫圈将防雷引线支架穿过弧形板一端的长条孔安装到轴承内圈上，保证引线支架的小耳朵朝向外侧（图 3-125）。

注意：所有螺钉均涂抹螺纹锁固胶。

③ 在图 3-125 引线支架处安装螺栓、平垫圈、弹簧垫圈、六角螺母，不打紧。在另外两个引线支架处进行同样的安装。

11. 安装指针和撞块

① 轮毂零位点（轮毂缺口）为叶片零位标识对应点（图 3-126）。

图 3-126　指针位置

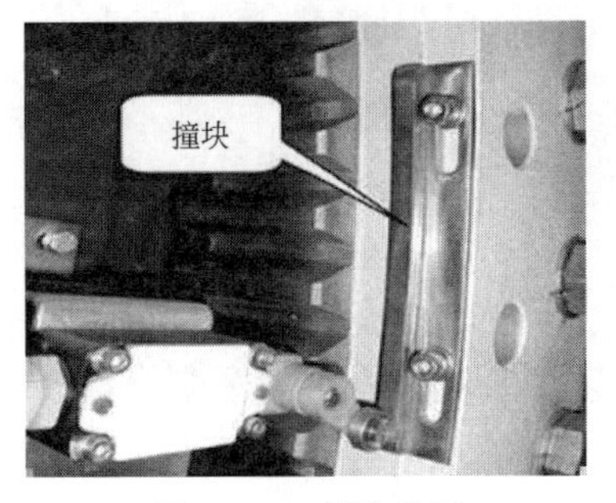

图 3-127　撞块位置

② 将变桨轴承外圈安装指针处的堵头取下，把指针安装到此位置（使用角尺使指针一头尖角正对指向轮毂的缺口处），每个孔用内六角螺钉（涂螺纹锁固胶）、平垫圈、弹簧垫圈将其固定，并用内六角扳手将其拧紧。

③ 在变桨轴承内圈的孔上安装撞块，每个孔用内六角螺钉、平垫圈、弹簧垫圈将其固定。在对轮毂进行调试过程中，由调试人员在螺钉上涂螺纹锁固胶，并用内六角扳手将其拧紧，如图 3-127 所示。

④ 依此方法将其余两套变桨轴承上的指针和撞块安装到位。

12. 轮毂运输工装安装

① 将轮毂吊装到专用工装（轮毂过丝放置架）上，用丝锥清理轮毂底部与主轴对接的

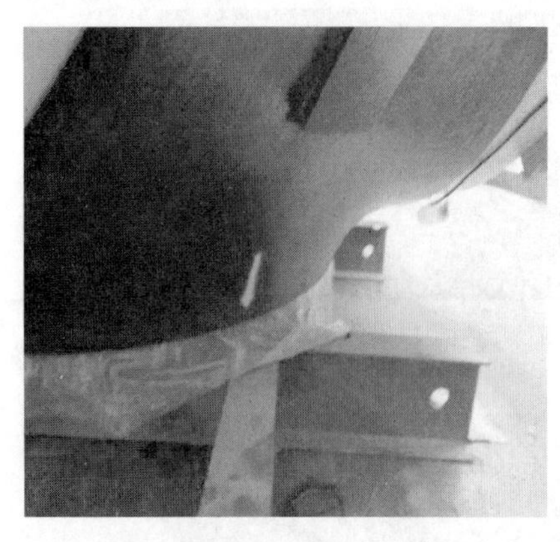
图 3-128 运输工装安装

螺纹孔，用清洗剂、抹布清理孔内杂质油污，并用高压气枪吹干，然后喷涂防锈油进行防腐。

② 确认轮毂底侧孔位置，并在此孔对应的轮毂外侧面用黄色油漆画出一条长为 100mm、线宽 5～10mm 的竖直线标识（保证标识清晰且不易掉落），如图 3-128 所示。

③ 在轮毂运输架上铺一层塑料薄膜，在薄膜上将需要安装工装螺栓的孔切出。

④ 将轮毂吊起放置在轮毂运输架上，用气动扳手加套筒头将工装螺栓、平垫、弹性垫圈打紧。

注意：工装螺栓螺纹涂抹螺栓润滑剂。

13. 检查和清理

安装完毕后，检查零部件，对损伤的、裸露的涂层及未用的按要求进行作业，有力矩要求的螺栓防腐后，用红色油漆笔做好防松标记。

二、整流罩装配过程

1. 喷涂编号

分别在整流罩、整流罩顶盖内壁上喷涂整机编号，编号字体为黑体，字高为 55mm，字间距为 10mm，字体颜色为红色，整流罩编号的喷涂位置为两相邻叶片口内侧中间靠底处。整流罩顶盖编号的喷涂位置在顶盖内壁中心位置。

2. 安装整流罩后支撑

整流罩一个后支撑与轮毂上的安装孔连接如图 3-129 所示。

图 3-129 整流罩后支撑

图 3-130 吊装叶片过渡法兰

3. 安装叶片过渡法兰

① 用清洗剂清理变桨轴承、叶片过渡法兰的安装面及安装孔，保证安装面及孔内清洁无油。

② 使用吊带、卸扣和吊环螺钉起吊叶片过渡法兰零度标示位置的吊装孔，将叶片过渡法兰吊至靠近变桨轴承安装面，扶稳过渡法兰，缓慢移动行车，使变桨轴承内圈上的零度标示同叶片过渡法兰上的零度标示对齐后，用螺栓进行固定，缓缓将叶片过渡法兰靠在变桨轴承上（图 3-130）。

③ 使用内六角螺钉从下至上将叶片过渡法兰同变桨轴承连接起来，取下吊带。

④ 将叶片过渡法兰同变桨轴承连接用的内六角螺钉打紧（图 3-131）。

4. 安装整流罩前支架

① 用三爪吊带将整流罩前支架吊至轮毂上方并缓慢下降，对准孔位（图 3-132）。

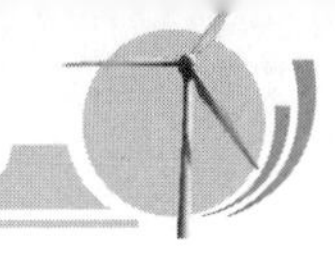

图 3-131　叶片过渡法兰

图 3-132　整流罩前支架

② 将整流罩前支架与轮毂连接固定，卸去吊带，紧固螺栓。

5. 安装油嘴及集油瓶

① 取下变桨轴承上的堵头，然后用开口扳手将油嘴安装上去。

② 去掉堵头，将集油瓶按照图 3-133 安装位置进行安装、拧紧。

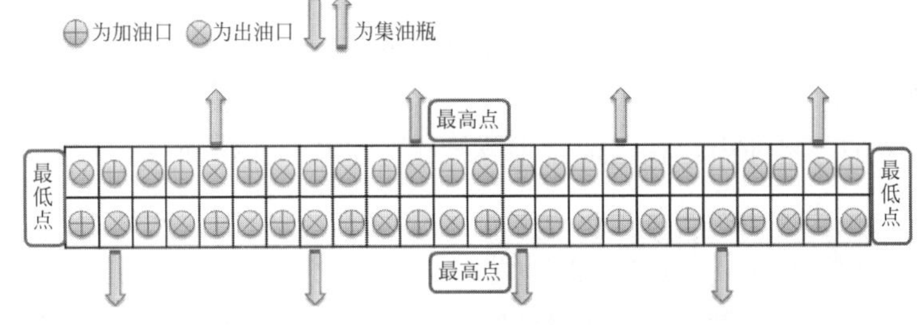

图 3-133　集油瓶安装示意图

6. 起吊整流罩到位

① 用吊带将整流罩水平起吊至轮毂正上方，缓慢下降，避免固定支架刮伤整流罩，整流罩上叶片口与变桨轴承位置对应。

② 用千斤顶或手动叉车加枕木将整流罩支起，让整流罩处于水平状态。

③ 放置好整流罩，借助叶片口同轴度调整工装（钢管）进行调整，保证整流罩叶片口与变桨轴承的同轴度不大于 15mm（即过同一直径的圆周上两个点与同轴度调整工装间隙之差不大于 15mm），整流罩底孔与轮毂底孔同轴度不大于 15mm（图 3-134）。

④ 整流罩易踩踏处使用塑料薄膜包好，或垫好橡胶板。

7. 连接整流罩前支架与固定支座

8. 连接整流罩后支撑与固定支座

9. 整流罩与固定支座连接

① 用手电钻由内向外配钻通孔，此时整流罩不得有颤动和偏移（图 3-135）。用螺栓、大垫圈（与整流罩连接）、平垫圈、锁紧螺母将整流罩与固定支座连接固定，依次交叉对称连接其他固定支座。复查整流罩安装定位尺寸在要求的范围内，最后用气动扳手将螺栓打紧。

图 3-134　调整安装整流罩

② 在整流罩上配钻与整流罩后支撑连接的固定支座安装孔，如图 3-136 所示，用螺栓、大垫圈（与整流

罩连接)、平垫圈、锁紧螺母连接并拧紧。复查确认整流罩安装定位尺寸在要求的范围内，最后用气动扳手将螺栓打紧。依次交叉对称连接其他固定支座。

图 3-135　整流罩前支架处配钻安装孔

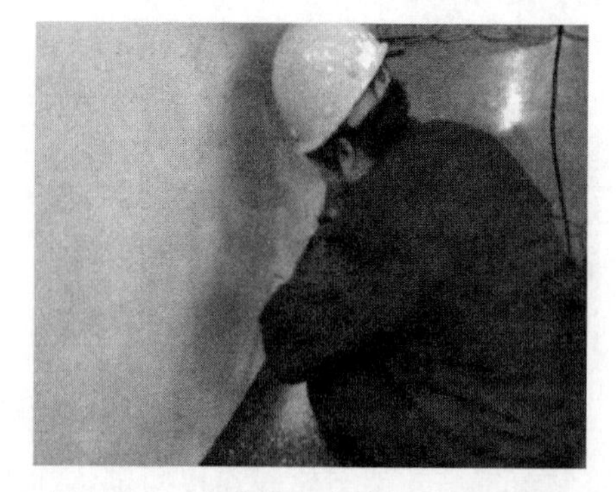
图 3-136　整流罩后支撑处配钻安装孔

10. 打硅酮密封胶

① 清洁整流罩外表面的螺栓头及附近区域表面，涂抹白色密封胶，并圆整密封胶外形。

② 针对分体式整流罩，安装完成后要在接缝处涂抹密封胶。

注意：打胶时要求大小均匀，表面造型圆滑流畅（图 3-137）

11. 安装吊装工装

用螺栓将吊装工装组件固定在整流罩前支架上，如图 3-138 所示，拧紧力矩。

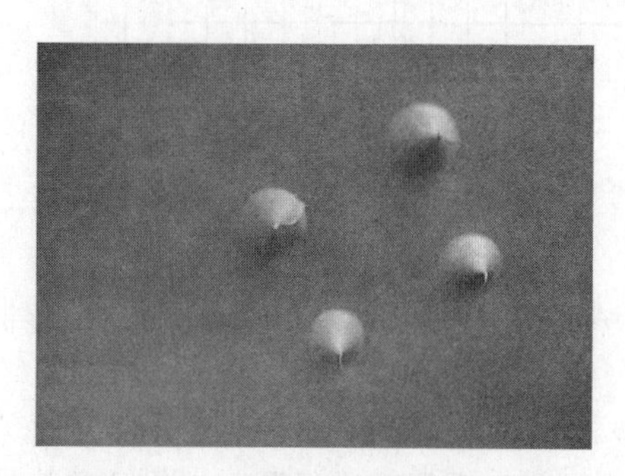
图 3-137　硅铜密封胶圆整后外观

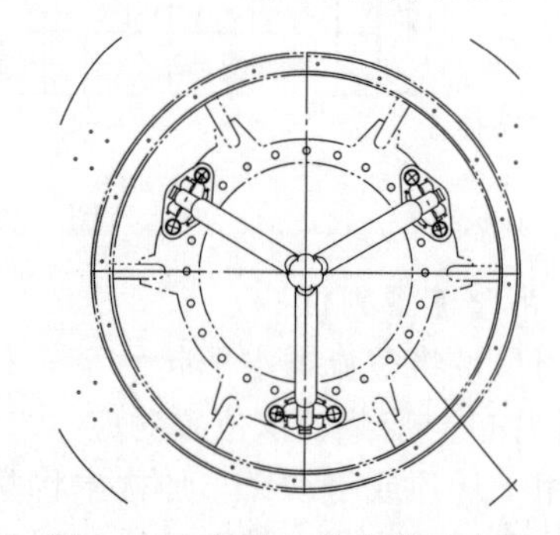
图 3-138　吊装工装安装示意图

12. 检查、清理、防腐修补及标识粘贴

安装完毕后，检查零部件，对损伤的、裸露的涂层及未使用的安装孔按要求进行作业，有力矩要求的螺栓防腐后用红色油漆笔做好防松标记。

思考题

1. 简述叶轮装配工艺的相关规定。
2. 简述变桨盘总成的安装步骤和技术要求。
3. 简述变桨轴承的安装步骤和技术要求。
4. 简述变桨减速器安装步骤和技术要求。
5. 简述变桨驱动总成的安装步骤和技术要求。
6. 简述齿形带的调整方法。
7. 简述变桨控制柜的安装步骤和技术要求。
8. 简述叶轮装配的工艺流程（使用工艺流程图说明）。

学习情境四

风力发电机系统安装与调试

任务一　双馈异步风力发电机系统的安装与调试

[知识目标]

熟悉双馈异步发电机的结构。

[能力目标]

① 掌握双馈异步发电机系统安装方法。

② 能正确使用吊装工器具。

一、双馈异步发电机的概述

风力发电机通常由定子、转子、端盖、机座和轴承等部件构成。定子是指不转动的部分，主要包括定子铁芯、定子绕组、机座、接线盒和固定这些部件的其他构件。转动的部分叫转子，转子主要包括转轴、转子铁芯（磁轭、磁极绕组）、转子绕组、集电环（又称滑环）、风扇灯部件。风力发电机由轴承和端盖将发电机的定子、转子连接组装起来，使转子能在定子中旋转，做切割磁力线运动，产生感应电动势，并通过接线端子引出，接在回路中，产生电流。

异步发电机也称为感应发电机，它的典型特点是转子旋转磁场与定子旋转磁场不同步，即“异步”。它是利用定子与转子间的气隙旋转磁场与转子绕组中产生感应电流相互作用的交流发电机，即“感应发电机”。

双馈异步发电机用于变桨距、变速的风力发电机组。双馈式变速恒频风力发电机组是目前国内外风力发电机组的主流机型。

图 4-1　交流励磁异步发电机

风力发电机组又名交流励磁异步发电机，结构上类似绕线式异步发电机组，有定子和转子两套绕组。定子结构与普通异步发电机相同，转子带有集电环和电刷，见图 4-1 和图 4-2。与绕线转子异步发电机和同步发电机不同的是，转子侧可以加入交流励磁，转子的转速与励磁频率有关，既可以输入电能，也可以输出电能；既有异步电动机的某些特点，又有同步电机的某些特点。

双馈异步发电机实质上是异步发电机的一种改良，可以认为它由绕线转子装于异步发电机和转子电路上所带交流励磁器组成。同步转速之下，转子励磁输入功率，定子则输出功率；同步转速之上，转子与定子均输出功率，“双馈”的名称由此而得。双馈异步发电机实行交流励磁，可调节励磁电流幅值、频率和相位。它在控制方面，改变转子励磁电流频率，可实现变速恒频运行，即可调节无功功率及有功功率，运行稳定性高。

双馈式异步发电机组的结构见图 4-2。双馈风力发电机组风轮将风能转变为机械转动的能量，经过齿轮箱增速驱动异步发电机，应用励磁变流器励磁而将发电机的定子电能输入电网。如果超过发电机同步转速，转子也处于发电状态，通过变流器向电网馈电。

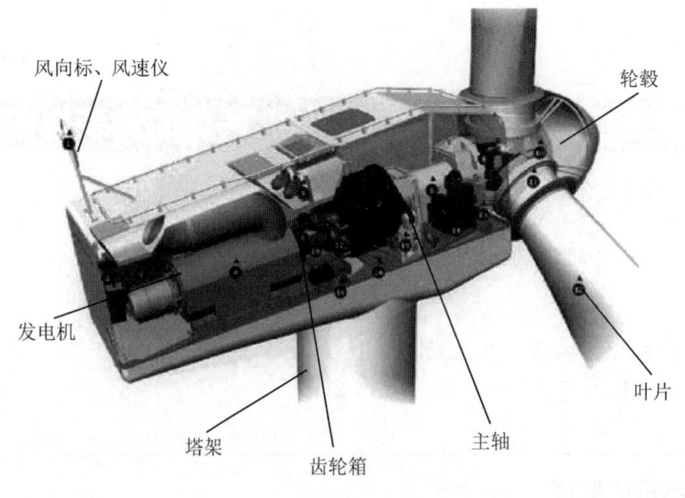

图 4-2　双馈型风力发电机组结构

齿轮箱可以将较低的风轮转速变为较高的发电机转速。同时齿轮箱也使得发电机易于控制，实现稳定的频率和电压输出。

交流励磁恒频双馈发电机组的优点是：允许发电机在同步转速±30％转速范围内运行，简化了调整装置，减少了调速时的机械应力，同时使机组控制更加灵活、方便，提高了机组的运行效率；它需要变频控制的功率仅是电机额定容量的一部分，使变频装置体积减小，成本降低，投资减少，并且可以实现有功、无功功率的独立调节。

交流励磁变速恒频双馈发电机组的缺点是：必须使用齿轮箱，然而随着风电机组功率的升高，齿轮箱成本变得很高，且易出现故障，需要经常维护；同时齿轮箱也是风力发电机系统产生噪声污染的一个主要因素；当低负荷运行时，效率低；电动机转子绕组带有集电环和电刷，增加维护工作量和故障率；控制系统结构复杂。

二、双馈异步发电机的装配

1. 装配双馈异步发电机弹性支撑

发电机弹性支撑是一种多层橡胶和多层钢板硫化而成的弹性体，与上壳和底座组装在一起的隔振装置，适用于风力发电机组等高速旋转机械的减振。它具有良好的减振性能，能有效地降低发电机组的冲击载荷和运行噪声，并且还能实现垂直的高度调节与横向的位置调节，能很好地实现发电机与联轴器的对中，且安装方便、更换简单。

① 准备好安装的零部件、工装、工量具等工艺装备。

② 清理和清洗底座发电机弹性支撑安装面和螺纹孔。

③ 按工艺规程技术要求，用紧固件将发电机弹性支撑安装到底座发电机支架上，螺栓不紧固，用手带上即可。待发电机调中完成后，再紧固力矩。见图 4-3 和图 4-4。

图 4-3　发电机弹性支撑

图 4-4　安装发电机弹性支撑

2. 安装发电机

(1) 安装发电机

① 检查发电机、标准件和外购件等零部件，核对其规格、型号和数量。

② 准备好吊装发电机的工装、吊索具等工艺装备。

③ 用清洗剂和大布清理发电机装配表面的油污，用角向磨光机清理干净电机安装面上多余的油漆和锈迹，见图 4-5。

④ 用工装吊具将发电机吊起，按图样要求调整好装配角度，将发电机平稳放置在底座的发电机弹性支撑上，见图 4-6。

图 4-5　清理发电机安装面

图 4-6　吊放发电机

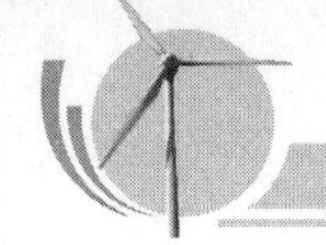

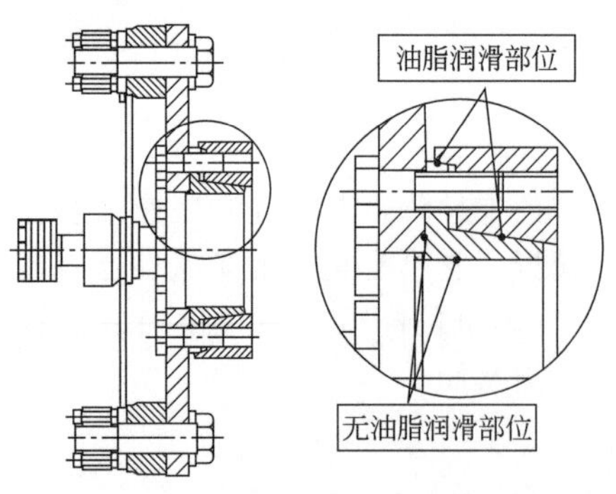

图 4-7 安装高速联轴器发电机侧组件

(2) 安装高端联轴器的发电机侧组件

① 清洗无键联轴器内孔表面和发电机轴头表面。

② 拧松无键联轴器上所有的锁紧螺栓，将发电机侧组件装入发电机轴头。调整轴向位置达到联轴器随机技术文件的安装尺寸要求，见图 4-7。

警告：锥面表面必须在装配前涂有 MoS_2 的油脂，不要在锁紧螺栓上涂油脂。

③ 分次对角逐渐拧紧无键联轴器上的锁紧螺栓，并达到拧紧力矩值的要求。

三、双馈异步发电机的调整（对中）

双馈异步发电机组主传动链由低速轴、轴承、齿轮箱、高速轴、联轴器、发电机组等几大部件组成，在连接装配时，保证对中难度非常大。为了保证装配的同轴度，在风力发电机组的设计中，通过主轴和齿轮箱低速轴连接处即低速轴端采用刚性联轴器，使主轴与齿轮箱固定为一体。而在发电机与齿轮箱高速轴连接处采用挠性联轴器，允许两者之间有少量的同轴度装配差，保障风力发电机组能够平稳运行，降低设备振动和噪声，减少能量损失和机械部件的磨损（如轴承的磨损）。下面以一种异步风力发电机为例，介绍发电机与齿轮箱同轴度（对中）的调整方法。

1. 发电机组对中的准备工作

① 准备好发电机对中的调中工装、千斤顶、百分表等工艺装备。

② 安装调中工装，并在发电机前、后端安装好千斤顶等工装工具，见图 4-8～图 4-11。

图 4-8 安装调中工装（一）

图 4-9 安装调中工装（二）

图 4-10 安装机械千斤顶

图 4-11 安装液压千斤顶

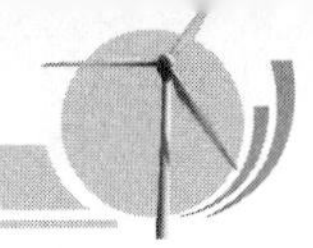

2. 千斤顶

(1) 螺旋千斤顶（又称机械千斤顶）

① 工作原理　螺旋千斤顶是手动起重工具之一，其结构紧凑。它合理地利用摇杆的摆动，使小齿轮转动，经一对圆锥齿轮啮合运转，带动螺杆旋转，推动升降套筒，从而使重物上升或下降，见图4-12。

② 使用方法　参考学习情境一内容。

(2) 薄型千斤顶（又称分离式液压千斤顶）

薄型千斤顶是分离式液压千斤顶，其体积更小但可产生更大的工作能力，特别适合在空间位置狭窄的地方使用。它具有轻便灵活、顶力大等特点，见图4-13。

图4-12　机械千斤顶

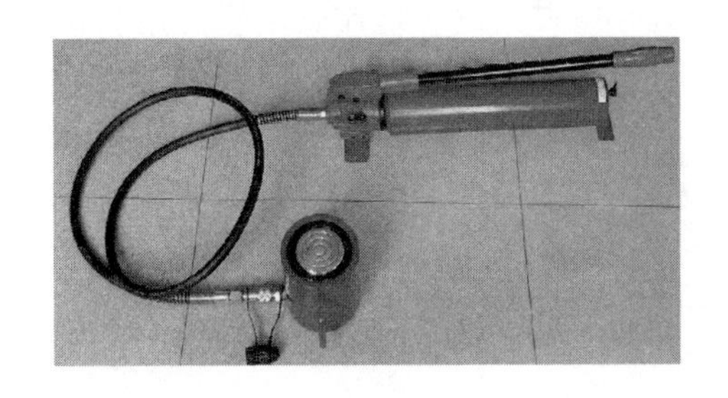

图4-13　薄型千斤顶

① 工作原理　薄型千斤顶工作基于帕斯卡原理，即千斤顶液体各处的压强是一致的，这样在平衡的系统中，比较小的活塞上面施加的压力比较小，而大的活塞上施加的压力则比较大，这样能够保持液体的静止。通过液体的传递，可以得到不同端面上的不同压力，这样就可以达到一个变换的目的。

② 使用方法　参考学习情境一内容。

3. 发电机的对中

(1) 方法简介

① 直刀口/试塞尺法

a. 用直尺边缘和塞尺边缘确定平行偏差的方向和数量，见图4-14。

b. 分别测量180°两点间隙，以确定角度不对中的方向和数量，见图4-15。

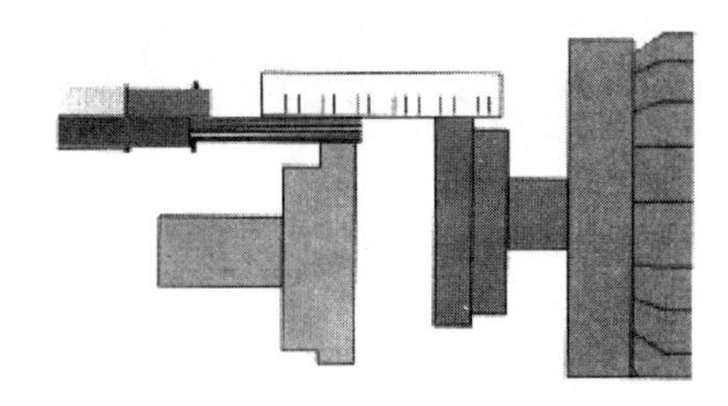

图4-14　直刀口/试塞尺法（一）

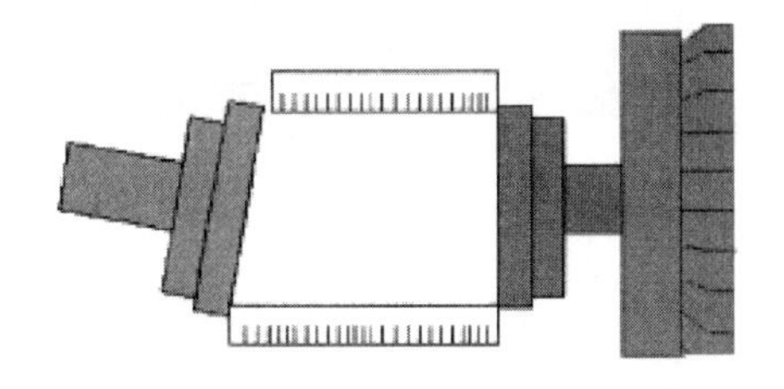

图4-15　直刀口/试塞尺法（二）

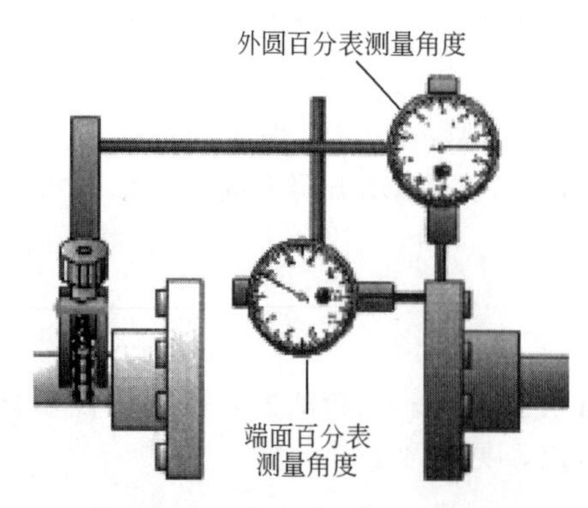

图 4-16　百分表外圆端面测量法

② 百分表法（图 4-16）

③ 激光系统法（图 4-17 和图 4-18）

百分表法和激光系统法被广泛地应用于机械设备轴对中的测量和调整。

（2）发电机对中——百分表法

① 安装百分表　在高速刹车盘的直径处安装百分表 1，测量端面误差。在齿轮箱轴套法兰的圆周上安装百分表 2，测量圆周误差。见图 4-19 和图 4-20。

② 对中调整　因为齿轮箱部件已固定，此时只需要调整发电机：高低方向的调整通过千斤顶在发电机底座加减垫片即可，左右方向的调整通过调中工装移动发电机底座来完成。膜片联轴器需用补偿量应符合联轴器随机技术文件规定。无规定时，应符合《机械设备安装工程施工及验收通用规范》GB 50231 中表 5.3.10 的规定。

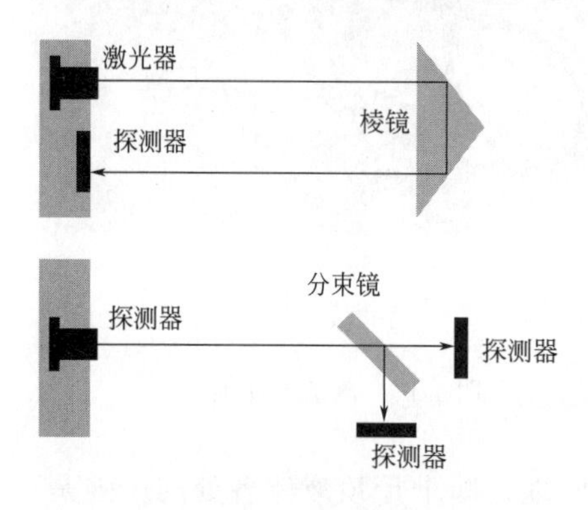

图 4-17　单激光系统

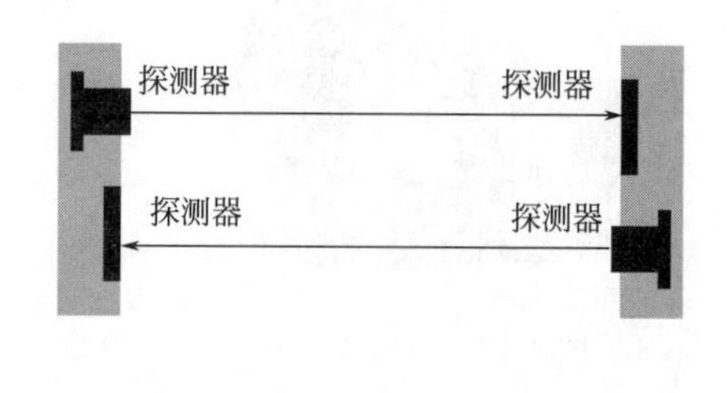

图 4-18　双激光系统

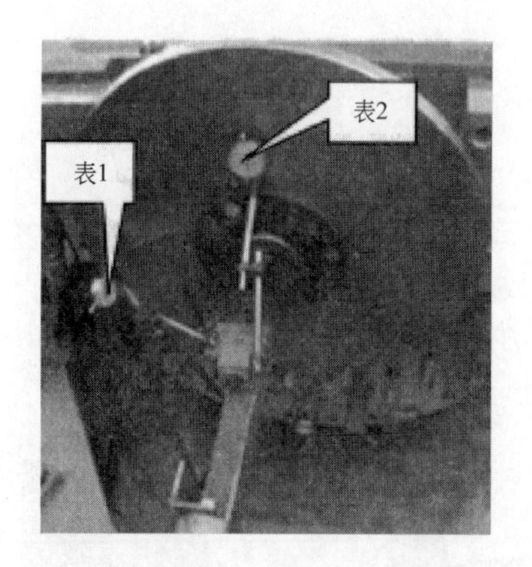

图 4-19　安装百分表（一）

图 4-20　安装百分表（二）

（3）发电机对中——激光系统测量法

① 激光对中仪　在对中过程中，将机械设备中不可调整的部分叫做“固定端 S”，在风力发电机传动系统中齿轮箱就是固定端；另一部分设备中可调的部分叫做“移动端 M”，在风力发电机传动系统中发电机就是移动端。在水平和竖直两个方向不对中的程度

（径向偏差和角度偏差），通过几何关系计算得到水平方向和竖直方向的偏差值和调整值，偏差值用来作为衡量不对中程度的标准，调整值用来指导移动端机器的水平方向移动和竖直方向垫片的增减。

② 激光对中的步骤

a. 将激光对中仪的表座（移动端）和（固定端）分别紧紧地固定在发电机的输入轴端和变速箱的输出轴端，连接好激光对中仪各部件，见图 4-21。

风力发电机组主轴对中仪的使用

图 4-21　激光对中仪调中——12 点

b. 开机调整激光探头的高低位置，尽量使光束照射在对面激光探头接收器的中心位置。通过调中工装和薄型千斤顶调整发电机，保证齿轮箱和发电机的轴度和夹角度数相同。

c. 根据激光对中仪随机技术文件的要求进行对中操作。激光对中仪在 3 点和 9 点的读数，可以反映出水平与竖直方向的角度误差和径向误差，并反映出风力发电机前端与后端的调整量，以此调整发电机前后位置。根据 12 点读数调整发电机上下位置，最后确定发电机弹性支撑的调整高度。

d. 发电机和齿轮箱轴对中调整合格后，拆下调整工装，按工艺规程技术要求紧固发电机弹性支撑固定螺栓和联轴器连杆的固定螺栓，并按要求的力矩进行紧固。

e. 后处理　对螺栓等紧固件做防松和防腐处理。

4. 发电机接地线的安装

（1）接地基本原理

① 接地的概念　在电力系统中，接地通常是指接大地，即将电力系统或设备的某一金属部分连接到接地电极上。

② 接地的目的　主要是防止人身触电伤亡，保证电力系统正常运行，保护输电线路和变配电设备以及用电设备绝缘免遭损坏；预防火灾；防止雷击损坏设备；防止静电放电的危害等。

③ 接地的作用　主要是利用接地极把故障电流或雷电流快速自如地泄放进大地土壤中，以达到保护人身安全和电气设备安全的目的。

（2）导电膏的使用

① 导电膏　又叫电力复合脂，是一种新型电工材料，可用于电力接头的接触面，其降阻防腐、节电效果显著。我国从 20 世纪 80 年代开始研制生产导电膏，至今已有几十个品种型号。它们的基本性能相同，是以矿物油、合成脂类油、硅油作基础油，加入导电、抗氧、抗腐、抑弧等特殊添加剂，经研磨、分散改性精制而成的软状膏体。

② 技术性能　电气连接导体接触面和触头接触面，不管加工如何光洁，从细微结构来

看都是凹凸不平的，实际有效接触面只占整个接触面的一小部分，各种金属在空气中还会生成一层氧化层，使有效接触面积更小，导电膏中的锌、镍、铬等细粒填充在接触面的缝隙中，等同于增大了导电接触面，金属细粒在压缩力或螺栓紧固力作用下能破碎，接触面上金属氧化层使接触电阻下降，相应接头温升也降低，使接头寿命延长。

③ 对于不同材质的接头，特别是铜-铝接头，由于锌元素的中间介入，使铜铝两者电位差缩小，可减缓铜铝电化学腐蚀。因此，在承载负荷电流的电力接头涂覆导电膏，对于降低接触电阻、抗氧化、防腐蚀、延长使用寿命，以及节省有功电量都是有益的，导电膏可用来取代传统的搪锡、镀银等工艺。

④ 导电膏的正确使用　用细锉锉去接触面的毛刺，并用砂纸将接触面研磨平整，然后用去油剂除去表面上的油污。用细钢丝刷除去表面氧化膜，用干净的棉纱蘸酒精将接触面擦拭干净。待表面干燥后，预涂 0.05～0.1mm 厚的导电膏。将导电膏抹平，刚能覆盖接触面为宜，并用铜丝刷轻轻擦拭。除去膜层，擦拭表面，重新涂敷 0.2mm 厚的导电膏。最后将接触面叠合，用螺栓紧固即可。

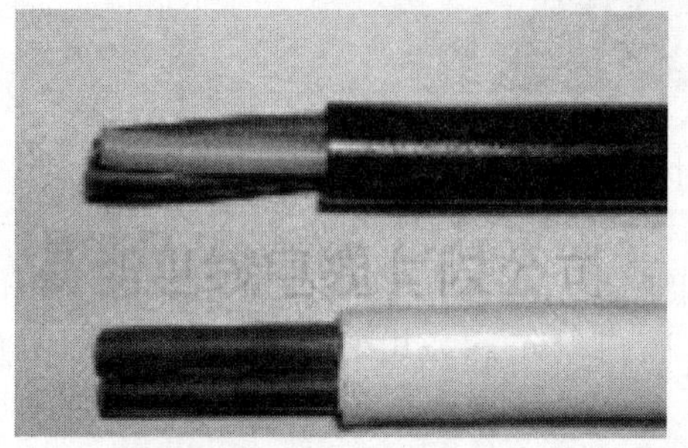

图 4-22　剥电缆头

(3) 发电接地线的制作

① 如图 4-22 所示，在剥电缆头时，要根据接线端头长度加 2mm 剥除。

注意：不要将电缆芯打散。

② 如图 4-23 所示，去除铜芯毛刺，均匀涂抹导电膏。将线鼻子套入铜芯，用液压压线钳装入压线卡头均匀压三道。

注意：两端接线端头的方向不要扭绞。

③ 发电机接地线两端线鼻子接触面成 90°夹角。

④ 如图 4-24 所示，两端分别套上热缩套，用热风机缩紧。

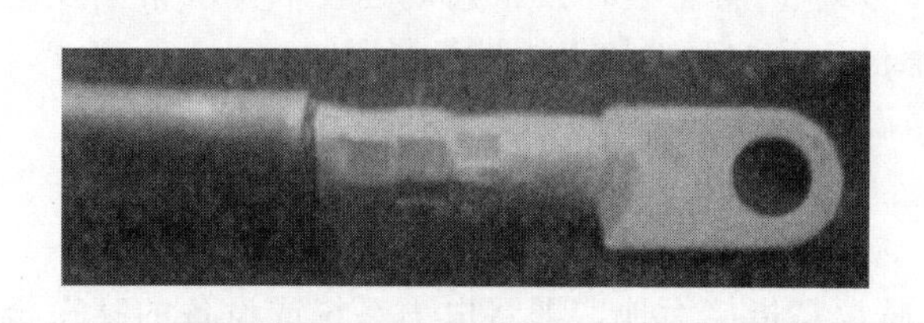

图 4-23　涂导电膏插入线鼻子

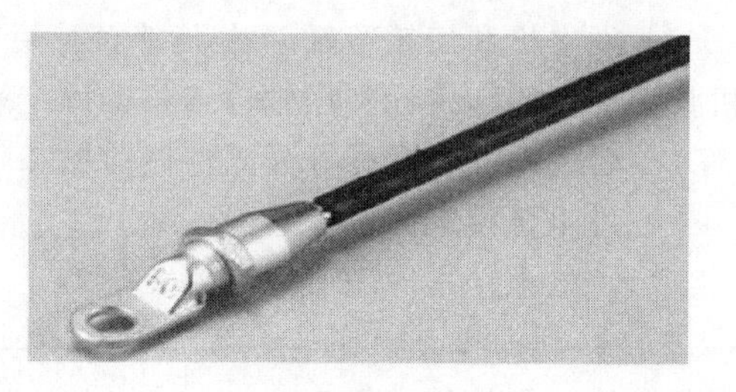

图 4-24　热缩套防护

⑤ 对接地两端的接触面除漆、除锈，按导电膏的使用方法涂抹导电膏。

(4) 发电机接地线的安装

① 将固定发电机接地线的螺栓拆下，用角向磨光机修平整安装面，并均匀涂抹导电膏。

② 固定接地线　用拆下的螺栓将一根地线固定牢固。用规定的螺栓将另一端固定在发电机弹性支撑连接板的安装孔上。在安装面上涂抹导电膏，螺纹涂螺纹锁固胶，如图 4-25 所示。用同样的方法将另一根地线接在发电机的另一侧，见图 4-26。

③ 防腐处理　按工艺规程技术要求，将发电机的两根接地线上的导电膏清理干净。对发电机的弹性支撑，发电机安装面的裸露金属面和轴头裸露部分、固定螺栓六角头部分和底座裸露金属面进行防腐处理，如刷防锈油或冷喷锌等。

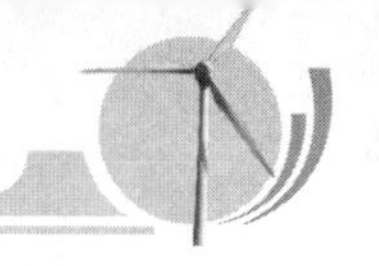

图 4-25　安装发电机接地线（一）

图 4-26　安装发电机接地线（二）

任务二　永磁直驱风力发电系统的安装与调试

［知识目标］

熟悉永磁直驱同步发电机的结构。

［能力目标］

① 掌握永磁直驱同步发电机系统安装方法。

② 能正确使用吊装工器具。

一、永磁同步风力发电机介绍

同步发电机的定子磁场是由转子磁场激发的，并且它们之间总保持一先一后的等速同步关系，因此被称为同步发电机。

1. 永磁同步风力发电机的特点

① 永磁同步风力发电机具有结构简单、无需励磁绕组、效率高的特点。随着高性能永磁材料制造工艺的提高，目前在风力发电机组中，两种具有竞争力的结构型式是异步电机双馈式机组和永磁同步直驱大型风力发电机组。

② 永磁同步风力发电机组通常用于变速恒频的风力发电系统中。风力发电机转子由风力机直接拖动，因此转速很低。由于去掉了齿轮箱等部件，减少了传动损耗和故障频率，提高了发电效率，增加了机组的可靠性和寿命；利用高性能的永磁磁钢组成磁极，不像电励磁同步电机那样需要结构复杂、体积庞大的励磁绕组，提高了气隙磁密和功率密度，在同功率密度等级下，减小了电机体积。同时，机组在低速下运行，旋转部件较少，可靠性更好。

③ 采用无齿轮直驱技术，可减少零部件数量，降低运营维护成本。电网接入性能优异，当永磁直驱风力发电机组的低电压穿越使得电网并网点电压跌落时，风力发电机组能够在一定电压跌落的范围内不间断并网运行，从而维持电网的稳定运行。

2. 永磁同步风力发电机组的分类

从结构上永磁同步风力发电机可分为外转子和内转子。

（1）外转子结构

对于典型的外转子永磁同步发电机结构，叶轮与发电机转动轴连接，转动轴与转子连接，直接驱动旋转。转子内圆（磁轭）上采用含稀土材料的钕铁硼磁体拼贴而成的磁极。发电机定子（电枢绕组和铁芯）与定子主轴相连。在转子设计中，使其拥有更多的空间安置永

磁磁极。同时转子旋转时的离心力，使磁极的固定更加牢固。

由于转子直接暴露在外部，所以转子的冷却条件较好。外转子存在的问题主要是发热部件定子的冷却和大尺寸电机的运输问题。

（2）内转子结构

内转子永磁同步发电机内部为带有永磁磁极、随风力机旋转的转子，外部为定子铁芯。除具有通常永磁电机所具有的优点外，内转子永磁同步电机能够利用机座外的自然风条件，使定子铁芯和绕组的冷却条件得到有效改善。转子运动带来的气流对定子也有一定的冷却作用。

电机的外径如果大于4m，往往会给运输带来一些困难。很多风电场都设计在偏远的地区，从电机出厂到安装地，很可能会经过桥梁和涵洞，如果电机外径太大，往往不能顺利通过。内转子结构降低了电机的尺寸，给电机运输带来了方便。

内转子永磁同步发电机中，常见有三种形式的转子磁路，分别为径向式、切向式和混合式。相对其他转子磁路结构而言，径向磁化结构因为磁极直接面对气隙，漏磁系数小，且其磁轭为一整块导磁体，工艺实现方便。此外在径向磁化结构中，气隙磁感应强度接近永磁体的工作点磁感应强度，虽然没有切向结构那么大的气隙磁密，但也不会太低，所以径向结构具有明显的优越性，也是大型风力发电机设计中应用较多的转子磁路结构。

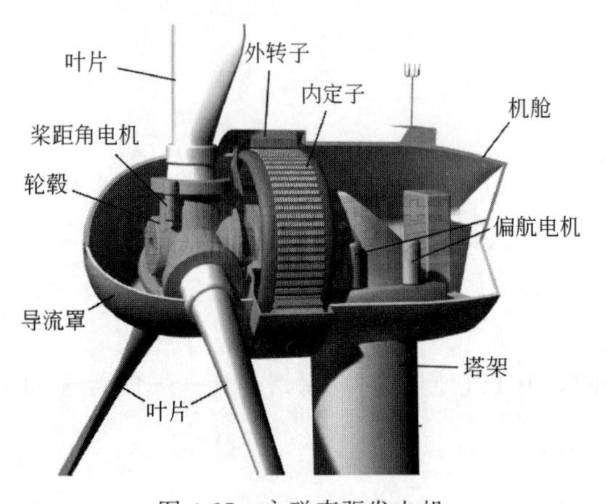

图4-27　永磁直驱发电机

下面以一种永磁直驱同步风力发电机（外转子型）为例，介绍发电机的装配工艺。

永磁直驱同步发电机一般由转子、磁钢、定子（铁芯+线圈）、轴系总成（定子主轴、转动轴、轴承等）、制动器等部件组成。见图4-27。

二、转子的装配工艺

永磁直驱机组发电机的转子主要由转子支架、磁钢固定装置、磁极等部分组成。转子采用永磁体来励磁，永磁体大多采用含稀土材料的钕铁硼制成，不但可增大气隙磁通密度，而且没有励磁损耗，电机效率得以提高。当永磁同步发电机用于较高转速时，为了保证永磁体在磁力和离心力的作用下足够牢固和不发生位移，磁极需可靠地固定在转子上。磁极固定的方式常见的有粘接（表贴）方式和机械固定方式。

转子的装配工艺流程如下：

转子的准备 ⇒ 磁钢固定（磁钢放置+磁极防护） ⇒ 安装转子附件

1. 转子的准备

转子支架是焊接件，多采用碳钢材质。固定磁钢的安装面称为磁轭，在安装转子前，要求对磁轭进行喷砂处理，清理掉磁轭表面的油污、锈斑、油漆等污物。

（1）转子的喷砂

喷砂前对转子磁轭的螺纹孔进行防护，防止喷进砂粒，难以清理。用喷砂等设备对转子磁轭表面进行喷砂除锈、去污的处理。

（2）转子的清扫

用工业吸尘器清洁转子面，禁止将污物、沙尘带入磁钢推放工作区。

（3）转子的放置

运用吊运转子的吊带吊具，通过行车将转子吊放至支撑工装上，用工装螺栓等紧固件进行固定，并按要求紧固力矩。

（4）转子的清洁

① 保持作业区及区内工装设备的清洁。

② 用大布和清洗剂清洁转子防腐表面，要求转子防腐表面无沙尘、油污等物。

③ 用压缩空气吹扫螺孔，并清理所有的螺孔；若个别螺孔有问题，须过丝处理。

④ 用清洗剂和毛刷刷洗待粘磁轭表面，要求磁轭表面无锈斑、无油污、无沙尘等污物。

2. 磁极的固定工艺（磁钢推放＋磁极防护）

磁极固定的两种方式都广泛地应用在风力发电机上。相比较而言，由于风力发电机组安装在野外环境，对发电机的防护等级和安全性要求更高一些。虽然机械固定的方式工艺复杂了一些，但从风力发电机组运行的可靠性、安全性、低故障率来考虑，机械固定的方式不失为一种更优的选择。下面分别介绍这两种固定方式。

（1）粘接（表贴）方式

简单地说，粘接（表贴）方式就是用磁钢灌封胶水将磁钢粘贴到转子磁轭表面的工艺。用粘贴磁钢的专用模具和工装将磁钢推入转子磁轭，灌注胶水粘接磁钢。胶水固化后，磁钢就粘接在转子磁轭上了。接下来，再采用耐腐蚀、耐候性好的防腐材料对磁极表面进行保护（如环氧玻璃布层压板）。

（2）磁钢粘接（表贴）的方法

① 准备粘接磁钢所需的零部件、标准件、工装设备、工量具、磁钢灌封胶水、磁极防护材料等生产辅料。

② 安装磁钢粘贴工装　按图样和工艺装配规程的要求将模具吊至转子安装位置。调整好位置和间隙后，将转子固定，将磁钢推放工装与模具组对，调整好位置后对其进行固定。

③ 磁钢固定及防护　按图样和工艺装配规程的要求，将磁钢嵌放至推放工装，再由推放装置将磁钢推入模具与磁轭形成的型腔内，磁极成N极、S极交替排列，见图4-28。

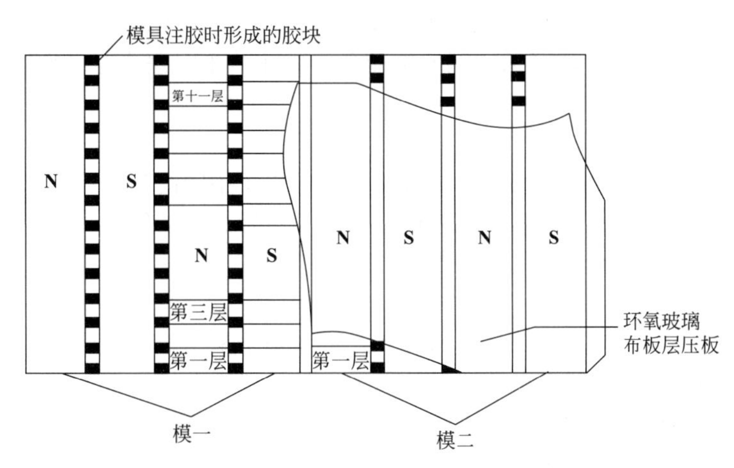

图4-28　磁极排布与分段注胶

④ 磁钢推放完成后，灌注磁钢灌封胶水，按工艺规程技术要求进行加热后固化。

⑤ 固化后，打开模具，用专用量具检查和测量具磁极的厚度尺寸。

⑥ 打磨磁极表面，采用耐腐蚀、耐候性好的防腐材料对磁极表面进行保护。

⑦ 磁极防护层的修补　磁极防护层固化后，检查磁极防护层表面的质量。用记号笔标出气泡的位置，用针头刺破气泡，再用注射器将磁钢灌封胶水注入气泡所在的位置进行填

充，直至填满，再迅速用压板压住。待胶液完全固化后，去掉压板工装，在针眼处涂刷所要求的防护漆。

⑧ 磁极防护层的防腐　用纸胶带粘贴在磁极防护层两侧，间距宽度为 40～50mm。用毛刷蘸防护漆对接缝进行反复多次涂刷，直至缝隙被填平。完成后，撕掉纸胶带。

（3）磁钢机械固定方式

简单地说，磁钢机械固定方式就是用螺栓等紧固件将非导磁的磁钢固定装置（如隔条、磁极盒等）和磁钢固定在转子磁轭上，然后用耐腐蚀、耐候性好的防护材料（如玻璃纤维布、不锈钢薄板等）对磁极表面进行防护，然后再灌注磁钢密封胶水，将磁钢和防护层都牢牢固定在转子磁轭上。

（4）磁条机械固定的方法

① 准备磁钢机械固定所需的零部件、标准件、工装设备、工量具、磁钢灌封胶水、磁极防护材料以及生产辅料。

② 推放磁钢　按图样和工艺装置规程的要求安装磁极推放工装，并调整好工装位置。将磁钢推放至非导磁的磁钢固定装置与磁轭形成的腔室，磁极成 N 极、S 极交替排列。

③ 磁极推放完后，用耐腐蚀、耐候性好的防护材料（如玻璃纤维布、磁极盒）对磁极表面进行防护，真空灌注磁钢灌封胶水进行密封和粘贴。再对其按工艺规程技术要求进行加热后固化。

④ 固化后去除覆层铺材，测量磁极最大厚度尺寸。

⑤ 磁极防护层的修补。检查磁极防护层的质量，当发现磁极表面有气孔和形状缺陷时，需要使用专用封孔剂或修补剂进行封堵填平。待封孔剂完全干燥后，使用磨砂机和细砂纸打磨光滑、平整。

⑥ 磁极防护层的防腐。按图样和工艺规程的要求，用毛刷和滚刷均匀涂刷磁极防护漆，要求厚度均匀、无气眼、无流挂、无遗漏。

（5）附件的装配工艺——安装密封胶条

① 用规定的胶水粘贴发电机叶轮侧密封胶条，防止雨水、沙尘、石粒等进入发电机内层。

② 用规定的胶水粘贴、转子风道的密封胶条，防止沙尘、铁屑等异物进入转子间隙。

三、主轴系的装配

永磁直驱同步发电机轴系直接与发电机连接，省略了中间的齿轮箱、联轴器等部件，因此永磁直驱同步发电机结构很紧凑。轴系主要由定子主轴、转动轴、轴承、轴承密封件等部件组成。下面介绍一种永磁直驱同步发电机的轴系装配。

1. 主轴承的装配

主轴系采用的是双（前后）轴承的结构方式。前轴承采用的是双列圆锥滚子轴承，主要承受以径向为主的径、轴向联合载荷；后轴承采用的是单列圆柱滚子轴承，主要承受径向载荷，也可承受较轻的单向轴向载荷。永磁直驱发电机动、定轴的轴径较大，承载能力较强，轴承的装配都是过盈装配。这里介绍用加热的方式装配轴承。

（1）轴承装配前的检查与清洁

① 按图样要求检查与轴承相配的零件，如轴颈、箱体孔、端盖等表面的尺寸是否符合要求，是否有凹陷、毛刺、锈蚀和固体微粒等。

② 检查密封件并更换损坏的密封件。每次拆卸橡胶密封圈时，都必须更换。

③ 在轴承装配操作开始前，才能将新的轴承从包装箱中取出，必须尽可能使它们不受灰尘污染。

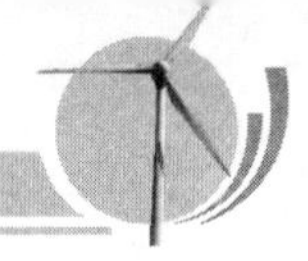

④ 检查轴承型号是否与图样一致，以及相关零件的尺寸和精加工情况，有时过盈配合的轴承需要选配才能满足图样要求。

⑤ 清洗轴承的方法

a. 凡用防锈油封存的轴承，可用汽油或煤油清洗。

b. 凡用厚油和防锈油脂，如工业用凡士林防锈的轴承，可先用 10 号机油或变压器油加热溶解清洗（油温不允许超过 100℃），把轴承浸入油中，待防锈油脂溶化取出冷却后，再用汽油或煤油清洗。

c. 凡用气相剂、防锈水和其他水溶性防锈材料防锈的轴承，可用皂类及其他清洗剂清洗。

⑥ 清洗轴承的注意事项

a. 用汽油或煤油清洗时，应一手握住轴承内圈，另一手慢慢转动外圈，直至轴承的滚动体、滚道、保持架上的油污完全洗掉之后，再清洗轴承外圈的表面。清洗时还应注意，开始时宜缓慢转动，往复摇晃，不允许过分用力旋转，否则轴承的滚道和滚动体易被附着的污物损伤。当轴承的清洗数量较大时，为了节省汽油、煤油和保证清洗质量，可分粗、细清洗两步进行。

b. 对于不便拆卸的轴承，可用热机油冲洗。即用温度 90～100℃的热机油淋烫，使旧油溶化，再用铁钩或小勺把轴承内旧油挖净，然后用煤油将轴承内部的残余旧油、机油冲净，最后用汽油冲洗一遍即可。

c. 轴承的清洗质量靠手感检验。轴承清洗完毕后，仔细观察，在其内外圈滚道里、滚动体上及保持架的缝隙里总会有一些剩余的油。检验时，可先用干净塞尺将剩余的油刮出，涂于拇指上，用食指来回慢慢搓研。手指间若有“沙沙”响声，说明轴承未清洗干净，应再洗一遍。最后，将轴承拿在手上，捏住内圈，拨动外圈水平旋转（大型轴承可放在装配台上，内圈垫垫、外圈悬空、压紧内圈、转动外圈），以旋转灵活、无阻滞、无跳动为合格。

d. 对清洗好的轴承，添加润滑剂后，应放在装配台上，下面垫以净布或纸垫，上面盖上塑料布，以待装配。挪动轴承时，不允许将其放在地面或箱子上，不允许直接用手拿，应戴帆布手套或用净布将轴承包起后再拿，否则，由于手上有汗水、潮气，接触后易使轴承产生指纹锈。

e. 对两面带防尘盖或密封圈的轴承，以及涂有防锈、润滑两用油脂的轴承，因在制造时就已注入了润滑脂，故安装前不需要再对其进行清洗。

（2）滚动轴承的安装方法

滚动轴承的安装方法应根据轴承装配方式、尺寸大小和轴承的配合性质来确定。

① 滚动轴承的装配方式　根据滚动轴承与轴颈的结构，通常有四种滚动轴承的装配方式。

a. 滚动轴承直接装在圆柱轴颈上，这是圆柱孔滚动轴承常见的装配形式。

b. 滚动轴承直接装在圆锥轴颈上，这类装配形式适用于轴颈和轴承孔均为圆锥形的场合。

c. 滚动轴承装在紧定套上。

d. 滚动轴承装在退卸套上。

后两种装配形式适用于滚动轴承为圆锥孔而轴颈为圆柱孔的场合。

② 滚动轴承的尺寸　根据滚动轴承内孔的尺寸，可将滚动轴承分为以下三类：

a. 小轴承　指孔径小于 80mm 的滚动轴承；

b. 中等轴承　指孔径大于80mm、小于200mm的滚动轴承；

c. 大型轴承　指孔径大于200mm的滚动轴承。

③ 滚动轴承的装配方法　根据滚动轴承装配方式和尺寸大小及配合的性质，通常有四种装配方法：机械装配法、液压装配法、压油法和温差法。下面着重介绍适用于大型滚动轴承的温差法。

这种方法一般适用于大型滚动轴承。随着滚动轴承尺寸的增大，其配合过盈量也增大，其所需装配力也随之增大。因此，可以将滚动轴承加热，然后与常温轴配合。滚动轴承和轴颈之间的温差取决于配合过盈量的大小和滚动轴承尺寸。当滚动轴承温度高于轴颈80～90℃时，就可以安装了。一般滚动轴承加热温度为110℃，不能将滚动轴承加热至120℃以上，因为这将会引起材料性能的变化。更不能利用明火对滚动轴承进行加热，因为那样做会导致滚动轴承材料产生应力而变形，从而破坏滚动轴承的精度。

注意：安装时，应佩戴干净的专用防护手套搬运滚动轴承，将滚动轴承装至轴上和轴肩可靠接触，并始终按压滚动轴承直至滚动轴承与轴颈已紧密配合，以防滚动轴承冷却时套圈与轴肩分离。

（3）滚动轴承的加热方法

根据装配滚动轴承的类型，有四种不同的加热方法，分别是感应加热器加热法、电加热盘加热法、电热箱和油浴加热法。下面着重介绍感应加热器加热法。

图4-29　涡流加热器

① 感应加热器（涡流加热器）　这种加热器主要适用于小滚动轴承和中等滚动轴承的加热。其感应加热的原理与变压器相似，其内部有一绕在铁芯上的初级绕组，而滚动轴承常作为一个次级绕组套在铁芯上。通电时，通过感应作用对滚动轴承进行加热，见图4-29。利用感应加热器对滚动轴承进行加热后，必须进行消磁处理，以防吸附金属微粒。感应加热器加热的优点是：滚动轴承能够保持清洁；对滚动轴承无需预加热，加热迅速、效率高；安全、环保；油脂仍保留在滚动轴承中（带密封的滚动轴承）；能量消耗低；温度可以得到很好的控制。

② 感应加热器（涡流加热器）的操作规程和注意事项

a. 按START键启动加热。如需保持温度，则在按START键前按温度保持即可。

b. 如采用时间控制模式，在开机后只需按下时间控制键即可进入时间控制模式（按键上下选择）。

c. 采用时间控制模式时，无需再用温度传感器，应将温度传感器从工件取下，以延长其使用寿命。

d. 只能在380V电压下使用。

e. 严禁空载启动加热装置。

f. 主机未放置轭铁前，严禁按启动按钮开关。

g. 当采用温度控制模式时，应将传感器吸附在工件内侧上，接触面应保持干净。若出现E03提示，应检查传感器是否接好或加热工件太大；若出现反复提示，应检查传感器是否损坏。

h. 易受磁场影响的物品应远离，如心脏起搏器、助听器、磁带及磁卡等物品。安全距离为2m。

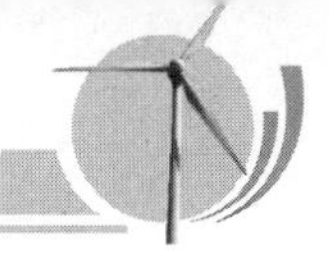

2 定子主轴与后轴承的装配工艺

（1）后轴承的装配流程

安装后轴承密封保持架 → 安装后轴承内圈 → 安装后轴承定位环 → 安装后轴承外圈 → 安装后轴承密封圈 → 安装后轴承密封圈压盖

（2）后轴承的结构（图 4-30）

（3）后轴承的装配工艺

① 准备装配后轴承所需的零部件、标准件、工装、工具和生产辅料等。

② 竖立定子主轴　将定子主轴竖立，法兰面朝下放置。用水平尺调平法兰面。

③ 清洗和清理所有零部件和工装的装配面，要求安装面无油污、毛刺、锈蚀和多余的防腐蚀层等。

图 4-30　单列圆柱滚子轴承

④ 加热并装配后轴承密封保持架和后轴承内圈。按图样和装配工艺规程的要求，用感应加热器（常用涡流加热器）加热后轴承密封保持架和后轴承内圈。达到设定的温度和保温时间后，快速将保持架套入定子主轴。然后，旋转装配，要求与轴肩无间隙贴合。再迅速将后轴承内圈套入定子主轴，旋转装配。与保持架轴肩无间隙贴合，可用塞尺检查。

⑤ 装配后轴承定位环　按图样和装配工艺规程的要求装配后轴承定位环。

⑥ 套入后轴承压盖　将止口配做好的后轴承压盖提前套入定轴。

⑦ 装配后轴承外圈　后轴承内圈恢复环境温度后，用加脂机给轴承内圈滚动体与保持架间的空隙加注少量润滑脂，再用专用夹具将后轴承外圈套入内圈并旋转装配。按图样和装配工艺规程要求的用量给后轴承加注润滑脂。

⑧ 检查　可用塞尺沿着圆周方向整圈测量装配后的间隙，将测量数据与图样和工艺装配规程比对，看是否满足要求。

⑨ 防护　发电机整体装配前，将定子主轴上后轴承外圈及前轴承装配面涂薄薄一层润滑脂。然后，用缠绕膜进行防护，防止后轴承和装配面生锈、进入粉尘等异物。

（4）塞尺的使用方法及注意事项

① 塞尺的基本定义　塞尺是由一组具有不同厚度级差的薄钢片组成的量规。塞尺又称测微片或厚薄规，适用于检验间隙的测量器具之一。每把塞尺中的每片具有两个平行的测量平面，且都有厚度标记，以供组合使用。见图 4-31。

在检验被测尺寸是否合格时，可以用通止法判断，也可由检验者根据塞尺与被测表面配合的松紧程度来判断。测量时，根据结合面间隙的大小，用一片或数片重叠在一起塞进间隙内。

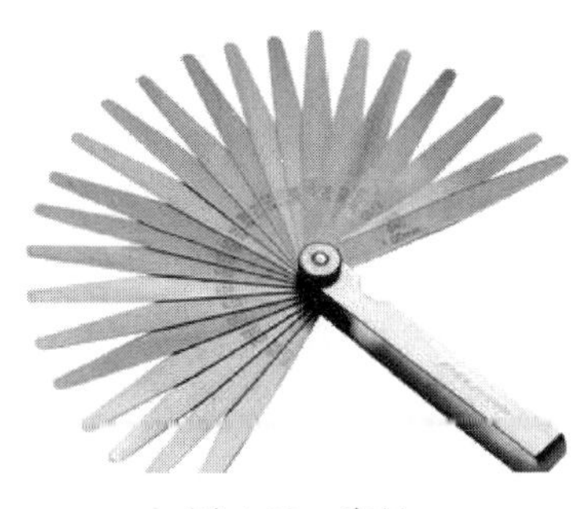

图 4-31　塞尺

② 塞尺的使用方法

a. 用干净的布将塞尺测量表面擦拭干净。不能在塞尺沾有油污或金属屑末的情况下进行测量，否则将影响测量结果的准确性。

b. 将塞尺插入被测间隙中，来回拉动塞尺。如果感到稍有阻力，则说明该间隙值接近塞尺上所标出的数值。如果拉动时阻力过大或过小，则说明该间隙值小于或大于塞尺上所标出的数值。测量时，塞片以单片使用为最佳。如果单片厚度不能达到测量要求，则可选用几个塞片组合使用。在满足要求的环境下，选用的塞片越少，测量结果的精度也就越高。

c. 进行间隙的测量和调整时，先选择符合间隙规定的塞尺插入被测间隙中，然后，一边调整一边拉动塞尺，直到感觉稍有阻力时拧紧锁紧螺母。此时，塞尺所标出的数值即为被测间隙值（塞尺单片使用时，实际测得值即为塞尺厚度；许多塞片组合使用时，实际测得值为各个组合塞片的厚度之和）。

③ 使用塞尺时的注意事项

a. 塞尺必须在校正有效期内方可使用。

b. 塞片插入时要平插于隙位，且应轻轻用力。

c. 不要将塞片在其他硬物上用力摩擦。

d. 塞片使用时，要轻拿轻放。特别是 0.01～0.10mm 厚的塞片，极容易打折和断开，使用时应特别注意。

e. 有需要时，应对塞尺加涂防锈润滑油。

3. 转动轴与轴承的装配要求

（1）前轴承的装配流程

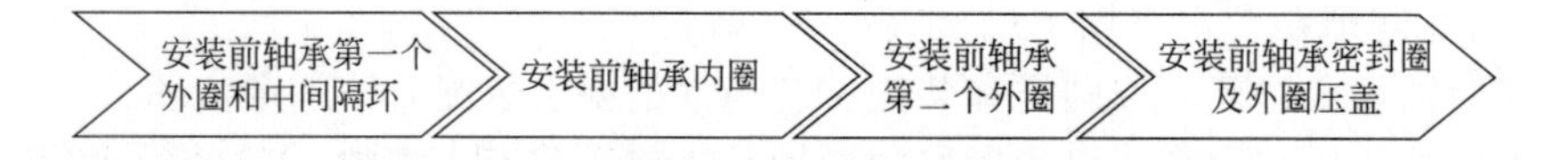

图 4-32 双列圆锥滚子轴承

（2）前轴承的结构（图 4-32）

（3）前轴承的装配要求

① 准备装配前轴承所需的零部件、标准件、工装、工具和生产辅料等。

② 竖立转动轴　将转动轴竖立，后轴承安装面朝下放置，前轴承安装面朝上放置。用水平尺调平上端面。

③ 清洗和清理所有零部件及工装的装配面，要求安装面无油污、毛刺、锈蚀和多余的防腐层等。

④ 加热转动轴　用转动轴加热设备来加热转动轴，达到设定的温度和保温时间。

⑤ 装配前轴承第一个外圈和中间隔环　用专用工装快速将前轴承第一个外圈套入转动轴，旋转装配，要求与前轴承外圈端面无间隙贴合。若前轴承有中间隔环，快速将中间隔环套入转动轴，旋转装配，要求与前轴承外圈端面无间隙贴合，并用加脂机在外圈滚道上均匀加注少量润滑脂。

⑥ 装配前轴承内圈　用加脂机按图样和工艺装配规程要求的用量均匀加注润滑脂，再迅速将前轴承内圈套入转动轴，旋转装配。

⑦ 装配前轴承第二个外圈和压盖　用专用夹具快速将前轴承第二个外圈套入转动轴，并用螺栓等紧固件快速将前轴承外圈压盖安装在转动轴上，并按要求的力矩进行预紧固。**注意**：前轴承外圈压盖在安装前需要按计算公式提前配作加工好。

⑧ 防护　用缠绕膜将转动轴前轴承进行密封防护，防止轴承进入粉尘等异物。

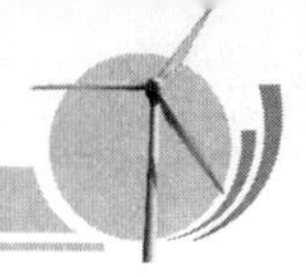

四、发电机的装配

1. 发电机装配的工艺流程

发电机装配的工艺流程：

2. 定子与定子主轴的装配要求

永磁直驱发电机的定子主要由定子支架总成、绕组总成、铁芯总成、引出线缆防护总成等部件组成。

① 准备好装配定子与定子轴所需的零部件、标准件、工装工具和生产辅料等。

② 清理定子　用大布和清洗剂清洁发电机定子支架，用压缩空气吹扫绕组和铁芯，用无水酒精清洁绕组。定子表面不得有锈、水、污渍和杂物。清理定子与定子主轴的安装接合面，保证清洁。

③ 连接定子主轴与支撑工装　按图样和装配工艺规程的要求，用专用吊索具将定子主轴组件吊运至支撑工装上方。对正安装孔后，用螺栓等紧固件进行固定，按要求紧固力矩。

④ 装配定子　用专用吊定子的索具将定子吊运至定子主轴上方，对正安装孔后落在定子轴上，用塞尺检查定子与定子轴的同轴度是否满足图样和装配工艺规程的要求。用螺栓等紧固件连接定子与定子主轴，按要求的力矩值进行紧固。

⑤ 螺栓紧固方法　同一零件用多个螺钉或螺栓连接时，各螺钉或螺栓应交叉、对称、逐步、均匀拧紧。宜分两次或三次拧紧，这样可保证连接时受力均匀。如有定位销，应从定位销开始拧紧，这样，有利于保证螺纹间均匀接触，贴合良好，螺栓间承载一致。应按图4-33所示的顺序进行操作。

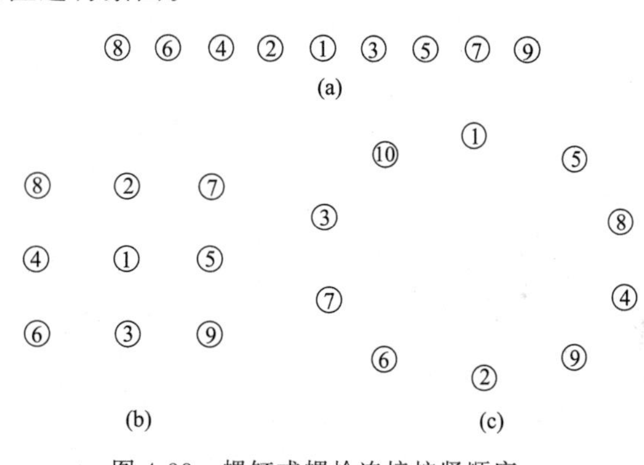

图4-33　螺钉或螺栓连接拧紧顺序

3. 转子的套装要求

① 准备好装配转子所需的零部件、标准件、工装、工量器具和生产辅料等。

② 清洁转子　按工艺规程技术要求清洁转子磁极防护层和外转子外表面。要求转子磁极不得有污渍、粉尘、磁粒和杂物等。清理转子与转动轴的安装接合面，保证清洁。

③ 安装转子套装工装　按图样和装配工艺规程的要求安装转子的套装工装、吊索具、专用工装等，按要求紧固力矩。

④ 装配转子　用行车和吊索具将转子吊运至定子主轴上方，通过套装工装间隙配合，将转子缓慢套入定子。

注意：套装过程不允许损伤定子和转子的防护层。

⑤ 调整转子与定子主轴的同轴度　用深度尺测量转子与定子主轴的同轴度，确保符合图样和装配工艺规程的要求。

4. 转子轴组件的装配要求

① 准备好装配转动轴组件所需的零部件、标准件、工装工具和生产辅料等。

② 清洁转动轴组件　用大布和清洗剂清洁转动轴组件外表面，要求转动轴表面不得有油污、水、污渍等。清理转动轴与后轴承的安装接合面，保证该部位的清洁。

③ 加热转动轴组件　用吊具将转动轴组件吊至转动轴加热装置内，盖上盖子，按图样和装配工艺规程的要求设定加热温度、时间和保温时间，加热直至保温结束。

④ 安装转动轴导向工装　按装配工艺规程的要求在转动轴底部（后轴承端）安装导向工装，将主要导正转动轴套入后轴承，以防止转动轴磕碰损伤后轴承。

⑤ 装配转动轴组件　用行车和转动轴吊具将加热好的转动轴组件提起，并用水平尺找平。找平后，将转动轴组件吊至定子主轴上方，然后，边观察边平稳下降转动轴，缓慢平稳地将转动轴套入定子主轴。

⑥ 预压后轴承外圈　装配完转动轴组件后，快速安装后轴承外圈压板工装。对后轴承外圈进行预压，按要求的力矩紧固。

⑦ 安装前轴承内圈压盖　装配完转动轴组件后，快速将前轴承密封圈安装至定子主轴指定部位，将配装好的前轴承内圈压盖预紧固。

⑧ 安装后轴承压盖　待转动轴恢复环境温度后，用油压千斤顶或薄型千斤顶将压盖顶起，用螺栓等紧固件将其固定在转动轴上。按要求的力矩进行紧固。

⑨ 检查　待转动轴恢复环境温度后，用力矩扳手紧固所有压盖上的螺栓，达到要求的力矩值。

⑩ 安装转子端盖板　用螺栓等紧固件将转子端盖板固定在转子上，并按要求的力矩紧固。

⑪ 检查定子和转子径向间隙　转动发电机 2～3 圈后，用间隙塞尺均匀检测定子和转子径向间隙。间隙情况满足工艺规程的技术要求。

⑫ 安装和检查发电机锁定销　发电机装配完成后，按图样和工艺规程的技术要求安装锁定销，并进行锁定检查。检查所有的锁定销能否同时完全锁定到位，确保其可靠有效。

风力发电机组停机后，为确保检修人员安全进行叶轮维护和检修机组，防止叶轮、发电机转动而设计了安全锁定装置。检修人员启动刹车闸，旋入转子刹车锁定销将转子锁住，使发电机处于锁定状态，确保安全。

锁定销通常采用机械锁定方式，根据作用方式不同可分为手动、液压等形式。下面分别介绍手动锁定销和液压锁定销的使用和安装。

a. 手动锁定销　如图 4-34 所示，虚线锁定销为锁定发电机时的状态。锁定套和锁定销等零部件固定在定子支架上。锁定发电机时，须先拔出销 1，盘动手轮，对准转子刹车环的锁定槽口，将锁定销向右推入锁定槽内，再插上销 1。待锁定销传感器感应到销 1，说明已完成发电机的锁定。此时，维修人员可打开发电机舱门进入叶轮。

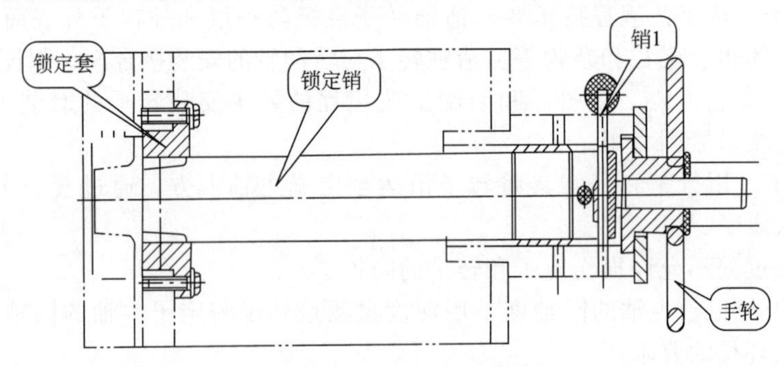

图 4-34　手动锁定销

b. 液压锁定销　是液压驱动锁定装置，由法兰盘通过螺栓固定在锁定销座上。在制动器提供足够的制动力，使转子完全停止时，锁定在液压力的作用下实现其锁定功能；在去除制动力的情况下，仍能可靠地阻止转子转动，见图 4-35。

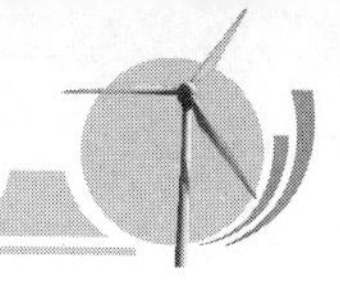

安装前的检查：

a. 检查液压锁定销的各零部件是否齐全；

b. 液压锁定销动作是否灵活，各活动铰点有无锈蚀、卡死现象；

c. 核对待装的液压锁定销主要技术参数与所要求是否一致；

d. 检查锁定销表面是否沾有油污和其他杂质；

e. 检查液压锁定销的安装基座是否稳固平整，安装孔位置尺寸是否准确。

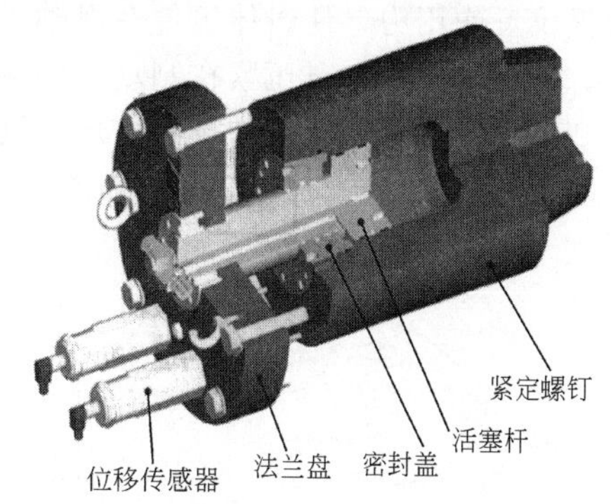

图 4-35　液压锁定销结构图

安装液压锁定销：

a. 检查液压油的管路　油管为冷拔管或高质量软管，管路要清洗干净，不能有任何杂质。最后，用管夹固定；

b. 拧掉油口上的螺塞，把锁定销和管路连接并拧紧；

c. 油压设定　锁定销的工作压力应按随机技术文件设置，工作压力过低或过高都会造成安全事故。

向锁定销输入工作油压，使锁定销连续动作 20～30 次。让锁定销在动作过程中进行自动的随位调整，然后观察锁定销的位置是否正确。在确定位置正确后，紧固螺栓并达到要求的力矩值。

5. 制动器的安装

（1）制动装置的作用

制动装置的作用是为了保证机组从运行状态到停机状态的转变，它既是安全系统，也是控制系统的执行机构。制动装置是安全控制的关键环节，是风力发电机组出现不可控制情况的最后一道屏障。

（2）气动制动和机械制动

风机从正常运行到停机需经历两个阶段：气动刹车阶段和机械刹车阶段。

气动刹车装置的形式根据风机形式不同而不同。对于定桨距风机，气动刹车时通过叶片上的叶尖扰流器在离心力作用下释放并形成阻尼板。由于叶尖部分距离轴最远点，整个叶片作为一个长的杠杆，使扰流器产生的气动阻力相当高，足以使风机在几乎没有任何磨损的情况下迅速减速。对于变桨风机，气动刹车是通过叶片变桨实现的。叶片变桨改变叶片功角，减小叶片升力，利用风力来降低叶片转速。

气动刹车并不能使风机完全停住，在风力发电机速度降低之后，必须依靠机械制动系统才能使风机完全停止。机械制动是一种减慢旋转负载的制动装置。根据作用方式，它可分为气动、液压、电液、电磁和手动等型式。在发电机组中，常用的机械制动器为液压盘式制动器。盘式制动器沿着制动盘轴向施力，制动器不受弯矩，散热性能好，制动性能稳定。

（3）液压盘式制动器

① 液压盘式制动器是主动式制动器。制动器的嵌体由两个半嵌体和一块中间垫板组成，安装在制动盘上。每个半嵌体由一个缸体构成，缸体里有两个活塞和一个制动衬垫。制动衬垫放在缸体的沟槽里，通过改变液压实现制动力改变，通过活塞的行程来实现衬垫磨损的补偿。制动器由足够大的摩擦片作用在制动盘的两面，摩擦材料为复合材料。

② 主动式夹钳的工作原理　当风机需要制动时，必须向制动器油缸中通入高压液压油，液压缸推动活塞把摩擦片推向制动盘一侧。当摩擦片接触到制动盘表面后，持续的液压油压

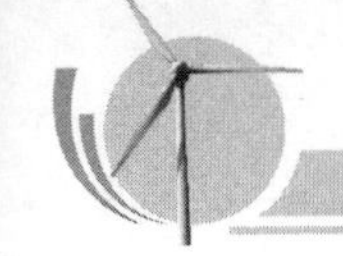

力提供反作用力，使钳体组件在滑轴上反方向移动，从而带动另一侧摩擦片压紧制动盘。这样，两个摩擦片各自压紧在制动盘两侧，从而提供了制动力。当风机需要正常运行时，高压油卸荷，摩擦片在复位弹簧的作用下远离制动盘，制动消失，制动盘可随高速轴自由旋转。主动式夹钳的结构，见图 4-36 和图 4-37。

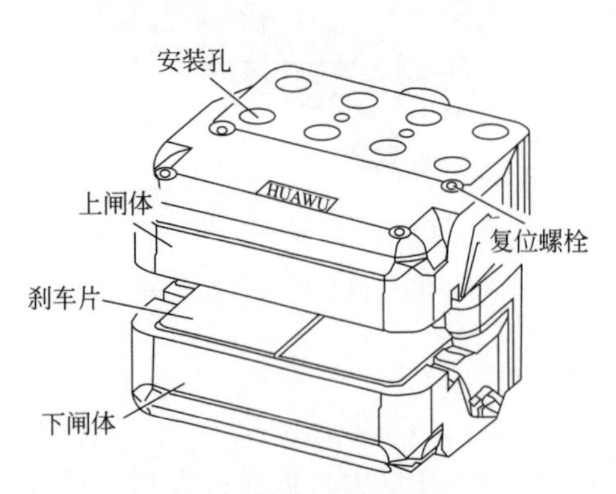

图 4-36　液压盘式制动器（一）

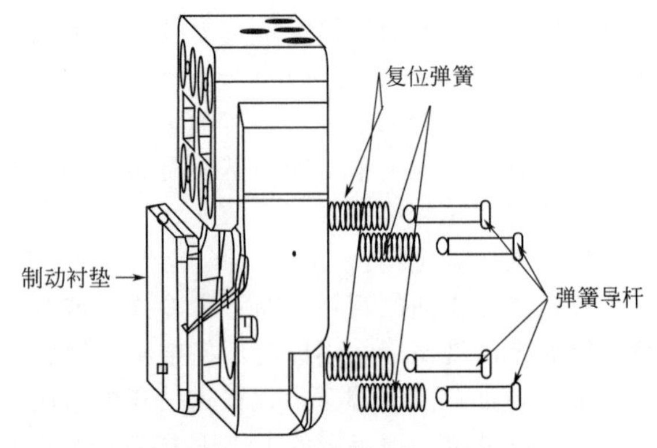

图 4-37　液压盘式制动器（二）

③ 安装制动器

a. 准备好安装配制动器所需的零部件、标准件、工装工具和生产辅料等。

b. 清洁　用大布和清洗剂清洁制动器的安装面，要求安装面不得有锈斑、油污等。

c. 用螺纹清理刷清理制动器安装螺孔，并用压缩空气吹扫，确保螺孔内清洁、无异物。

d. 用复位螺栓将刹车固定在制动器的上下闸体上，不得损坏刹车片压块。

e. 安装 O 形密封圈　将制动器闸体上的红色防尘堵头拆下，安装 O 形密封圈。见图 4-38。

f. 安装制动器　用螺栓等紧固件将将制动器的内外闸体固定在制动器安装座上，按要求的力矩进行紧固。要求制动器安装面与转子刹车环较近环面和较远环面的最小距离，以及刹车片与刹车环距离最小的间隙，均应满足图样和装配工艺规程的要求。

g. 制动器的调整　当制动器安装面与转子刹车环较近环面的最小距离以及刹车片环间隙不满足要求时，可在制动器安装座上增加专用垫片来调整安装尺寸。

h. 连接管路　将制动器油管接头、卡套、卡塞螺母固定在转子制动器的上下闸体的进出油口上。用转子闸间钢管将两个进出油口连接起来，在制动器的另一个油口上安装一个测压接头阀。见图 4-39。

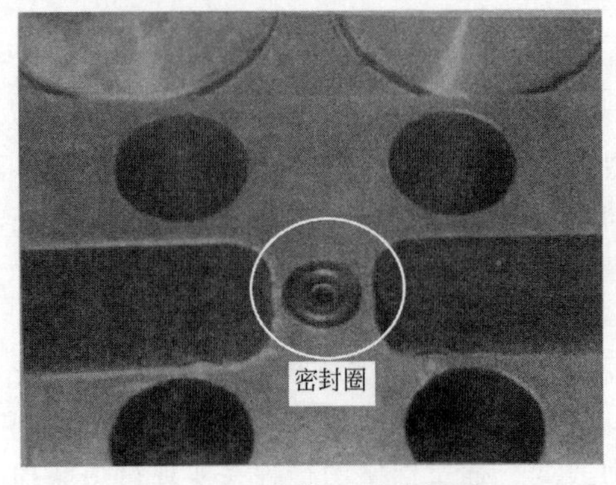

图 4-38　安装 O 形密封圈

图 4-39　安装发电机制动器

i. 保压试验　连接好制动器管路后，按工艺规程技术要求用手动液压泵对闸体打压试漏，检查加压是否有泄漏。若没有泄漏，就证明连接的管路合格。

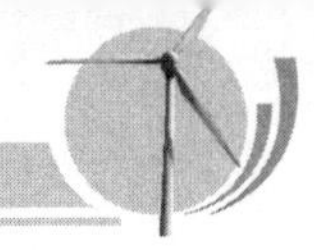

[拓展知识] 冷却系统

一、双馈机组加热冷却系统

发电机的冷却系统与变频器冷却系统类似。权衡效率、能耗、噪声等，发电机采用水冷却系统。

齿轮箱的冷却系统，大部分齿轮油冷却使用风冷却方式。对于冷油器敞开在机舱上的方式，在严寒的天气下一旦机组出现故障造成停机，齿轮油的流动性会很差，将给机组的启动带来困难。

一般机舱与轮毂、机舱与塔筒连接处间隙较大，在冬季北方地区气温往往达到－30℃以下，这时“风力发电机”一旦停机，会因机舱温度低、齿轮油温低而需要很长的启动时间。建议将连接部位采取适合的密封措施，以减小低温影响。

机舱保温措施，一般是在机舱增加保温层，减少冬季机舱对外的热传递。夏天，保温层同样也能起到减少外界对机舱的热传递。但如保温措施过于严密，容易造成机舱内空气不流通。这时，可在机舱壁上加装一个百叶窗，根据时节和天气情况进行开闭。

1. 齿轮箱的作用

风力发电机组的齿轮箱是一个重要的机械部件，其主要功能是将风轮在风作用下所产生的动力传递给发电机，并使其得到相应的转速。通常风轮的转速很低，达不到发电机所要求的转速，必须通过齿轮箱齿轮副的增速作用来实现，故也将齿轮箱称之为增速箱。根据机组的总体布置要求，有时将风轮轮毂直接相连的传动轴与齿轮箱合为一体，也有将主轴与齿轮箱分别布置，其间利用胀紧套装置或联轴器连接的结构。为了增加机组的制动能力，常常在齿轮箱的输入或输出设置刹车装置，配合叶尖制动（定桨风轮）或变距制动装置共同对机组传动系统进行联合制动。

由于机组安装在高山、荒野、海滩、海岛等风口处，受无规律的变向、变负荷的风力作用，以及强阵风的冲击，常年经受酷暑严寒和极端温差的影响，加之所处自然环境交通不便，齿轮箱安装在塔顶的狭小空间内，一旦出现故障，修复非常困难，故对其可靠性和使用寿命都提出了比一般机械高得多的要求。对构建材料的要求，除了常规状态下的力学性能外，还应该具有低温状态下抗冷脆性等特性；应保持齿轮箱平稳工作，防止震动和冲击；保持充分的润滑条件等。对冬、夏温差巨大的地区，要配置合适的加热和冷却装置。还要设置监控点，对运转和润滑状态进行遥控。

不同形式的风力发电机组有不一样的要求，齿轮箱的布置形式和结构也因此而异。水平轴风力发电机组用固定平行轴齿轮传动和行星齿轮传动最为常见。

如前所述，风力发电受自然条件的影响，一些特殊气象状况的出现皆可能导致风电机组发生故障，而狭小的机舱不可能像在地面那样具有牢固的机座基础，整个传动系统的动力匹配和扭转振动的因素总是集中反映在某个薄弱环节上。大量的实践证明，这个环节常常是机组中的齿轮箱。因此，加强对齿轮箱的维护和保养工作就显得尤为重要。

2. 双馈风力发电机组的加热冷却润滑工作原理

（1）控制原理（图 4-40）

a. 当机组未启动时，若油温⑦低于 10℃，电加热器①启动，电动泵②每隔 30min 启动工作 5min。若油温⑦高于 15℃，电加热器①停止加热，电动泵②工作，机组启动。

b. 机组启动温度必须在油温⑦高于 10℃的条件下。

c. 电动泵②出口压力 10bar，安全阀设定压力 16bar。出口油压过高（超过 16bar）时，将安全阀打开。

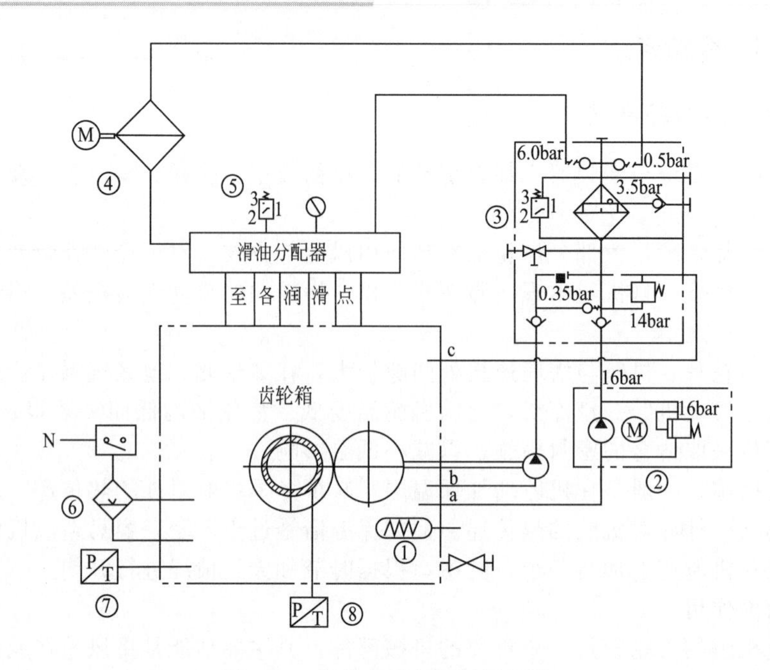

图 4-40 加热和冷却控制原理图

d. 过滤器③最高工作压力 16bar，安全阀设定压力 14bar。当过滤器③进口与出口压力差值超过 3.5bar（在油温⑦超过 40℃时才测定，信号采集至少 90min），传感器发出信号且红灯亮（绿灯表示工作正常）。

e. 风冷器④工作压力 25bar，最大允许流量 140L/min。风冷器④的风扇电机在油温>60℃或高速轴轴承温度⑧>75℃时打开。油温回落至 50℃且高速轴轴承温度⑧<70℃时，风冷器④的风扇电机停止运转。

f. 压力控制器⑤的压力监测范围为 0.5～6bar，不在此范围内时报警（油温⑦70℃时压力要求≥0.5bar，油温⑦低于 10℃时压力要求≤6bar）。若压力<0.5bar，报警持续超过 5s 则停机。

g. 液位下降至设定值时，液位开关⑥发出报警信号。

h. 油温⑦温度不允许超过 70℃，否则齿轮箱停机。

i. 高速轴轴承温度⑧不允许超过 80℃，否则齿轮箱停机。

（2）安装要求

① 供油装置应安装在齿轮箱附近，泵吸油管越短越好，其长度以不大于 1m 为宜。

② 为保证冷却效果，油/风冷却装置应安装在通风处。

③ 中间连接管路按相关的液压、润滑安装规范进行安装，保证各连接处不泄漏。

④ 供油装置投入运行前，必须确认齿轮箱内部清洁度达到《液压油清洁度标准》ISO 4406 等级要求。

（3）使用与维护

① 首次启动时，应注意油泵电机转向是否正确。

a. 过滤系统入口处设有测压点，可用测压表检测泵的出口压力。

b. 过滤系统上装有滤油器污染信号器，当滤油器进出油口压差达到 3.5bar 时，污染信号器发出电信号，同时污染信号器器上也有灯光显示。此时，应及时更换滤芯。如果更换不及时，滤油器进口压力达到 14bar 时，滤油器旁通阀将会开启，此时滤油器将会失去过滤作

用，齿轮箱必须停止运转。

② 滤芯的更换过程　更换滤芯时，必须确认供油装置处于停机状态，滤油器必须卸压（压力表显示 0bar 状态）。可以通过拧松滤筒底部的排油螺塞卸压（工作时必须拧紧）。

更换滤芯包括以下步骤：

a. 旋下滤筒，取出旧滤芯；

b. 清洗滤筒，把新滤芯装上，旋上滤筒；

c. 旋进滤筒，再回松 1/4 圈；

d. 更换滤芯后，重新启动工作，注意观察压力表的工作压力。

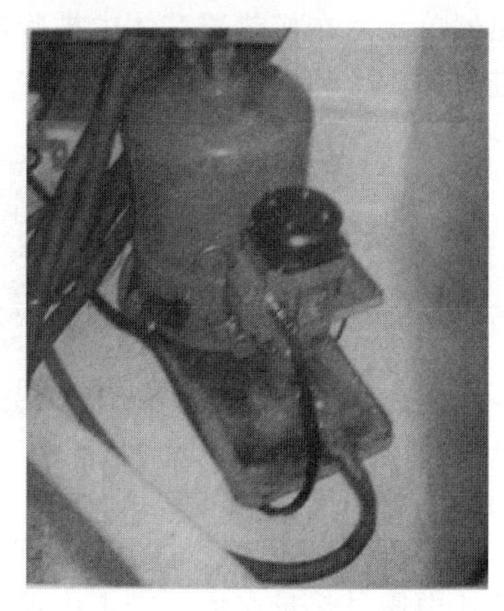

图 4-41　安装旁路过滤器

③ 旁路过滤　当齿轮箱长时间运行后，箱体内部润滑油会被逐渐污染，底部沉淀颗粒状污染物。为了提高润滑系统清洁度，延迟过滤器使用寿命，可对齿轮箱进行旁路冲洗过滤，如图 4-41 所示。

④ 低温启动加热系统　冬季低温状态时，机组启动必须考虑油液的加热问题。当油温低于－10℃时，可通过电加热器将油温升到 10℃以上；当油温低于－30～－10℃时，由于润滑油黏度太大，则应采用专用的低温旁路加热系统加热油液。低温旁路加热系统由用户自备，箱体上预留有安装接口，该接口与旁路过滤装置接口共用。

二、直驱风力发电机组冷却系统

1. 冷却系统结构

直驱发电机冷却系统为闭式主动冷却系统，冷却发电机的空气来自机舱内部，机舱外部空气不进入发电机冷却系统，这样可以保证发电机的空气相对比较洁净，有利于发电机的可靠运行。

冷却系统整体由换热器单元、通风软管和通风附件等组成。换热器单元和通风软管在机舱中的布局位置，见图 4-42 和图 4-43。

图 4-42　冷却系统在机舱内的布局

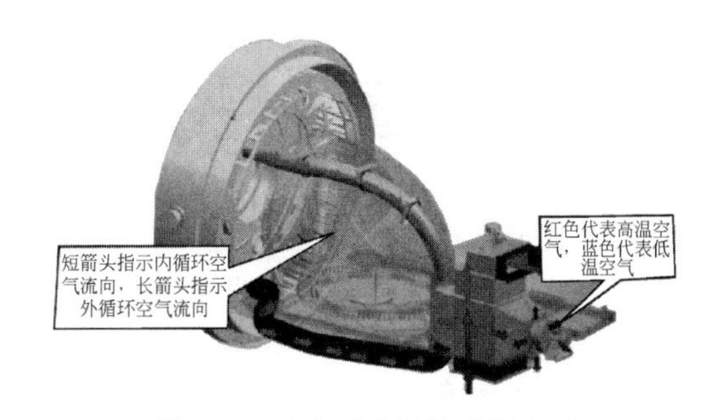

图 4-43　冷却系统通风软管布局

换热器单元由换热器芯体、离心风机和钣金风道组成。冷却发电机的循环风路称为内循环风路。与机舱外部空气连通，用来冷却内循环热空气的风路称为外循环风路。换热器单元见图 4-44 和图 4-45。

2. 冷却系统的工作原理

① 内循环风路　机舱内的空气在内循环风机驱动下，由发电机上的冷却进风口进入发电机内部，冷却发电机绕组后，被加热的空气经发电机上的出风口排出，经通风软管进入换

热器单元，在换热器芯体中被冷却。被冷却的空气直接排放到机舱中，再次进入发电机对其进行循环冷却。

图 4-44　换热器单元

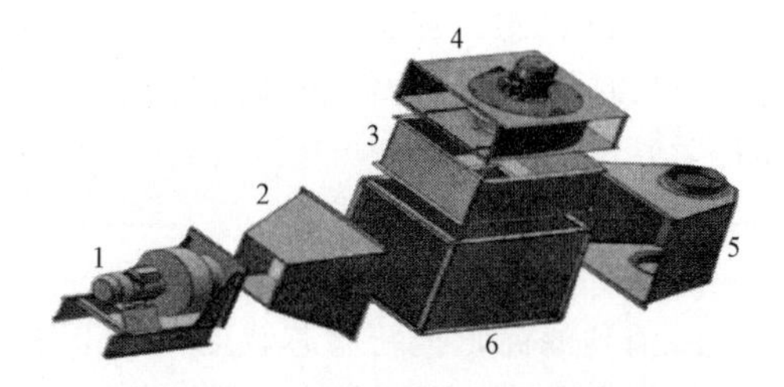

图 4-45　换热器单元爆炸图

② 外循环风路　机舱外的低温空气在外循环风机的驱动下进入换热器芯体，在换热器芯体中通过热量交换，带走内循环高温空气的热量，从而冷却内循环空气。温度升高后的外循环空气通过离心风机排至机舱外部。

发电机沿圆周方向开有冷却进风口，冷却出风口有 4 个，发电机定子绕组上设计有径向通风道。冷却空气进入发电机内部后，流经气隙和定子上的径向通风道，从而对磁钢和定子起到良好的冷却效果，见图 4-46。

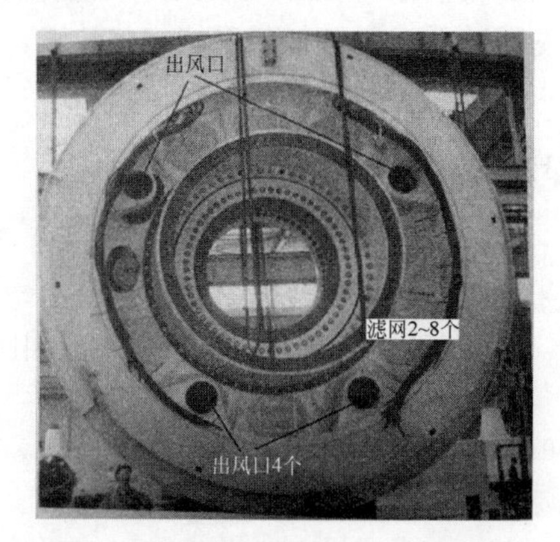

图 4-46　发电机上的冷却进出风口

思考题

1. 什么是导电膏？叙述导电膏的作用和使用方法。
2. 接地的目的和作用是什么？试述发电机接地线的制作与安装。
3. 试述如何修复永磁直驱发电机转子的磁极防护层。
4. 试述清洗轴承的方法和注意事项。
5. 试述永磁直驱发电机整体装配的工艺流程。
6. 安装双馈异步发电机时需要对中调整，对中的两种方法是什么？

学习情境五

风力发电机组的吊装

任务一　塔筒的吊装

[知识目标]

熟悉塔筒的吊装方案。

[能力目标]

① 掌握塔筒的吊装方法和步骤。

② 能正确使用塔筒吊装工器具。

一、塔筒的卸车与储存

1. 放置支架

① 放置塔筒的地面必须平坦坚固，不能凹陷或使塔筒滚动。

② 塔筒卸车前，应先在地面做好以下准备工作。

a. 如果运输塔筒时未使用U形运输工装，则在放置之前，应该使用大型支座支撑塔筒，并允许支座自由放置于地面上，支座要尽可能地靠近法兰。可以使用类似铁路轨枕之类的物品作为支座。在塔筒和支座之间应使用垫料，如最小厚度为10mm带有塑料膜或衬垫的地毯，以防止损坏涂敷层。

b. 如果运输时使用U形运输工装运送塔筒，运输法兰支架上配备了大型支座，放置时可以直接将塔筒与运输工装一同吊起放置于地面上。因此，对于此种情况，卸车前可以不考虑支座的放置。

2. 塔筒吊车的选用

塔筒的卸车方式有以下两种。

方案 1：在每一段塔筒两法兰盘 12 点位置安装吊具，使用两台吊车进行吊装卸车。

方案 2：利用两根扁吊带固定在塔筒重心两侧，用一台吊车进行卸车。

若选方案 1 的方式卸车，则选 400t 的主吊车和 100t 的副吊车。若选方案 2 的方式卸车，则选 100t 的副吊车。

从塔筒的重量、安全及安装方便的角度考虑，推荐采用方案 2 的方式卸车，选用 100t 的副吊车。

塔筒卸车

3. 塔筒卸车吊具的安装

在塔筒重心两侧对称安装两根 40t×20mm×300mm 的扁吊带。

4. 塔筒卸车

塔筒卸车的具体步骤如下：

① 依据塔筒现场运输是否有 U 形运输工装的情况，决定是否需要放置支架，即先做好放置塔筒场地的布置；

② 移去塔筒法兰上的运输用绳索和紧固件，移走的运输设备应该集中存放以返还给厂商；

③ 按在塔筒重心两侧对称安装两根 40t×20m×300mm 扁吊带的方法安装好吊具；

④ 将塔筒吊离货车，开走运输车辆，将塔筒卸至地面；

⑤ 移走起重机待命。

图 5-1　枕木支撑塔筒

5. 塔筒的储存

将塔筒与 U 形运输工装一起卸至地面放稳，或用枕木支撑塔筒（图 5-1）。塔筒上面的包装应该完整保留，以免在露天存放时雨水、灰尘侵入塔筒内，弄脏塔筒内表面或侵蚀内表面。

注意：若塔筒存储时间超过 1 个月，应定期检查塔筒表面包装的完好性及内表面是否有雨雪侵蚀情况，对于包装损坏的地方应及时修护。

二、塔筒安装

1. 塔筒

塔筒分为第一节塔筒、第二节塔筒、第三节塔筒、基础环，每节塔筒都有塔筒平台、照明系统和塔筒梯子，这些已由供应商安装好，现场必须检查安装是否正确、牢靠。

塔筒吊装前要关注气象条件是否满足吊装要求。

注意：①当平均风速超过 10m/s 时，切勿安装塔筒，应咨询当地气象预报部门；②第三节塔筒和机舱不能在同一天吊装完成时，应将第三节塔筒的吊装推迟到机舱吊装的前一刻进行，如第三节塔筒已经吊装，由于风速过大不能起吊机舱时，应把第三节塔筒吊下。

2. 塔筒安装步骤

（1）吊装塔筒前的检查

注意：塔筒吊装前的基础法兰上平面水平度检查，对无故障组装非常重要。

① 确保基础法兰上平面水平度在 0～3mm 之间，为一平面，没有严重的损伤和变形。使用水平仪在法兰表面四周 8 个均匀分布的点测量水平度（图 5-2），校验基础环

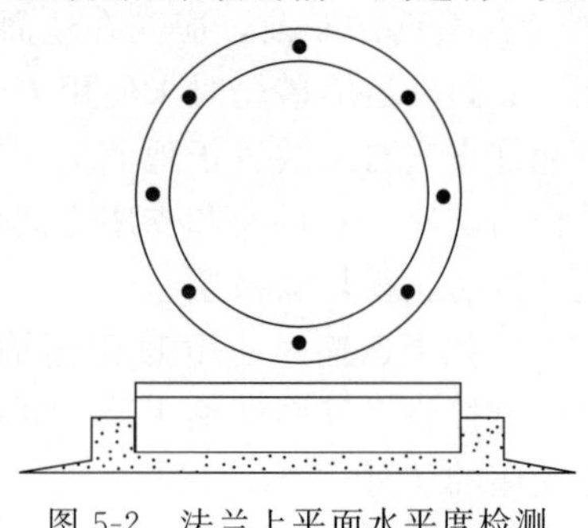
图 5-2　法兰上平面水平度检测

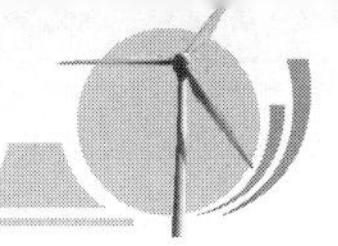

的水平度误差，并做好记录。

② 塔筒的圆度检测：确保塔筒的圆度在 2.5mm 以内，不满足要求时，禁止用千斤顶校正，应退还厂商。

③ 塔筒动力电缆或母线排已经预装完成。

④ 塔筒照明系统已经安装到位。

⑤ 检查机舱梯子、塔筒平台、照明灯、电缆夹等安装是否牢固，如果有松动，则应予以加固。检查机舱连接螺栓表面和塔筒壁表面防腐是否损伤，如果有损伤，则按照防腐要求修补。

⑥ 塔筒在将要吊装之前 2 天内，用拖把、抹布、煤油清理塔筒内外表面的灰尘和油污。吊装时，如塔筒仍有灰尘、油污等，清理干净后再吊装。

⑦ 清理塔筒各个螺纹孔、基础环的上法兰面。

(2) 基础平台支架的安装

基础平台支架的安装如图 5-3 所示。

① 起吊基础平台支架，将其吊入基础环内，保证其与基础环同心，测量距离进行调整并予以固定。

② 将支架安装到基础平台上，用螺栓、锁紧螺母、垫圈连接紧固。如有预埋钢板，则焊接固定。

注意：安装时应注意基础平台的安装方向与塔筒门的对应位置关系。

(3) 变频器、塔基柜、塔基变压器的安装

变频器、塔基柜、塔基变压器的安装如图 5-4 所示。

① 起吊变频器，缓慢下降将其放到基础平台安装位置，对好安装孔位。

图 5-3　基础平台支架的安装

图 5-4　变频器、塔基柜、塔基变压器的安装

放置支架

电控柜的存放

变频器、塔基柜、塔基变压器的安装

② 起吊塔基柜，缓慢下降将其放到基础平台安装位置，对好安装孔位，用螺栓、螺母、紧固垫圈将其固定。

③ 起吊塔基变压器，缓慢下降将其放到基础平台安装位置，对好安装孔位，用螺栓、

螺母、垫圈将其固定。

（4）扭缆安全装置、滑轮与解缆开关的安装

① 塔筒吊装前扭缆安全装置的安装（图 5-5）

a. 将解缆开关安装到扭缆开关安装支架上，用螺钉、弹簧垫圈连接固定。

b. 将滑轮装配安装到扭缆开关安装支架上，用螺母、弹簧垫圈、平垫圈连接紧固。

c. 将扭缆开关安装支架安装到第三塔筒下平台上（图 5-6），用螺栓、平垫圈、弹簧垫圈、螺母配钻连接固定。

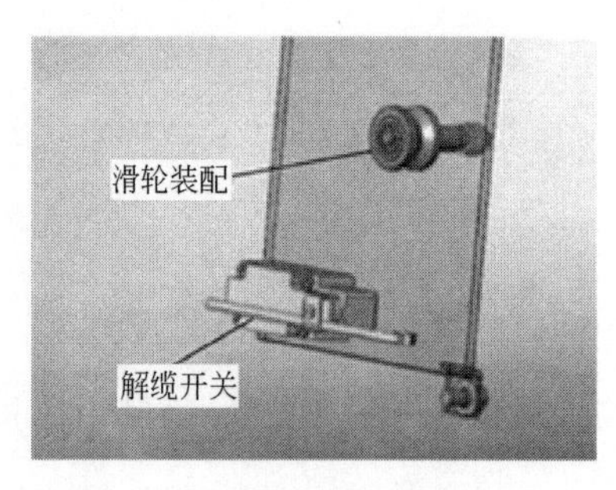

图 5-5　扭缆安全装置的安装（一）

图 5-6　支架的安装

注意：扭缆开关安装支架安装位置要在电缆管固定架的正上方，保证后面 PVC 管能垂直固定到电缆管固定架上。

② 机舱吊装完成、塔筒扭缆安装完成后扭缆安全装置的安装（图 5-7）

a. 安装 PVC 管（图 5-8）　PVC 管的一头用内六角平圆头螺钉、螺母、平垫圈、锁紧螺母连接固定到扭缆开关安装支架上；另一头用六角螺栓、锁紧螺母固定封口，防止重锤坠落。

图 5-7　扭缆安全装置的安装（二）

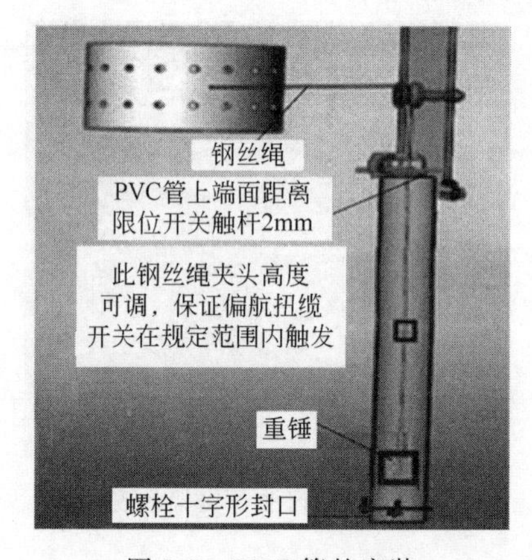

图 5-8　PVC 管的安装

b. 调试对零后，将钢丝绳用螺母固定到扭缆环上，滑轮下部到钢丝绳夹的钢丝绳长度为钢丝绳环形缠绕扭缆环处三圈的长度。

c. 将钢丝绳夹头与钢丝绳一头连成一体，再把重锤套入钢丝绳夹头下端，固定牢靠，将重锤和钢丝绳夹头放入到 PVC 管内，保证钢丝绳穿过扭缆开关，经过滑轮定位槽，最后将钢丝绳的另一头连接到扭缆环上。

（5）第一节塔筒吊装

① 紧固件的摆放及密封胶的涂抹

a. 将第一节塔筒与基础环连接用的螺栓、螺母、垫片放进基础环里，将螺母和垫圈排

开，按照螺栓紧固作业要求，用 MoS_2 润滑紧固件。

b. 在基础环的上法兰面上离外边 10mm 处均匀地涂上一圈聚硅氧烷耐候密封胶（图 5-9），要求宽约 8mm、高约 5mm。

② 塔筒吊具的安装及紧固件的预放（图 5-10）

图 5-9　法兰面涂密封胶

图 5-10　塔筒吊具的安装

a. 在第一节塔筒下法兰面 12 点钟位置安装塔筒吊板，在第一节塔筒法兰面 3 点钟和 9 点钟位置安装塔筒吊座。

b. 将第一节塔筒与第二节塔筒的连接螺栓放到第一节塔筒上平台固定好，防止掉落。

③ 起吊（图 5-11）

a. 起吊前将本节塔筒上法兰的连接用螺栓成套放置在塔筒上平台上，同时起吊。

b. 在塔筒吊具上安装卸扣和吊带或钢丝绳，将吊板与主吊机连接，吊座与副吊机连接，主、副吊机同时起吊，待塔筒离开地面大约 1m 后，清理塔筒下方的灰尘杂质，并对磨损表面处进行补漆。

c. 主吊车继续提升，副吊车调整塔筒底端和地面的距离。

d. 注意起吊过程中塔筒的下法兰不允许接触地面（图 5-12）。

图 5-11　第一节塔筒起吊

e. 待塔筒起吊处于垂直位置后，拆除塔筒底部吊具，在塔筒下法兰安装两根风绳（图 5-13），用来引导塔筒的下落方向。

图 5-12　塔筒下法兰不接触地面

图 5-13　安装两根风绳

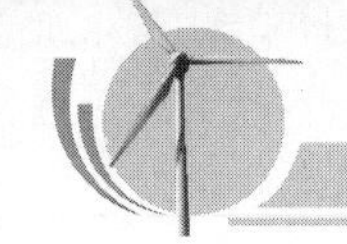

f. 起吊塔筒至塔基控制柜上方（高出 300mm 左右），对好位置，用风绳引导塔筒下降。下降到距基础环上法兰一定位置后，清理法兰面的杂质，对好塔筒门的位置，最后拆下风绳。

注意：塔筒下降时不要与塔基上的柜体碰撞，注意塔筒门与塔基柜的对应关系。

g. 对齐塔筒与基础环连接的两法兰处的接地螺栓柱，调整对好孔位后，用事先摆放好的螺栓、平垫及螺母从下往上套入，连接两个法兰，手动将螺母旋入到螺栓上。

注意：垫圈的倒角必须一直朝向螺栓头部或螺母。

h. 塔筒缓慢落下直到基础环与塔筒的法兰面接触时停止，手动拧上所有螺栓之后，将起重吊机的负载调到 5t 左右。

i. 用电动冲击扳手连接紧固所有螺栓，紧固之后拆除起重机和吊具。

j. 使用液压扳手，以技术要求的一半力矩值紧固所有螺栓（要求十字交叉紧固）(图 5-14)，然后检查塔筒法兰内侧之间的间隙。如果 4 个螺栓间的法兰间隙超过 0.5mm，则要使用填隙片（不锈钢片）填充。

注意：塔筒法兰外侧绝不允许有间隙。

k. 最终使用液压扳手以技术要求规定的力矩紧固所有螺栓（要求十字交叉紧固）。

④ 对孔连接预紧螺栓（图 5-15）。

图 5-14　液压扳手打力矩

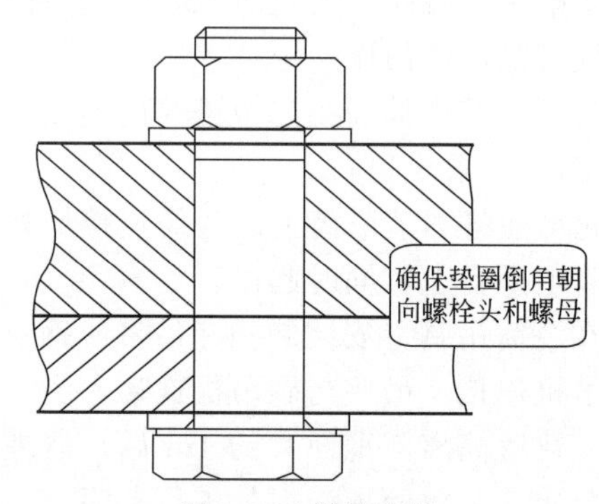

图 5-15　螺栓连接

⑤ 安装塔筒外部爬梯（图 5-16）　将塔筒外部平台与塔筒连接，用螺栓、螺母、垫圈连接紧固，并将外部平台下部垫好、垫稳，保证外部平台牢固可靠。

⑥ 安装基础平台（图 5-17）

a. 将支架安装到基础平台上，用螺栓、锁紧螺母、垫圈连接紧固。

b. 将花纹钢板安装到基础平台和支架上，用螺栓、螺母、垫圈连接紧固。

图 5-16　安装爬梯

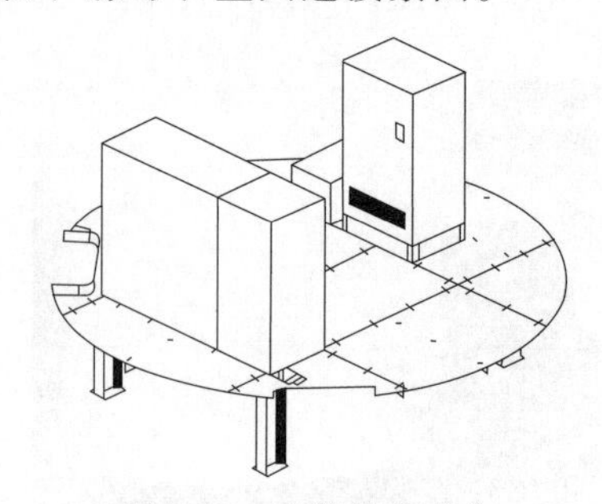

图 5-17　安装基础平台

(6) 第二节、第三节塔筒吊装

第二节、第三节塔筒吊装方法同第一节塔筒。

注意：①塔筒在对接的时候要保证塔筒梯子对接整齐；②塔筒的连接螺栓按要求的力

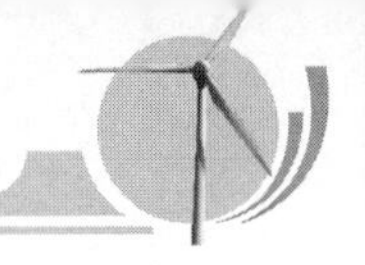

矩值紧固。

第一节塔筒吊装

其余段塔筒吊装

任务二　机舱的吊装

［知识目标］

熟悉机舱的吊装方案。

［能力目标］

① 掌握机舱的吊装方法和步骤。

② 能正确使用机舱吊装工器具。

一、机舱概述

机舱主要包括传动系统、偏航系统以及一些支撑连接部件和辅助设备，主要组成辅件有机舱平台、机舱吊机、机舱柜、机舱加热器、振动传感器、轴流风机、风冷系统等。

二、机舱的卸车与储存

1. 放置场地的准备

因为机舱在运输时是装在机舱运输工装上的，因此在选择场地时只需按布置场地示意图，选一处平坦、坚固且面积足够的地面。机舱应在起重机的起重半径之内，放置机舱的地方应该留有运输货车开走的空间。可以省去支座放置这一步骤。

2. 机舱卸车

吊具安装完毕，人员离开机舱，保留机舱下面的运输工装。吊机缓慢起升，站在地面的人拉住两根引导绳，将主机拉至目的地再缓慢地放下。将引导绳、吊带和卸扣等起重工器具移除，将起重机与主机分开，起重机返回待命。主机的吊装盖板关闭。

机舱的卸车与储存

3. 机舱的储存

准确定位机舱，由于其重量较大，因此放置主机的地面部分必须坚固，同时在机舱罩运输架下边垫承重型枕木类（如钢板、T 形梁或铁路轨枕），分散集中压力，减小地面单位负荷，同时可以使机舱罩运输架下部腾空，以避免暴雨天气运输架框内积水，造成地面局部沉陷积水而损坏机舱，从而使机舱安全地放置于地面上。现行的包装方案为整体包裹，所以风机机舱卸车到放置点后，工程服务人员必须用运输保护罩将机舱整体包住，并再次检查包装机舱上的防护帆布是否牢固，如果松弛，必须再次紧固，防止外包装被风吹起（图 5-18），以免露天存放时碰坏外

图 5-18　机舱外包装

表面，并避免太阳直接照晒、雨淋，防止雨水、沙尘进入机舱内，尤其要保护好锁紧盘端面，防止雨水进入主轴空心轴以及偏航系统部分有沙子吹入。

三、机舱的安装步骤

1. 吊装前的清理

① 拆除机舱罩运输保护罩（图 5-19），拆除后的保护罩统一回收利用。

② 检查机舱罩表面是否有污迹，如有则可以使用抹布和煤油将污垢和污迹等清除掉。

③ 检查机舱罩外表面是否有破损，如有则进行修复。

2. 前吊装盖板的预安装

① 将机舱罩上部圆弧盖板安装到机舱罩上（图 5-20），对好安装孔位，用螺栓、锁紧螺母、大垫圈连接，用扳手将其紧固。

② 将齿轮箱空冷盖板通过合页翻转（图 5-20），轻搭在圆弧盖板上。

图 5-19 拆除运输保护罩图

图 5-20 圆弧盖板、齿轮箱空冷的安装

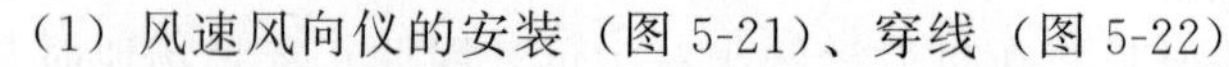

3. 常规测风桅杆及其测风仪的安装

风速风向仪布线及机舱吊机电缆连接

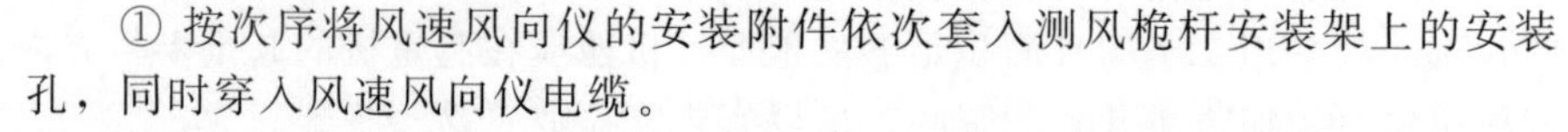

（1）风速风向仪的安装（图 5-21）、穿线（图 5-22）

① 按次序将风速风向仪的安装附件依次套入测风桅杆安装架上的安装孔，同时穿入风速风向仪电缆。

② 风速风向仪安装固定时，在安装结合面上涂抹适量密封胶，在紧固螺栓（蝶形螺栓）的螺纹上涂抹螺纹紧固胶，最后拧紧螺栓。

③ 风速风向仪固定完成后，将电缆线穿入测风桅杆主体方钢上端同侧的电缆防水接头，并沿方钢中孔穿出测风桅杆底部安装法兰。

图 5-21 风向仪的安装

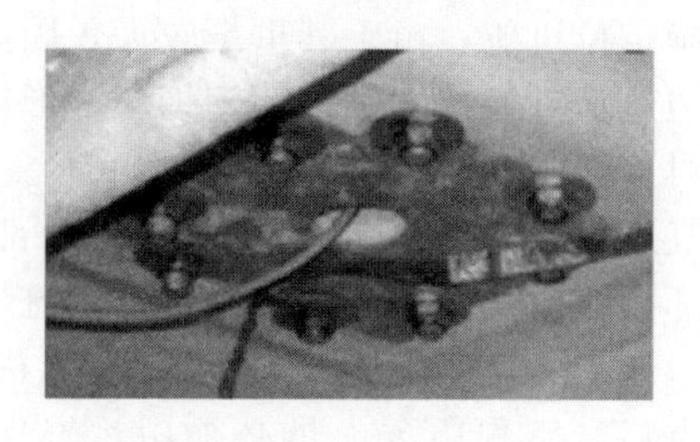

图 5-22 穿线（一）

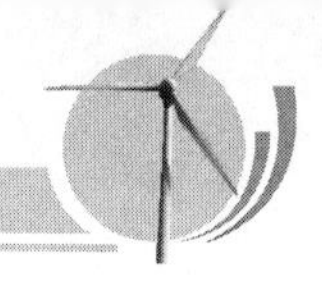

④ 电缆理完后，锁紧电缆防水接头。

（2）测风桅杆的安装

① 将已经安装好风速风向仪的测风桅杆运到机舱尾部的安装位置。将测风桅杆防雷接地线从安装位置下方的机舱内解开绑扎，沿安装处的中孔穿出，解下绑扎在这根电缆尾部的50-16线耳。

② 将防雷接地线穿入测风桅杆底部安装的法兰（方钢）中孔，并从侧孔穿出。

③ 理顺风速风向仪电缆，沿机舱测风桅杆安装法兰中孔穿入机舱内部。将测风桅杆底部安装法兰对孔到机舱的安装孔上，**注意**不要擦伤电缆。

④ 将防雷接地线整理好，电缆过长可以适当裁剪，将刚才解下的50-16线耳压接到电缆端头。

⑤ 用8组螺栓M16×65、两个垫圈、锁紧螺母M16，连接测风桅杆底部安装板与机舱罩上部，并用扳手紧固。**注意**：要将机舱内的两个机舱屏蔽网的线耳和防雷接地线的线耳套入最近的螺栓，一同固定。

⑥ 最后将测风桅杆上的接地线开孔及机舱内外的测风桅杆连接螺栓头，用耐候密封胶密封处理。

4. 超声波测风桅杆及其测风仪的安装

① 将超声波风速风向仪在方钢管的上端用一个内六角螺栓和平垫圈固定好（图5-23）。将其自带的冷缩管安装到超声波风速风向仪的电缆接头与电缆的结合处。

② 将超声波风速风向仪的电缆线穿过测风桅杆主体方钢上端的电缆防水接头（图5-24），并沿方钢中孔穿出测风桅杆底部安装法兰。锁紧电缆防水接头。

图5-23　超声波风速风向仪的安装

图5-24　穿线（二）

其余步骤同“测风桅杆的安装”。

5. 航空灯的安装

航空灯的安装如图5-25所示。

① 航空灯电缆在装配车间已在机舱柜侧安装好，且已布线到航空灯安装位置的下方。

② 现场安装时，将航空灯的信号线和电源线从机舱内部通过安装处的开孔位置向外引出，电缆过长可以适当裁剪，制作好电缆端头，接入航空灯。

③ 用螺栓、平垫圈、锁紧螺母连接，用扳手将其紧固。将机舱内外的航空灯连接螺栓头用耐候密封胶密封处理。

④ 安装完成后，余量电缆在航空灯下方机舱内用

图5-25　航空灯的安装

吊装机舱前的准备

扎带固定。

6. 机舱的吊装

（1）吊装机舱前的准备

① 清理机舱内的灰尘杂质。

② 将机舱梯子、底部吊装孔盖板、底部运输孔盖板、塔筒防雷装置、主机与叶轮系统的连接螺栓以及安装工具，放到机舱内安全位置，固定好，随主机一起吊装。

③ 安装机舱与塔筒的工具和螺栓必须全部准备好，并放置于第三节塔筒顶部平台上待用。

（2）机舱的起吊（图 5-26、图 5-27）。

① 在机舱前后各安装一根引导绳，在机座 4 个吊座上安装吊具，连接吊带，将其挂到主吊机吊钩上。

② 2～3 名工作人员在第三塔筒上平台清洁上法兰面，清除锈迹毛刺，并在法兰外侧涂抹耐候密封胶。

机舱的起吊

图 5-26　机舱起吊（一）

图 5-27　机舱起吊（二）

③ 拆卸机舱与运输工装连接螺栓，试吊一下机舱，确保吊具、吊带安全。

④ 起吊机舱至 1.5m 高左右，清理机舱底部法兰的杂质、锈迹。

⑤ 清理完成后，徐徐提升机舱。

（3）机舱与第三节塔筒的连接

① 将机舱提升超过上塔筒的上法兰后（图 5-28），按照塔上安装人员的指挥缓慢移动吊机，待机舱在塔筒的正上方时，缓慢下降机舱至离塔筒上法兰 1cm 左右时，吊机停止，通过引导绳和机舱内安装人员，保证机舱纵轴线偏离主风向 90°的位置，以便于叶轮的安装。

② 用导向棒对准安装螺孔（图 5-29），用螺栓、垫圈将塔筒与机舱连接，用手拧上螺栓。

③ 将机舱完全落下，但吊机还要负荷 1/2 机舱的重量，将所有螺栓按照螺栓紧固作业要求，使用电动和液压扳手拧紧。

④ 安装人员进入机舱拆卸引导绳。**注意**：拆卸引导绳时，保证塔筒附近无人站立，确保安全。

7. 机舱梯子的安装

机舱梯子的安装如图 5-30 所示。将机舱梯子上部安装到机座上，用螺栓、平垫圈连接，用扳手将其紧固。

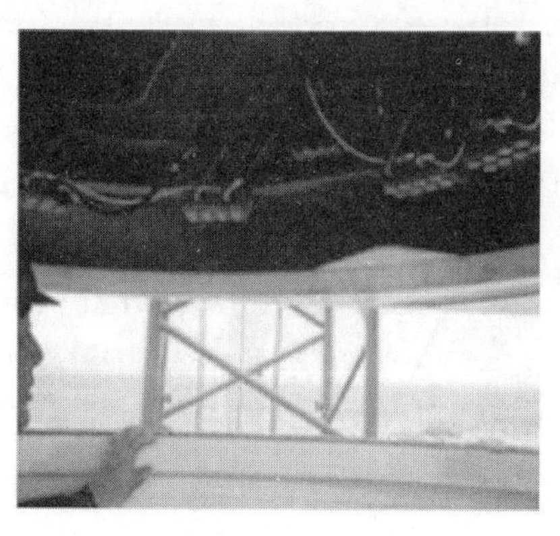

图 5-28　机舱与第三节塔筒的连接

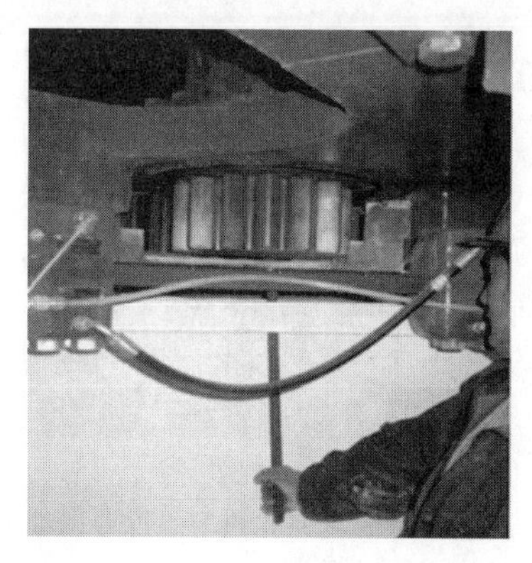

图 5-29　导向棒对准安装螺纹孔

图 5-30　机舱梯子

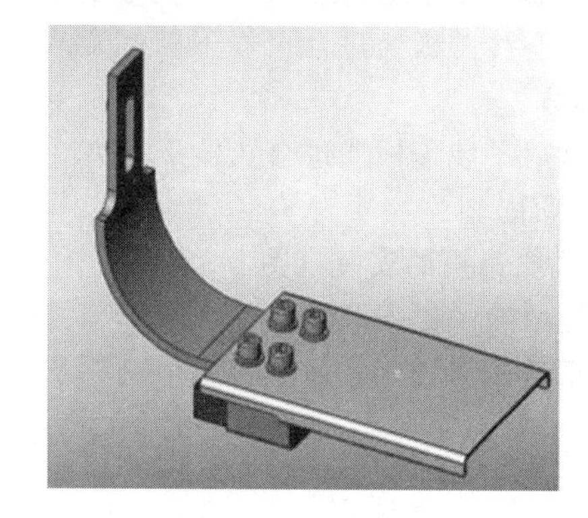

图 5-31　防雷装置

8. 塔筒防雷装置的安装（图 5-31）

① 将碳刷、塔筒防雷支架、塔筒防雷引弧板、碳刷安装块组装成一体，用内六角螺栓、平垫圈、弹簧垫圈连接，用内六角扳手将其紧固，共两套。

② 将塔筒防雷装置安装到制动器支座上（保证碳刷与偏航制动盘接触良好），用内六角螺栓、平垫圈、弹簧垫圈连接，用内六角扳手将其紧固，共两套。

③ 清理安装面的油污和锈迹，涂抹导电膏，将碳刷上的防雷线连接到制动器支座上，用内六角螺钉螺栓、弹簧垫圈、平垫圈连接，用扳手将其紧固，共两套。

9. 偏航轴承齿面涂抹润滑脂（图 5-32）

① 先将偏航轴承齿面和偏航齿轮箱齿面上的杂质、灰尘清理干净。

② 用毛刷在偏航轴承齿面均匀涂抹润滑脂。

10. 底部运输孔盖板的安装（图 5-33）

将底部运输孔盖板安装到机舱罩上，用螺栓、大垫圈、锁紧螺母连接，用扳手将其紧固。在接合处的法兰面涂抹耐候密封胶。

标准件的存放

吊具规范性使用

图 5-32　偏航轴承齿面润滑

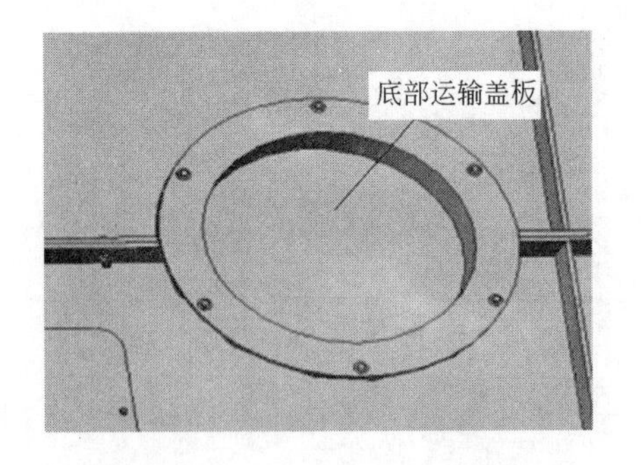

图 5-33　底部运输孔盖板的安装

11. 顶部吊装孔盖板的安装（图 5-34）

① 将空冷盖板通过合页放下盖好，从机舱内部用螺栓、大垫圈、锁紧螺母连接，用扳手将其紧固。

② 将后吊装盖板通过合页放下盖好，从机舱内部用螺栓、大垫圈与锁紧螺母连接，用扳手将其紧固。

12. 机舱吊机的安装（图 5-35）

① 把机舱吊机安装到机舱罩上部悬挂吊臂上。

② 把链条整理好，装进机舱吊机链条箱。

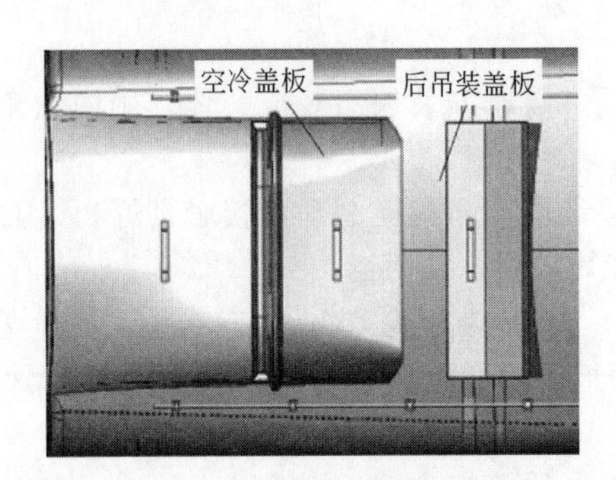

图 5-34　顶部吊装孔盖板安装

图 5-35　机舱吊机的安装

注意：机舱吊机安装完毕，准备吊装叶轮系统。如果因下雨、下雪等原因无法马上吊装，应将机舱与叶轮系统对接的法兰面用防护套保护起来。

风力发电机组
吊装要求

直驱风机吊装

任务三　叶轮的吊装

[知识目标]

熟悉叶轮的吊装方案。

[能力目标]

① 掌握叶轮的吊装方法和步骤。

② 能正确使用叶轮吊装工器具。

一、叶轮概述

叶轮主要包括叶片、轮毂、变桨系统以及一些支撑连接部件和辅助设备。主要组成辅件有制动系统、电控系统、变桨控制柜、制动系统、锁紧装置、防雷保护装置等。

二、轮毂、叶片的卸车与储存

轮毂的卸车与储存

1. 轮毂的卸车与储存

（1）放置场地的准备

放置轮毂的准确定位参阅现场布置示意图。由于其重量较大，所以地面承重能力必须较好，坚固、均匀。轮毂应放置在起重机的起重半径之内，放置空间应足够大，并且留有运输货车开走的空间。

（2）轮毂卸车吊具的安装

在安装吊具前，先将轮毂上的包装拆除，以便吊带能够伸入。选用 3 根扁平吊带，分别从轮毂与叶片连接面的孔穿入，如图 5-36 所示。

（3）轮毂的卸车

吊具安装完毕，缓慢启动吊机，控制引导绳，将轮毂吊至目标区域，缓慢降下，移走起重设备，起重设备集中存放待命。

（4）轮毂的储存

支架设置必须综合考虑叶片连接所需空间，由于轮毂发运时配带有运输架（图 5-37），下平面单位面积负载较大，因此地面除坚固外，运输架下面还需垫枕木，枕木放置相对平稳，受力均匀，避免造成倾覆而损坏轮毂。

图 5-36　轮毂卸车

图 5-37　轮毂带运输架现场放置示意图

存储期间，轮毂外包装保证无破损。工程服务人员必须定期检查轮毂上的防护帆布是否牢固，如果松弛，必须再次紧固，防止外包装被风吹起，避免造成太阳直晒和雨淋对轮毂内零部件带来不必要的损伤。

注意：为了避免存储不当或存储时间太长造成变桨系统备用电池损坏，进而影响整机的现场调试及后期运行，要求对非应用期间的变桨系统备用电池进行单独存储并定期充电。

2.叶片的卸车与储存

（1）放置场地的准备

叶片的放置可能受到很多因素的影响。应尽可能将叶片放置在轮毂的四周并在起重机的起重半径之内，放置叶片的地面必须坚固、平坦、均匀，以避免沉陷和损坏。

（2）叶片起吊方式的选择

叶片的起吊有以下两种方法。

① 推荐采用吊梁的方式进行吊装。吊梁两端吊环处左右各悬挂吊带，下端捆绑于叶重心左右3m处，且需使用前后缘保护罩（图5-38），保护罩需要至少为长1m、宽50cm、厚6mm，与相应剖面吻合，保护罩内还须垫橡胶等软的填充材料，避免局部的损坏或者产生小的裂纹。叶片前缘应该朝下。当使用吊带时，带宽至少为200mm。当叶片提升到轮毂系统高度时，至少要使用两个操纵缆（非金属），使得叶片离开地面时也能够很好地控制其位置。

② 叶片出厂时重心和吊带的位置已经有明显的标记，从叶片的重量、吊带的安全性和安装的便利性综合考虑，推荐选100t的副吊车。

吊具的安装方式如5-38所示。如果现场的场地及道路较好，使用两台吊车比较稳妥。

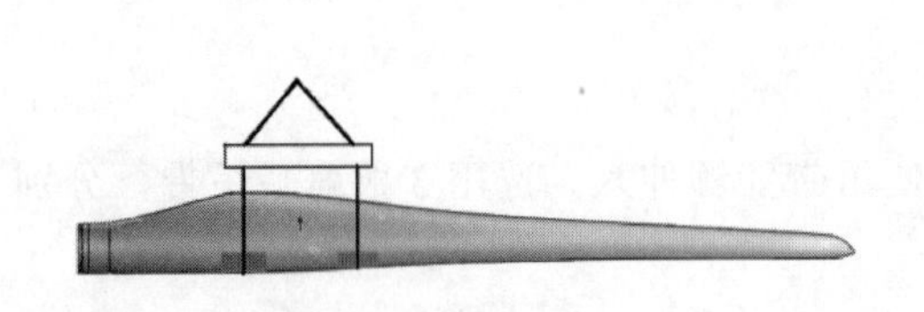

图5-38　单一吊机＋吊梁过渡卸叶片示意图

图5-39　单一吊机卸叶片示意图

叶片的卸车

（3）叶片卸车吊具的安装

按图5-39所示安装吊带。

（4）叶片的卸车

吊具安装完毕，移去运输工装上的绳索、链条等并集中放好。缓慢起升吊机，将叶片吊至目的地缓缓降落，移走吊带，起重机返回并继续其他叶片的吊装。

（5）叶片的储存

叶片的储存情况如图5-40所示。

叶片的外形不规则，因此叶片放置受多种因素制约。在地面承重能力方面，地面必须坚固；空间上如果较大，建议将叶片放置在轮毂周围，或放置在预先指定的轮毂放置区域。尽可能将叶片底端面法兰对准轮毂上的叶片连接法兰（图5-41）。地面条件可能迫使叶片位置与叶片法兰稍有偏离，但是，目的是尽可能好地将叶片对准，以方便安装时将叶片固定于叶片法兰上。如果平面空间较小，叶片则集中存放（图5-40）。

注意：叶片的存放方式与现场具体的环境条件有关，因此会与场地布置示意图中叶片的存放方式有一定的偏离。只要放置好叶片，不同的放置方式都是允许的。

图 5-40　叶片集中放置

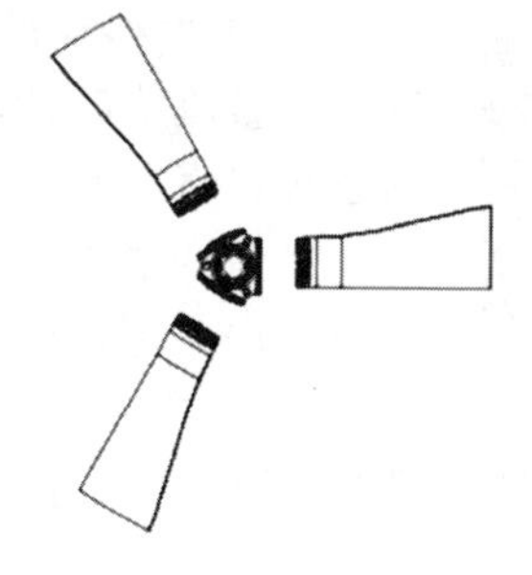

图 5-41　叶片与轮毂对应放置顶视图

① 如果运输时有叶片运输支架或槽形支座，存放于地面时，直接在支架下垫枕木（枕木可以是承重方木，也可以是铁路轨枕），将枕木放平即可。

② 如果运输时没有叶片运输支架或槽形支座，存放于地面时，叶片下部必须设置叶尖支架和叶片安装法兰支架，支架高度确保叶片最低部位腾空地面 30～50mm，叶尖支架安放在叶片全长的 6/10～7/10 之间，支架长不小于 500mm，支架上铺设两三层旧地毯或最小厚度为 10mm 的橡胶衬垫，以防止损伤接触面。支架上面不能安放任何其他负荷。

③ 为了防止叶片被阵风吹倒，必须将叶片安全地固定于地面上。最简单的方法是在最大翼弦周围捆扎一条棘轮带，将两条张力线连接到该棘轮带上，棘轮带用锚定销固定于地面上。

④ 在存储期间必须保证叶片法兰面包装完好，以防法兰面损伤或雨水侵蚀。

⑤ 所有运输用支架使用完毕后，必须集中放置。

三、叶轮安装步骤

1. 安装前的准备

① 拆除运输保护罩，清理轮毂（图 5-42）里面的杂质、灰尘，检查整流罩叶片出口与变桨轴承内圈的同轴度，保证在 15mm 之内，接好变桨操作箱的控制线。

安装前的准备

② 清除叶片上的污迹或者油污，打磨掉叶片法兰上的毛刺，清理法兰面，调整叶片螺栓到叶片法兰面为 209mm。

注意：如果是加厚的变桨轴承，则叶片螺栓到叶片法兰面为 220mm（要求叶片螺栓本身也加长）。

③ 按照螺栓紧固作业要求，润滑叶片与轮毂连接紧固件。

2. 安装叶片

① 用一根扁吊带在叶片中心位置固定好叶片（图 5-43），缓慢起吊叶片，两个人扶住叶根部位，保证叶片处于平稳状态。

图 5-42　轮毂

图 5-43　起吊叶片

安装叶片

② 平稳移动吊机，使叶片靠近轮毂系统，待叶片接近轮毂系统后，对好叶片与整流罩叶片出口的位置（保证基本同心，图 5-44），继续将叶片靠近轮毂系统，直至叶片安装的 T 形螺栓离变桨轴承 10mm 左右时，通过操作变桨操作箱使变桨轴承内圈转动（要求有发电机提供电源），将叶片零位标识与变桨轴承内圈零位标识对齐。

③ 将叶片零位对好后（图 5-45），缓慢将叶片插入变桨轴承内圈上，保证 T 形螺栓的螺纹不受损坏，套上垫圈，旋入螺母。

图 5-44　安装叶片

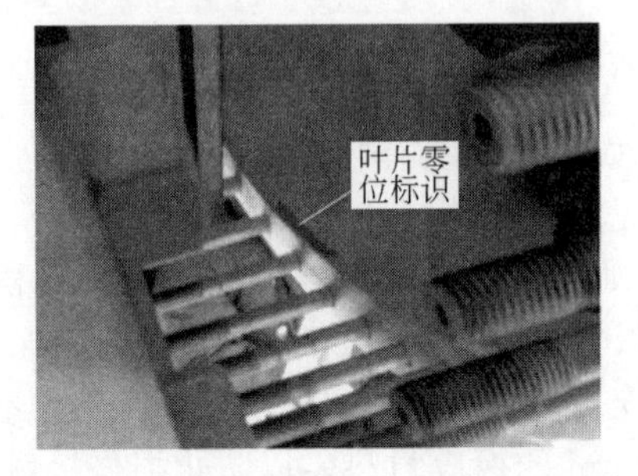

图 5-45　叶片对零

④ 使用电动扳手快速紧固所有的螺母，卸下吊具，在叶片前部 1/3 处用支架托住叶片。最后通过手动变桨装置使叶片转动，按要求的力矩值的一半预紧螺栓。

⑤ 依照上述步骤及要求安装另外两片叶片。

⑥ 为保证在 1 天内吊装完机组，叶片力矩安排在叶轮系统吊装完成之后进行，并使用液压力矩扳手，按照螺栓紧固作业要求紧固叶片螺栓。

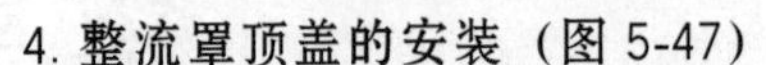

3. 变桨轴承齿面的润滑

① 清理变桨轴承齿面和变桨齿轮箱内齿面的杂质和灰尘。

② 用毛刷在变桨轴承齿面均匀涂抹润滑脂（图 5-46）。

叶片密封安装

4. 整流罩顶盖的安装（图 5-47）

① 将整流罩顶盖安装到整流罩上，用螺栓、大垫圈、锁紧螺母、薄螺母连接，用扳手将其紧固。

② 在结合处的法兰面涂抹耐候密封胶。

图 5-46　润滑

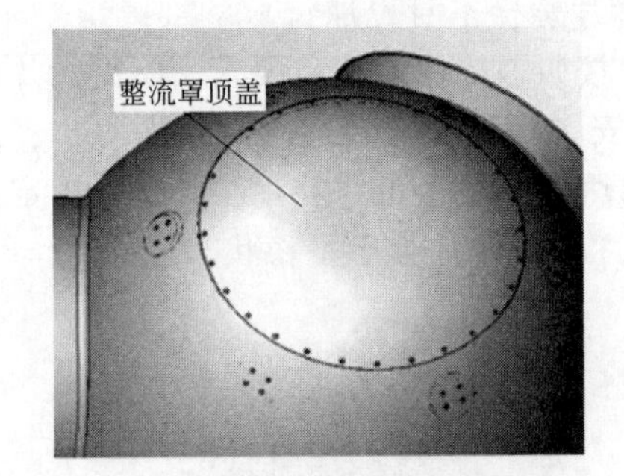

图 5-47　整流罩顶盖的安装

5. 叶轮的吊装

① 检查叶片是否有污垢，如有应将其清理干净。利用变桨控制箱把叶片调整到逆顺桨的位置，用叶片锁定装置把叶片锁定，防止转动（图 5-48）。

② 将两条无接头圆吊带连接到处于垂直位置的两个叶片的叶根处（图 5-49），将吊带挂

到主吊机吊钩上。

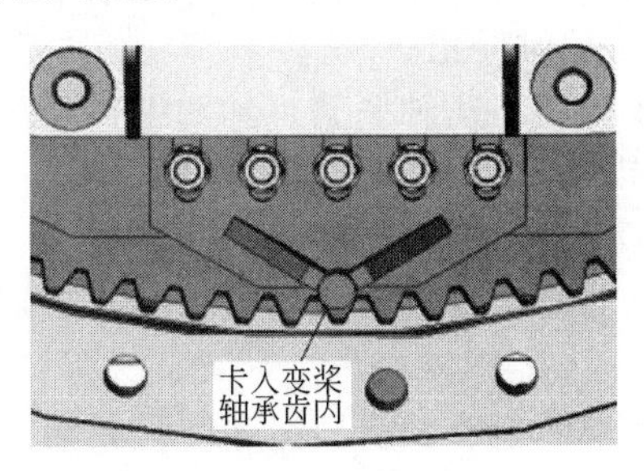

图 5-48 叶片锁定装置

图 5-49 连接叶片

③ 在主吊机相对的叶片叶尖处安装吊带，并将其连接到辅助吊机上，由于辅助吊点位置较高，为方便拆卸吊带，可以在吊带上系上麻绳，在拆卸吊带时，可以方便拆除吊带。

④ 将引导绳穿过叶尖吊装保护罩的安装孔，引导绳的长度至少大于轮毂高度＋叶片长度＋10m，将叶尖吊装保护罩套入叶尖（图 5-50）。由于吊装完之后要卸下，所以切勿用力过大。同时，也要安装好引导绳，以便在叶轮安装好后可以从地面轻松地将其卸掉。

⑤ 在卸掉螺栓之前，将主、辅吊机起吊直到将吊带拉直绷紧。从轮毂运输支架上卸掉螺栓，并集中存放，待返回给厂商。吊起叶轮系统直到 1.5m 高左右后，清理轮毂底部法兰面的杂质、油污，把双头螺柱上旋入轮毂。

注意：短螺纹一头旋入轮毂内，保证螺栓伸出轮毂法兰面的长度不大于 180mm。

⑥ 起吊叶轮系统（图 5-51），主吊机开始向上起吊轮毂，辅助吊机保持叶片底部离开地面。同时，引导绳操作人员保持叶轮不随风向改变而移动。待叶轮系统吊至直立位置时（图 5-52），卸除辅助吊机的吊带。

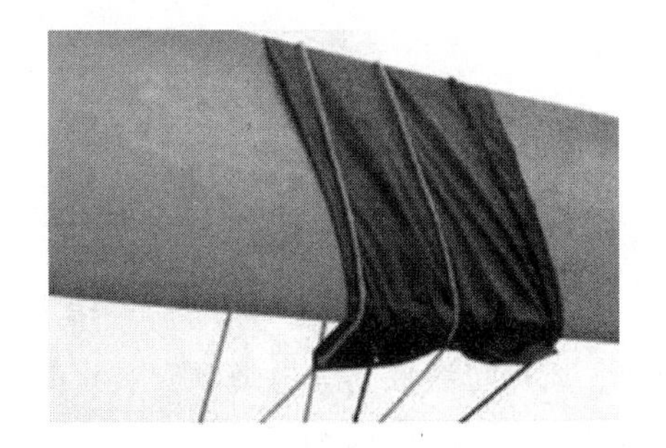

图 5-50 叶尖保护罩

图 5-51 起吊叶轮

图 5-52 叶轮直立

图 5-53 叶轮安装

⑦ 起吊叶轮系统至轮毂高度后（图 5-53），机舱中的安装人员通过对讲机与吊车操作员保持联系，指挥吊车缓缓平移，轮毂法兰接近主轴法兰时停止。

⑧ 调整液压站，使得高速轴制动器松开，缓缓转动高速轴调整主轴法兰的位置，引导绳配合吊车使叶轮系统导向螺栓穿入主轴法兰孔，锁紧高速轴刹车。移动主吊机直至叶轮系统与主轴完全贴紧，用手拧紧螺母、垫圈。

⑨ 通过旋转高速轴使得叶轮系统转动，先用电动冲击扳手紧固所有螺栓，最后用液压扳手将所有螺栓紧固到规定力矩值。

⑩ 移走主吊机，卸下吊具，转动叶轮直到叶片指向地面，引导绳和叶尖吊装保护罩便从叶片上坠落下来。如果没有立即落下，应小心仔细地拉动引导绳。

⑪ 叶轮系统吊装完成之后，清理叶轮、机舱的杂物。

叶轮吊装

吊装前的准备

任务四　电气安装

[知识目标]

① 熟悉电气安装的各种安全规程。

② 掌握机组接线前的各项准备工作。

[能力目标]

能够完成机组电气部件的正确安装。

一、塔筒电力电缆预安装

塔筒电力电缆预安装分为塔筒动力电缆预安装、塔筒母线及动力电缆预安装，其中塔筒动力电缆预安装又分为塔筒动力电缆分段预安装、65m/70m 塔筒动力电缆不分段预安装、75m/80m 塔筒动力电缆不分段预安装，其结构如图 5-54 所示。

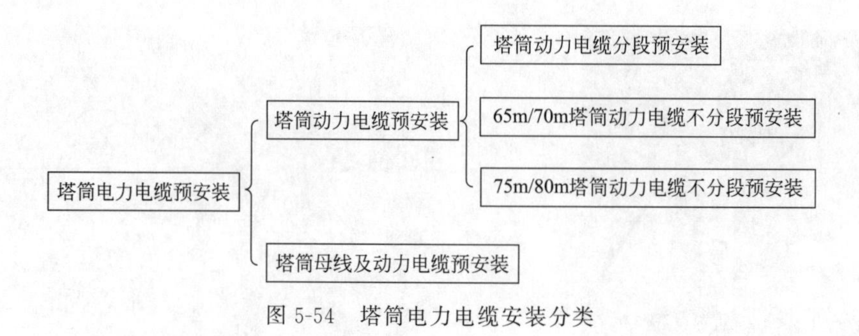

图 5-54　塔筒电力电缆安装分类

注意：塔筒电力电缆预安装要在塔筒吊装之前完成。

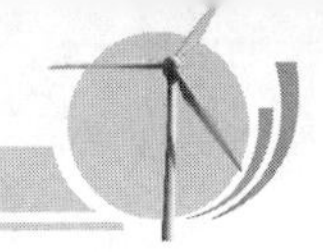

1. **塔筒电力电缆预安装准备**

塔筒电力电缆预安装需要准备的工具见表 5-1。

表 5-1　电缆预安装工具清单

序号	名称	规格	数量	用途
1	棘轮式手动电缆剪	35～300mm^2	1 把	截取电缆
2	皮尺	30m	1 卷	量取电缆
3	活动扳手	12in	2 把	打开电缆夹
4	卷尺	3m	1 卷	安装尺寸测量
5	绝缘摇表	1000V	1 套	绝缘测试

2. **塔筒动力电缆绝缘检测**

塔筒电缆预安装前，需要对裁剪好的电缆进行绝缘电阻测试，其值必须大于 1MΩ 才可用于安装。**注意：**电缆绝缘测试合格后，应立即对电缆端头进行包扎，防雨、防潮、防污染。

3. **塔筒动力电缆分段预安装**

（1）第一节、第二节塔筒电缆铺设

① 将电缆放置在第一节或第二节塔筒上法兰处的电缆夹上，电缆长出上法兰 500mm。

② 按图 5-55 所示电缆排布顺序将上法兰处第一个电缆夹上的电缆固定牢靠，将电缆理顺，依次固定五六个电缆夹上的电缆。

③ 要求电缆布线平、顺，无明显歪曲，然后将电缆拉直放顺。吊装时，将电缆末端理顺，放置在塔底基础上。

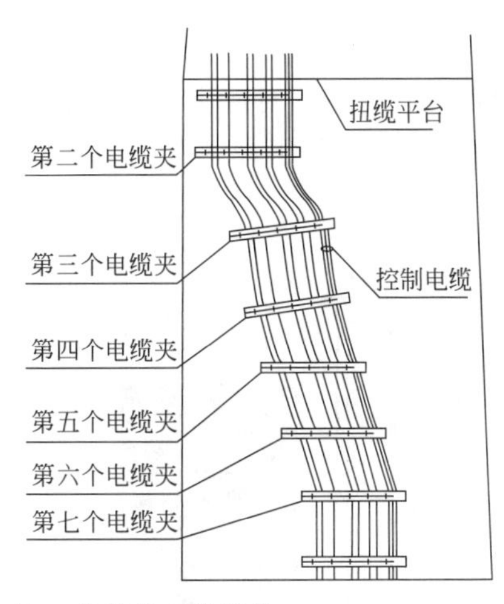

图 5-55　第一节、第二节塔筒电缆铺设

（2）第三节塔筒电缆铺设

① 将电缆放置在第三节塔筒电缆夹上，电缆长出扭缆平台 500mm。

② 按图 5-55 所示电缆排布顺序将扭缆平台下方第一个电缆夹上的电缆固定牢靠。

③ 将电缆理顺，沿电缆夹位排布，依次将电缆放顺并固定到下面的第八个电缆夹上。第二个电缆夹和第七个电缆夹之间有一定错位，电缆弯曲布线时应满足电缆最小弯曲半径。

④ 固定时，保证相邻的两电缆夹间电缆弯度一致，并将每个夹位上的电缆均匀绑扎在一处。

⑤ 安装完成的电缆布线要平、顺、无交叉，无明显歪曲，然后将电缆拉直放顺。

4. **65m/70m 塔筒动力电缆不分段预安装**

注意：铺设电缆时，确保塔筒内全部的电缆夹完全打开；整个操作过程中不能损伤

电缆。

（1）第一节、第二节塔筒电缆铺设

第一节、第二节塔筒不预装电缆，直接进行吊装。

（2）第三节塔筒电缆铺设

① 将电缆一端放置在第三节塔筒扭缆平台下方的 a 处电缆夹上，电缆伸出扭缆平台 500mm。

② 按图 5-56 所示电缆排布顺序将 a 处的电缆夹上的电缆固定牢靠。

③ 依次理顺所有电缆到对应夹位上，按照 a 处电缆夹安装的方法依次将电缆夹固定牢靠，直至安装完 b 处电缆夹。

④ 将电缆逐根从一侧起依次将下端没有固定的电缆绕回，电缆弯曲的最下端不应露出塔筒法兰平面。

⑤ 将电缆按组（每个电缆夹位上的电缆为一组）分别沿爬梯侧杆依次用麻绳进行绑扎，每根电缆需要在该绑扎点绑扎两次。

⑥ 捆绑好的电缆在吊装时底部不超过塔筒下法兰面。

⑦ 整个敷设固定绑扎过程中注意不要损伤电缆。

5. 75m/80m 塔筒动力电缆不分段预安装

（1）第一节、第三节塔筒电缆铺设

第一节、第三节塔筒不预装电缆，直接进行吊装。

（2）第二节塔筒电缆铺设

① 将电缆放置在第二节塔筒，以第二节塔筒下法兰为准线，预留第一节待安装电缆长度。

② 按图 5-57 所示电缆排布顺序将 b 处的电缆夹上的电缆固定牢靠。

③ 依次理顺所有电缆到对应夹位上，按照 a 处电缆夹（图 5-56）安装的方法依次将第二节塔筒的所有电缆夹固定牢靠。

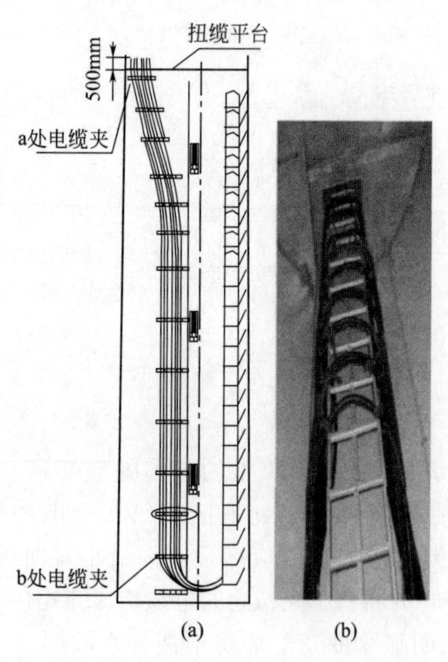

图 5-56　第三节塔筒电缆铺设

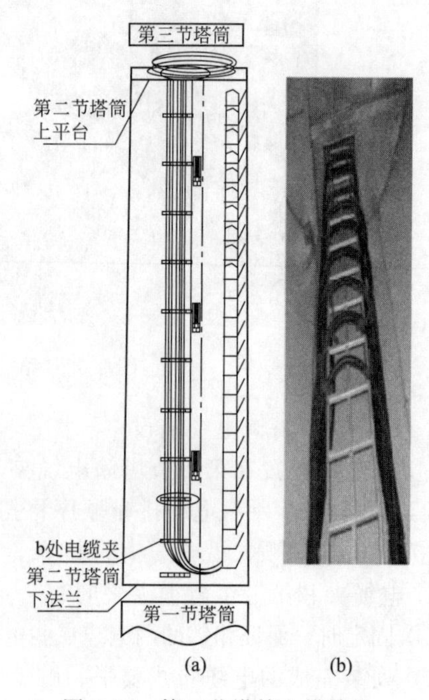

图 5-57　第二节塔筒电缆铺设

④ 将预留的第一节塔筒电缆逐根从一侧起依次绕回。电缆弯曲的最下端不应露出塔筒法兰平面。

⑤ 将电缆按组（每个电缆夹位上的电缆为一组）分别沿爬梯侧杆依次用麻绳进行绑扎，每根电缆需要在该绑扎点绑扎两次。

⑥ 将第二节塔筒上平台外的电缆依次按组（每个电缆夹位上的电缆为一组）理顺，每隔 2～3m 用扎带绑扎（不用剪掉扎带头）牢固，然后圈起来整体用麻绳绑扎成捆，并牢靠固定在第二节塔筒的上平台处。

⑦ 捆绑好的电缆在吊装时底部不超过塔筒下法兰面。整个敷设固定绑扎过程中注意不要损伤电缆。

6. 塔筒母线动力电缆预安装

（1）母线排安装

① 吊装前安装母线排及母线接线箱，安装时参照项目对应的母线排安装说明手册。

② 安装完的母线要检查绝缘达到要求（一般大于 250MΩ），过程中加强自检。

（2）母线接线箱与变频器连接动力电缆敷设

第一节塔筒母线排安装完成后，连接母线接线箱至变频器的动力电缆，打开第一节塔筒母线接线箱下方需要使用的电缆夹。

① 电缆线耳制作。

② 连接电缆。

a. 在塔形密封圈进线口割开比电缆外径小 1 倍的圆口，将电缆引入。

b. 安装完成的电缆头要密封可靠。电缆引出母线接线箱后，若电缆头为防水接头，则锁紧电缆防水接头。

c. 母线箱与电缆夹之间有一定的角度，安装时要满足电缆的最小安装半径，电缆依一定弧度引出箱体后，按图 5-58 所示电缆排放顺序安装固定母线接线箱下方的两个电缆夹上的电缆。

二、塔筒间照明电缆的连接测试

塔筒间照明电缆的连接如图 5-59 所示。

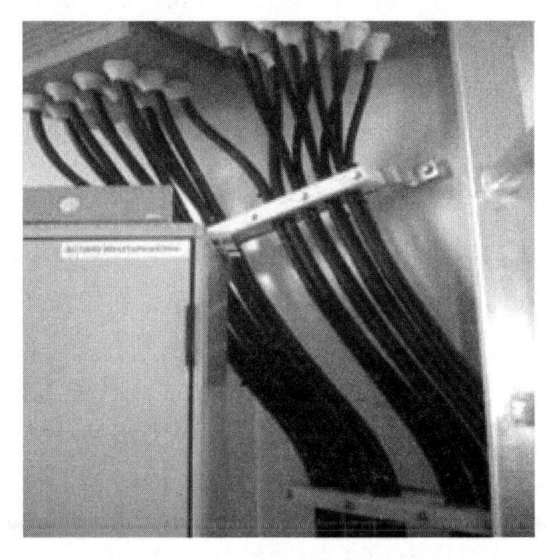

图 5-58　电缆弧度引出

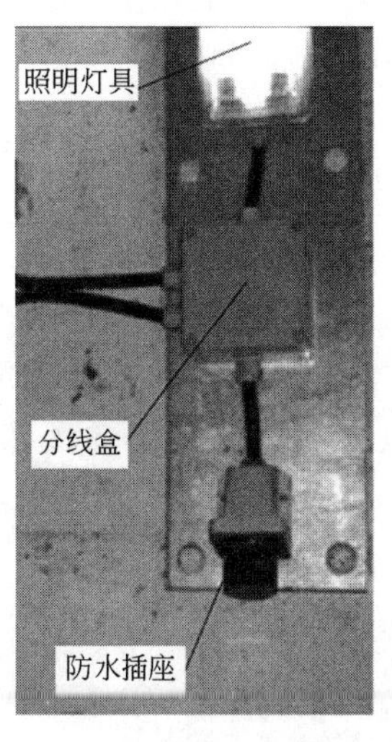

图 5-59　塔筒间照明电缆的连接

注意：吊装完成后，首先连接好各节塔筒之间的照明电缆，照明系统测试合格后，塔筒照明可以用于后续安装。连接时需要准备照明灯具（头灯或其他灯）。

① 各节塔筒间的照明连线已经由供应商安装好，或在塔筒电缆预装前已经安装好。塔筒间的连接线绑扎在其中一节塔筒内。

② 吊装完成后，将电缆绑扎解除，将这根电缆连接到另一节塔筒指定的分线盒，在正确长度处将电缆切断，剥开电缆，按照图纸将照明电缆连接到对应端子上即可，依次连通整个塔筒。

③ 在塔筒照明部件安装、连接完毕之后，通上380V交流电源，分别测试开关、插座、照明灯的工作是否正常，并做好相关测试记录。

三、塔筒电力电缆放线安装

注意：吊装完成后，塔筒内动力扭缆、动力电缆、控制电缆应尽快放线安装固定；检查确认待放线处的电缆夹全部完全打开。

1. 塔筒内动力电缆放线

① 塔筒动力电缆分段安装及塔筒母线动力电缆安装的塔筒内动力电缆不需要放线，塔筒吊装完，电缆已经垂放到塔筒电缆夹上。

② 65m/70m塔筒动力电缆不分段安装的塔筒，完成第三节塔筒动力电缆放线。

③ 75m/80m塔筒动力电缆不分段安装的塔筒，完成第二节塔筒动力电缆放线。

④ 放线操作方法为：逐组（每个电缆夹位上的电缆为一组）将要放线的电缆从爬梯处由下而上依次解除绑扎点，并同时在每层平台安排人员，将电缆端头引向平台处的电缆过线口慢慢向下放线。重复上述工作直至所有的电缆放线完毕。确保整个过程不损伤电缆。

2. 扭缆及控制电缆放线安装

电缆放线按电缆外径由大到小，先电源电缆后信号电缆的顺序放线。即先后次序为：$240mm^2$电缆、$95mm^2$电缆、供电电缆400V、供电电缆690V、照电缆、发电机编码器电缆、光纤、解缆信号电缆。

（1）动力扭缆放线

将机舱平台上的动力扭缆逐根放下，调整电缆网兜的位置，兜好电缆，用卸扣将电缆网兜固定在电缆支撑上，注意电缆支撑受力分布均匀。扭缆环2处放线到外侧，其他扭缆环处均放线到内侧。

（2）控制电缆放线

放线时，将供电电缆400V、供电电缆690V、光纤在机舱侧电缆沿线槽敷设好，引至机舱柜下方，预留好电缆。

照明电缆、发电机编码器电缆、光纤、解缆信号电缆均穿扭缆环内侧布线；供电电缆400V、供电电缆690V要穿电缆网兜，在扭缆环2处放线到外侧，其他扭缆环处均放线到内侧。

图5-60　电缆固定

3. 电缆在偏航电缆支撑上的固定（图5-60）

① 用卸扣将电缆网兜固定在电缆支撑上，注意电缆支撑受力分布均匀。

② 照明电缆、发电机编码器电缆、光纤、解缆信号电缆用扎带（550W扎带若干）绑扎固定在电缆支撑上。

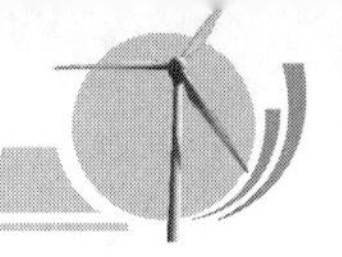

③ 电缆固定时理清电缆顺序，避免电缆交叉。

④ 电缆放线完成后，检查卸扣的固定是否牢靠，将防松插销插到位，并掰开插销头。

4.电缆在扭缆环上的固定安装

扭缆环上电缆的固定原则：尽量将大线径电缆（包括供电电缆690V、400V）绑扎在扭缆环上，其他不能绑扎到扭缆环上的扭缆放置在扭缆环内。

（1）扭缆环1上电缆固定（图5-61）

① 电缆穿过平台上部扭缆环1，用扎带穿过相邻的两个孔将电缆绑扎在扭缆环上。连续绑扎所有电缆，电缆整齐排布，避免电缆扭曲交叉，扎带头朝向一致。

② 其他不能绑扎到扭缆环上的扭缆放置在扭缆环内。

③ 绑扎完电缆后，剪掉扎带头。

（2）扭缆环2上电缆的固定（图5-62）

图5-61　扭缆环1上电缆的固定

图5-62　扭缆环2上电缆的固定

① 电缆穿过平台之后，固定扭缆环2，将扭缆环2中部置于同解缆开关滑轮水平的位置上，将电缆拉直，用扎带穿过相邻的两个孔将电缆绑扎在扭缆环外侧，连续绑扎所有电缆，电缆整齐排布，避免电缆扭曲交叉。

② 其他不能绑扎到扭缆环上的电缆，放置在扭缆环内。

③ 电缆从上向下，垂直安装，即扭缆环2与扭缆环1绑扎的同根电缆安装后是垂直的。

④ 完成后的扭缆环要水平。

⑤ 绑扎完电缆后，剪掉扎带头。

（3）工字梁处电缆的固定（图5-63）

① 扭缆环2绑扎完毕，检查工字梁处两个电缆固定管的管端是否均已倒角。未倒角的电缆固定管存在磨损、割伤电缆的风险，必须整改好才可以使用。

② 检查工字梁的安装情况，必要时需要做紧固处理。

（4）电缆防护包衣的安装（图5-64）

① 电缆防护包衣安装在工字梁下端的电缆固定管处。

② 安装时，将电缆防护包衣掰开，把电缆逐根

图5-63　工字梁处电缆的固定

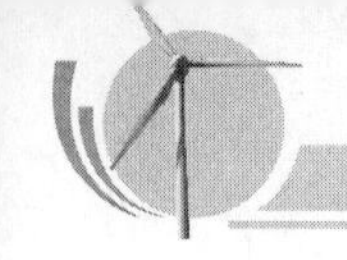

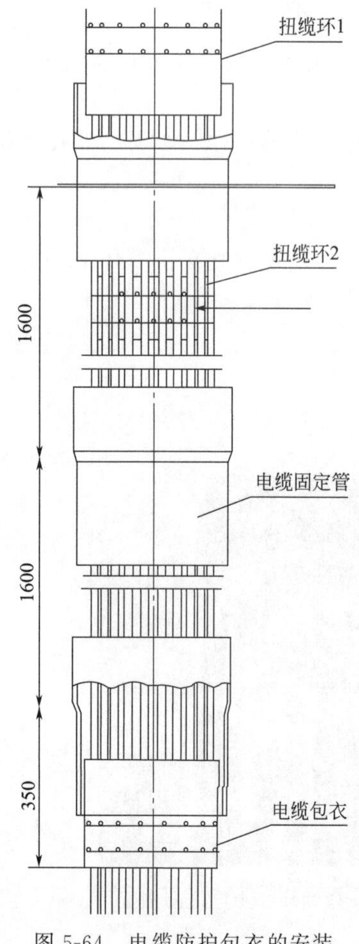

图 5-64　电缆防护包衣的安装

放入电缆防护包衣内，整理好电缆，用扎带穿过相邻的两个孔将电缆绑扎在扭缆环上，连续绑扎所有电缆，电缆整齐排布，避免电缆扭曲交叉，扎带头朝向一致。

③ 其他不能绑扎到扭缆环上的扭缆放置在扭缆环内。

④ 电缆要垂直安装，即电缆包衣、扭缆环 2、扭缆环 1 上绑扎的同根电缆安装后是垂直的。

⑤ 绑扎完电缆后，剪掉扎带头。

5. 马鞍处电缆布线

马鞍处电缆放线注意事项如下。

① 电缆以一定的弧度（此处电缆约打弯 3m）绕过马鞍架（图 5-65）。电缆垂弯部位最低处距平台 400mm 左右。电缆垂弯弧度一致。

② 马鞍处柔性电缆连接动力电缆或母线接线箱连接时，注意电缆上的标识，按相序及次序连接。

③ 电缆在电缆夹上固定时，根据电缆上的标识相序，按电缆夹上要求的次序固定。

④ 电缆接入母线接线箱时，按电缆标识相序次序从左到右接入对应相序。发电机接地电缆连接在定子母线箱的 PE 点上，机座接地电缆连接在转子接线箱的 PE 点上。

⑤ 理顺电缆，每组绑扎好并按图 5-66 所示方向排布，从左到右。

⑥ 电缆按图 5-66 所示的排布顺序每个夹位一组，依次绑扎整齐。

至此，动力扭缆放线完成。控制电缆可以开始放线到塔筒底部。照明电缆、解缆信号电缆圈起放置在马鞍处，等待接线。

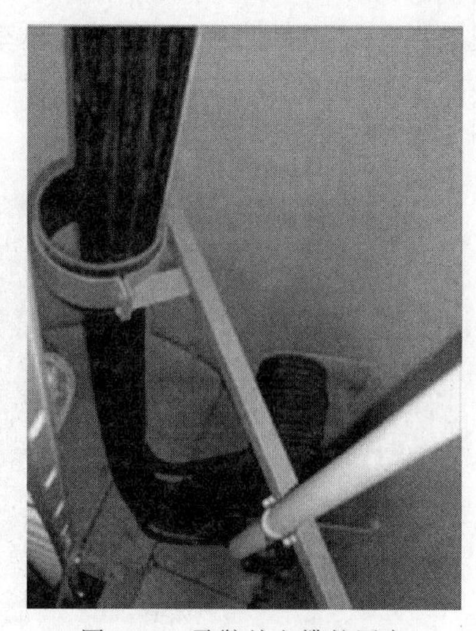
图 5-65　马鞍处电缆的固定

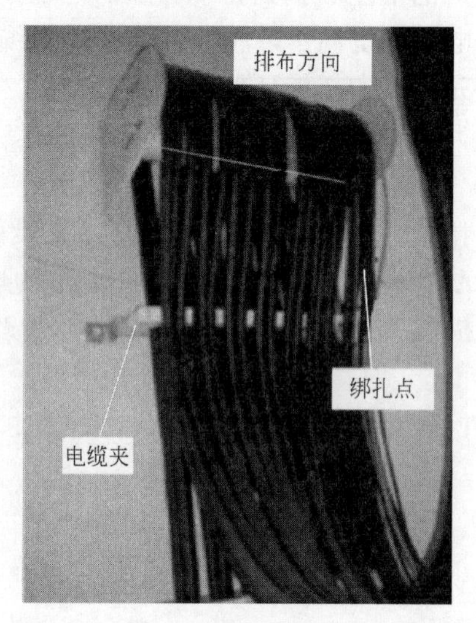

图 5-66　电缆排布

其他控制电缆放线：从马鞍处平台的控制电缆过线开口处徐徐放下至塔基连接柜体处，电缆经过的各个平台开口处都应有人看护、协助放置电缆，防止电缆割伤、碰伤等。各处人员保持随时联系，配合作业。

6. **塔筒电缆固定安装**

注意：确认动力电缆、动力扭缆、控制电缆放线完成；检查确认待安装处的电缆夹全部完全打开。

① 塔筒母线动力电缆安装的塔筒不需要进行此步操作。

② 75m/80m 塔筒动力电缆不分段安装的塔筒，第三节塔筒内的电缆需要起吊安装。

第三节塔筒电缆起吊安装的方法如下。

a. 将固定在第二节塔筒上平台的电缆解除其与上平台的固定。

b. 按平台上成捆电缆的顺序，依次解开麻绳，并在电缆端头 1m 的位置用绳索拴牢每组（每个电缆夹位上的电缆为一组）电缆，将各组电缆吊起，穿过动力电缆过线口，将绳索拴牢在扭缆平台上面，吊起的电缆排布顺序要和电缆夹上的顺序对应。

注意：电缆不可以拉得过紧，第三节塔筒内电缆夹拐弯处需要留一定的余量。可以先用皮尺测出电缆整体需要安装到夹位的电缆长度，并在一组电缆上做标尺标志，其他各组电缆吊起与标志拉齐拴牢。

c. 先固定好第三节塔筒最下部一个电缆夹，从下往上数，将打弯电缆夹前一个电缆夹处的电缆拉到对应夹位上，合上电缆夹，目测此处到第三节塔筒最下部一个电缆夹间的电缆已经拉直，紧固螺栓（目的：电缆夹不在同一中心线上，电缆不垂直，中间定位，方便电缆固定安装），再从第三节塔筒下方起依次固定电缆夹，紧固螺栓，打弯处的电缆夹要将电缆拉到对应夹位，从下到上依次安装至扭缆平台处。

d. 理顺塔筒垂下的控制电缆，用扎带绑扎（图 5-67）或固定到金属电缆夹内（图 5-68）。

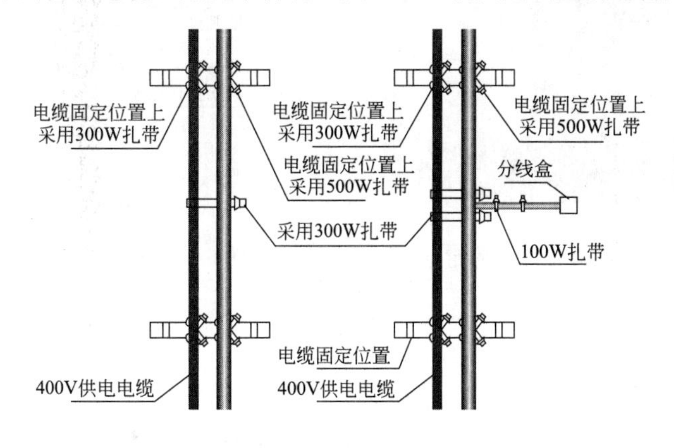

图 5-67　控制电缆绑扎固定示意图

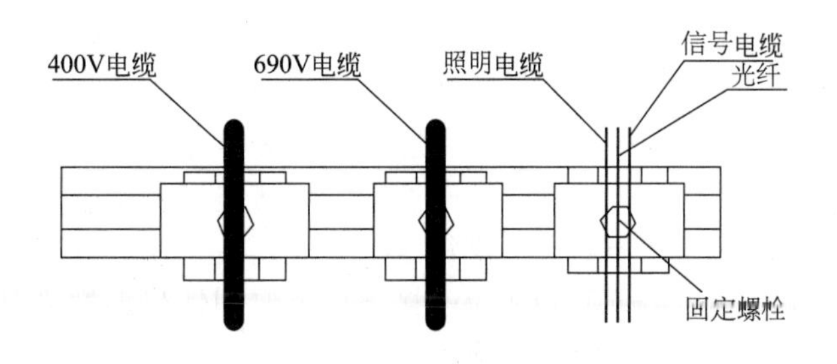

图 5-68　控制电缆在金属电缆夹上的固定

③ 塔筒动力电缆分段安装的塔筒、65m/70m 塔筒动力电缆不分段安装的塔筒、75m/80m 塔筒动力电缆不分段安装的塔筒放线完成后，电缆已垂放到塔筒电缆夹上的电缆直接固定安装。固定安装方法如下。

a. 理顺控制电缆和动力电缆，从上至下一同固定。

b. 理顺塔筒垂下的控制电缆，用扎带绑扎（图 5-67）或固定到金属电缆夹内（图 5-68）。

(a) 将动力电缆理顺，排布在电缆夹正确位置，从上至下依次压紧电缆夹，拧紧固定螺栓，固定所有的电缆夹。

(b) 要求电缆垂直，电缆之间固定位置无紊乱、交叉等，保证每个电缆夹对应位置上的电缆为同一根电缆。

金属电缆夹上电缆安装方法（图 5-69）为：将金属电缆夹的固定螺栓退到底，把电缆放进电缆夹内，沿导轨边推入固定位置，然后将电缆夹底扣放入电缆夹与导轨间，用螺丝刀拧紧固定螺栓；安装顺序为 400V 电缆、690V 电缆、其他控制电缆。

(c) 固定安装电缆，塔筒法兰处要拱起电缆（图 5-70）。固定安装时应注意：塔筒连接法兰处的电缆要防止割伤，电缆要留一定余量并塑出一定的形状；上下两塔筒法兰处电缆夹间动力电缆均匀绑扎 1 处，控制电缆均匀绑扎 6 处；塔筒安装动力电缆时，上下两塔筒法兰处电缆夹间动力电缆均匀绑扎 1 处，控制电缆均匀绑扎 6 处；塔筒安装母线排时，上下两塔筒法兰处控制电缆均匀绑扎 6 处。

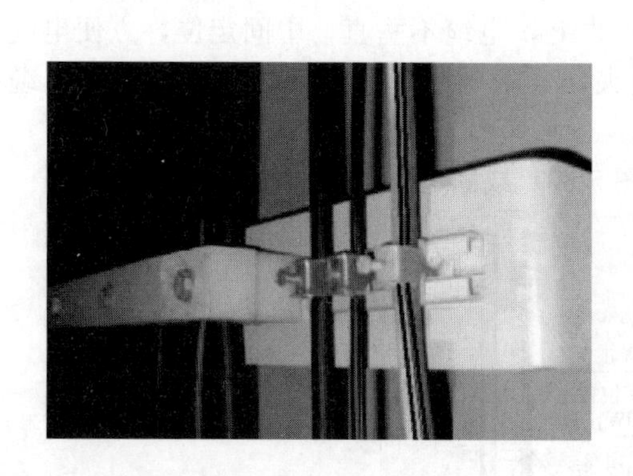
图 5-69 金属电缆夹上电缆固定

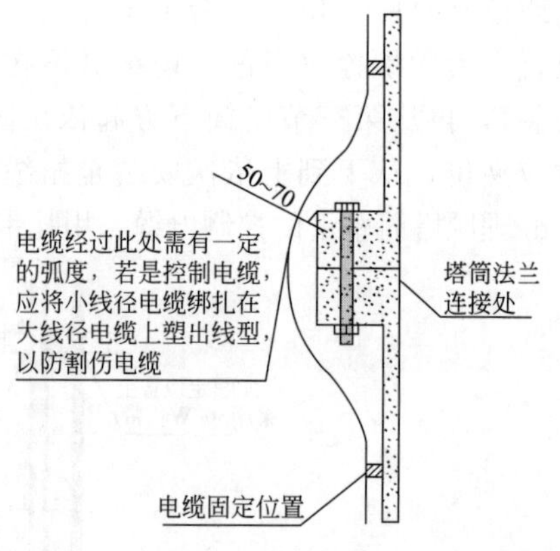

图 5-70 控制电缆在塔筒法兰处的固定

四、塔筒电缆连接方法

1. 电缆绝缘的剥除（图 5-71）

① 对电缆进行连接时，首先根据选择的型号剥除合适的电缆绝缘，应注意剥除绝缘时不能伤到导线丝。

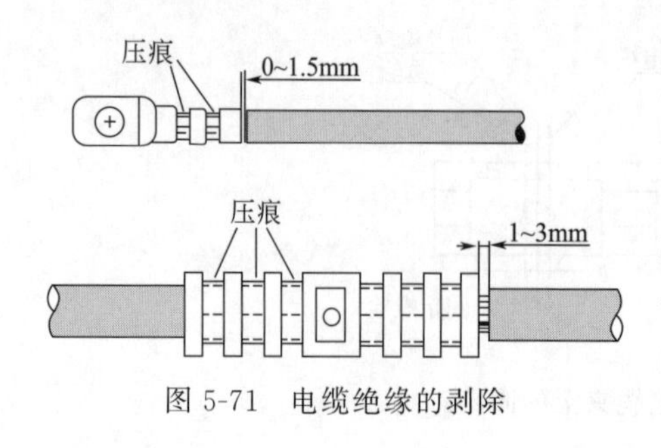

图 5-71 电缆绝缘的剥除

② 理顺导线丝，插入连接件，插入的导线丝不能纠结、扭曲，外露不超过给定值。

2. 电缆连接件压接

注意：用压接钳和配套模具进行冷态压接，压模每压接一次，在压模合拢到位后应停留 10～15s，使压接部位金属塑性变形达到基本稳定后，才能消除压力。

(1) 对接管压接（图 5-72）

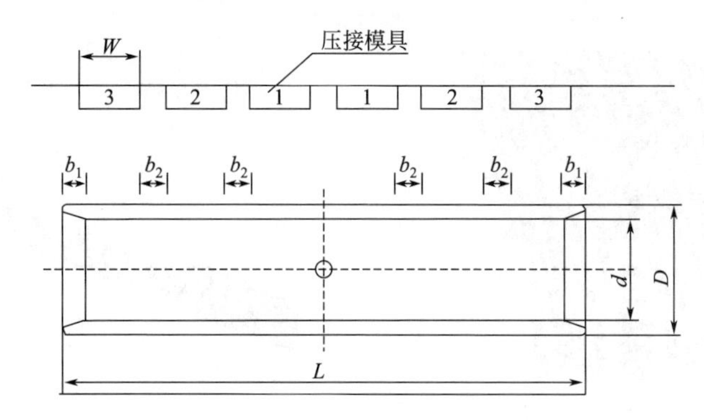

图 5-72　对接管压接

b_1—管端距离；b_2—压痕间距；W—模口宽度；D—对接管的外圈直径；d—对接管的内圈直径；L—管长

① 对动力电缆进行连接时，根据选择的型号选择合适模具，按正确的间距和方案压接。

② 压接完成后，清理干净压接产生的毛刺。

(2) 线耳压接（图 5-73）

① 线耳连接时，根据选择的型号选择合适的模具，按正确的间距和方案压接。

② 压接完成后，清理干净压接产生的毛刺。

五、塔筒动力电缆连接

塔筒动力扭缆、动力电缆、控制电缆放线完毕后，进行塔筒电缆的连接。塔筒动力电缆连接有三种方法，即防水热缩连接、热缩连接、冷缩连接，其中最常用的为防水热缩连接。塔筒动力电缆连接选用何种连接方式应根据项目要求而定。

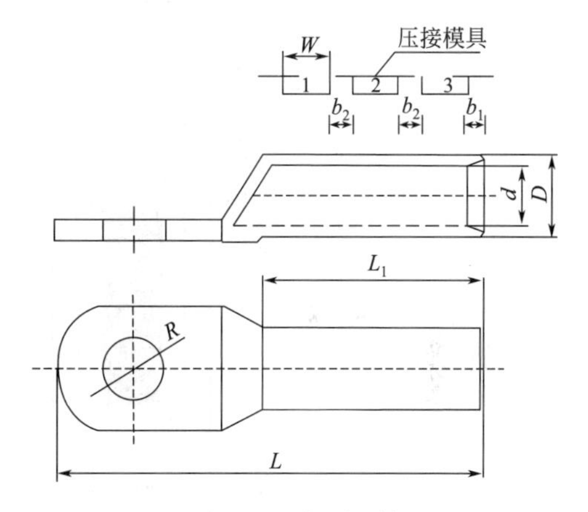

图 5-73　线耳压接

b_1—管端距离；b_2—压痕间距；W—模口宽度；D—对接管的外圈直径；d—对接管的内圈直径；L—管长；L_1—深度；R—螺丝孔半径

1. 防水热缩连接

(1) 检查导线

导线两端必须干净且干燥，如有必要，在装配之前，用布或刷子将电缆头清理干净。准备好工具和热缩管。工具有 250mm^2 剪线钳、液压钳、电工刀。热缩管有 200mm 和 300mm 的 ϕ40、ϕ30 热缩管。适当剥除电缆绝缘。每个连接处需要两个热缩管，根据项目塔筒电缆需要的连接处数量来准备热缩管的数量。

(2) 套热缩管

240mm^2 电缆套入 ϕ40 的热缩管，95mm^2 电缆套入 ϕ30 的热缩管，先套长 200mm 的热缩管，再套长 300mm 的热缩套管。

(3) 连接电缆

① 电缆连接不许交叉，要求相序对应（图 5-74）。

② 连接时用液压钳夹着电缆对接管的一端，中间靠外（图 5-75），将一端电缆的铜芯插入对接管，然后用液压钳压紧，连续压 2 或 3 处，完成后，按以上方法再压接另一端。

图 5-74 电缆对应连接

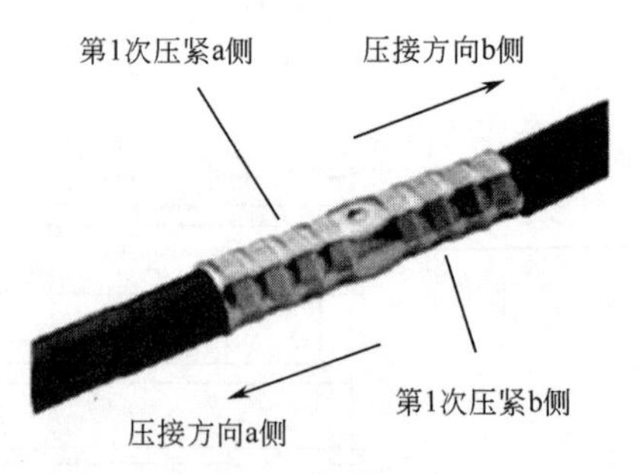

图 5-75 电缆压紧

（4）密封热缩管（图 5-76）

① 用防水密封胶将电缆对接接头处填充满（防水密封胶填充与电缆绝缘表皮平齐）。

② 把热缩管中心移至对接管的中心处。

③ 密封时先将长 200mm 的热缩管烤制热缩，再将长 300mm 的热缩管烤制热缩。

④ 用热风枪吹热缩管时，需要从中间往两端吹，要让热缩管受热均匀，防止中间鼓入空气。

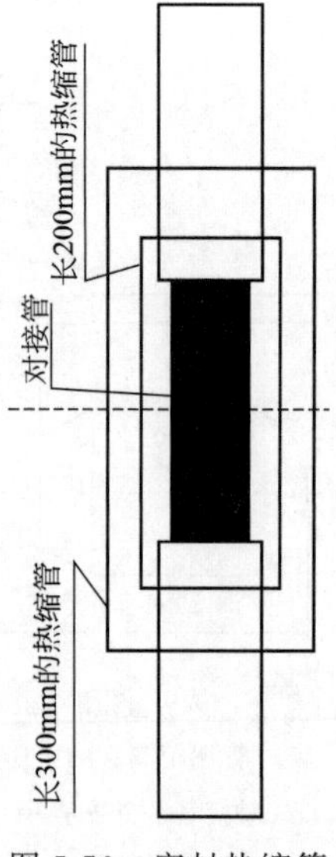

图 5-76 密封热缩管

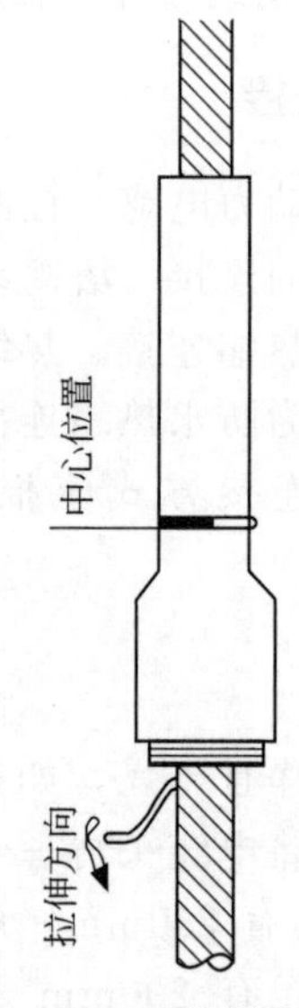

图 5-77 冷缩管安装

2. 热缩连接

（1）检查导线

同“1. 防水热缩连接”中（1）。

（2）套热缩管

同“1. 防水热缩连接”中（2）。

（3）连接电缆

同“1. 防水热缩连接”中（3）。

（4）密封热缩管

同“1. 防水热缩连接”中（4）。

3. 冷缩连接

① 检查导线　同"1. 防水热缩连接"中（1）。

② 套入对应冷缩管。

③ 连接电缆　同"1. 防水热缩连接"中（3）。

④ 安装冷缩管（图 5-77）

a. 用防水密封胶将电缆对接接头处填充满（防水密封胶填充与电缆绝缘表皮平齐）。

b. 把冷缩管中心移至对接管的中心处，然后将冷缩管抽头抽出。

c. 注意抽头方向，方向错误无法拉出或可能毁坏冷缩管。

六、塔筒母线与动力电缆连接

1. 塔筒电缆热缩连接

（1）线耳压接

① 按图 5-78 所示压接方向依次压接。

② 线耳压接完成后，打磨干净压接毛刺。

（2）热缩管密封

① 线耳压接完成后，穿入两个 100mm 相应的热缩管（240mm^2 电缆穿 ϕ40 的热缩管，95mm^2 电缆穿 ϕ30 的热缩管）。

② 将一个热缩管置于安装位置，用热风枪吹热缩管时需要从中间往两端吹，要让热缩管受热均匀，防止中间鼓入空气，依次完成三层防护。

2. 塔筒电缆防水热缩连接

① 线耳压接。

② 热缩管密封（图 5-79）

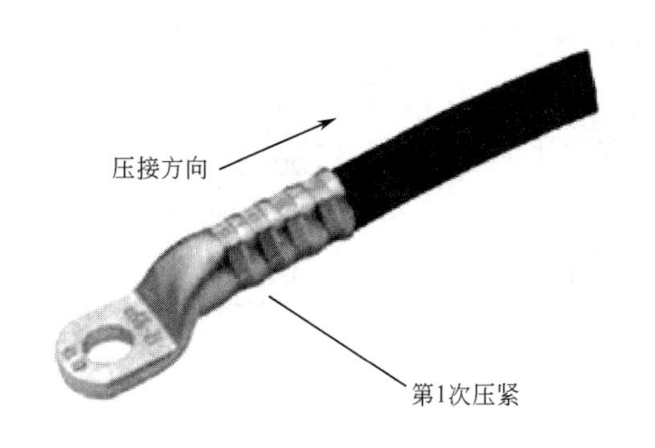

图 5-78　线耳压接

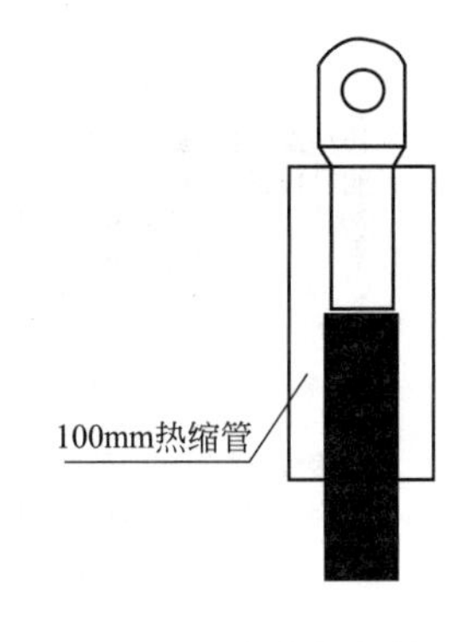

图 5-79　热缩管密封

a. 线耳压接完成后，穿入两个 100mm 相应的热缩管（240mm^2 电缆穿 ϕ40 的热缩管，95mm^2 电缆穿 ϕ30 的热缩管）。

b. 用防水密封胶填充线耳侧与电缆齐平，填充不超出热缩管安装位置。

c. 将一个热缩管置于安装位置，用热风枪吹热缩管时需要从中间往两端吹，要让热缩管受热均匀，防止中间鼓入空气，依次完成两层防护。

3. 塔筒电缆冷缩连接

（1）线耳压接

（2）冷缩管密封（图 5-80）

① 线耳压接完成后，穿入相应的冷缩管。

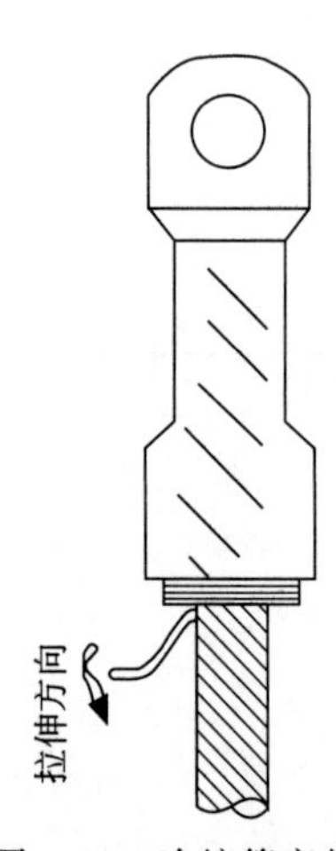

图 5-80　冷缩管密封

② 用防水密封胶填充线耳侧与电缆齐平，填充不超出冷缩管安装位置。

③ 把冷缩管移至对接管的中心处，然后将冷缩管抽头抽出。

④ 注意抽头方向，方向错误无法拉出或可能毁坏冷缩管。

七、电缆、标识安装说明

机组整个接线过程中要满足电缆安装要求，电缆均要有安装标识，并按以下要求进行安装。

1. 电缆标识安装

① 现场安装时，可以在塔基柜内侧面的文件资料栏内找到此电缆标识袋，在外包装的标签上可以得到配套的项目及机组编号信息。

② 制作电缆时，按标牌及号码管的标识方法寻找对应的电缆标识安装。

③ 按标牌及号码管的安装方式安装电缆标识。

（1）标牌及号码管的标识方法

① 控制柜侧号码管标识为“端子号或元件代码：接线端子代码或接线位置代码”。

② 部件侧号码管标识为“电缆号：接线位置代码”。对于自带线，此侧无号码管标识。

③ 每根电缆的两个端头均有一个电缆号，标识为电缆的电缆号。电缆为二芯及以上线芯时，接线的线芯需要穿套号码管，如图 5-81 所示。

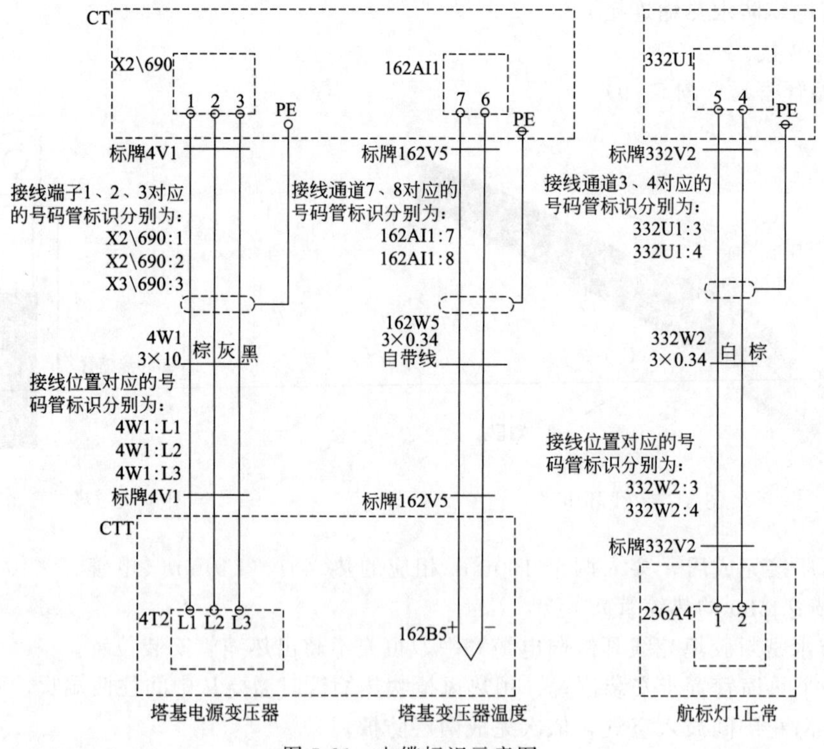

图 5-81　电缆标识示意图

（2）标牌的悬挂位置及文字方向

① 部件侧标牌悬挂　在元件外侧电缆接头或部件出线位置以下 5～10mm 处电缆的线体上，用扎带绑扎，如图 5-82 所示。

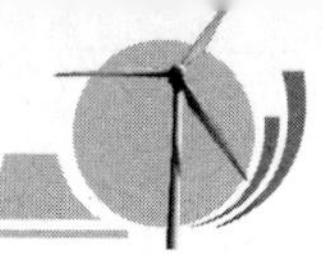

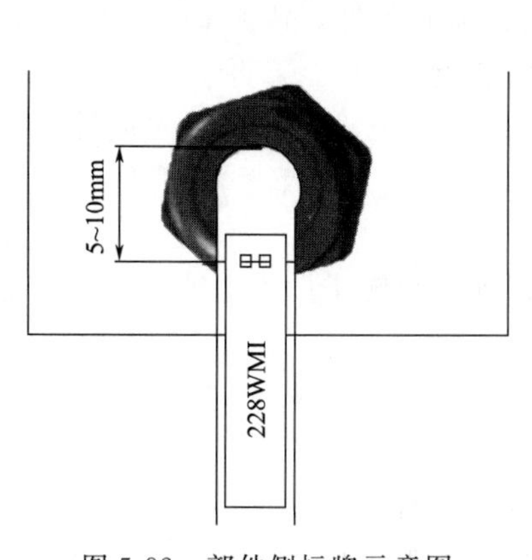

图 5-82　部件侧标牌示意图

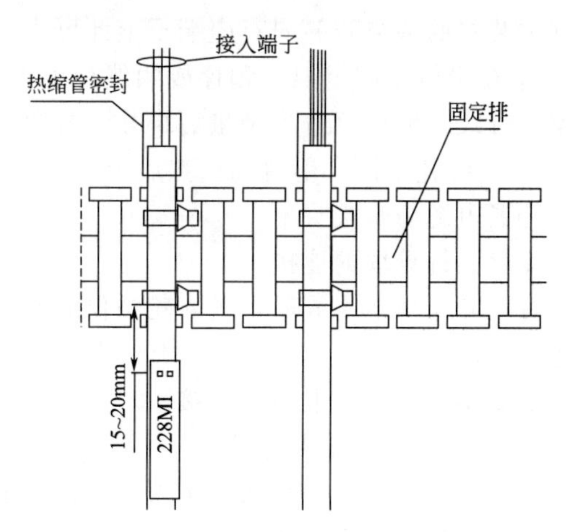

图 5-83　控制柜内标牌示意图

② 控制柜侧标牌悬挂　控制柜内供电电缆分线处电缆绑扎在固定排上，其最后一固定点下 15～20mm 处绑扎号码牌，同一固定排处的标牌高度保持一致，如图 5-83 所示。

③ 号码管的穿套及文字方向示意如图 5-84 所示。

2. **电缆安装要求**

电缆布线应严格按照要求的路径，电缆布线应横平竖直，线路转弯时满足最小弯曲半径，并在电缆转弯的两端 50～100mm 处固定，其他固定处扎带分布以 300～400mm 为宜。

电缆和其他部件等有干涉处，宜选绝缘阻燃型软材料对电缆进行垫包。

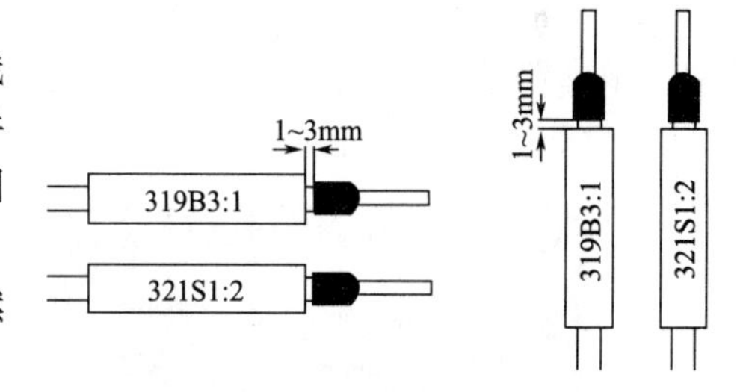

图 5-84　号码管穿套示意图

现场接线时，若进线采用塔形密封圈，应将其割开比电缆外径小 1 倍的圆口，将电缆引入。进线采用电缆防水接头时，连接完成后，锁紧防水接头。如不能锁紧，用绝缘胶布包缠电缆与接头的配合处，确保部件达到设定的防护等级。

八、扭缆平台上段电缆连接

扭缆平台上段电缆包括四部分，即机舱照明电缆、解缆信号电缆、变桨系统电缆、机舱内电缆。连线时，首先连接好机舱照明电缆，这样后续的接线中就可以使用机舱照明。

注意：电缆接线表内长度栏中“—”表示此电缆在车间装配中已经连接好其中一端电缆，现场只需要连接另一端电缆到相应部件。

1. **机舱照明电缆连接**

机舱照明电缆连接时应注意以下事项：

① 机舱照明电缆连接时，切掉塔筒照明电源，以防触电；

② 连线时需要准备照明灯具（头灯或其他灯）；

③ 测试合格后，接入电源，塔筒、机舱照明均可以用于后续安装。

马鞍处电缆布线时，已经将机舱照明电缆放置到马鞍处，现场接线时将这根电缆连接到扭缆平台上的照明分线盒内对应端子上即可。

2. **解缆信号电缆的连接**

马鞍处电缆布线时，已经将解缆信号电缆放置到马鞍处，现场接线时将这根电缆连接到

扭缆安全装置的解缆开关内对应端子上即可。

① 电缆沿电缆固定架、爬梯或顺线架朝上布线到解缆开关处，或距其最近的一个电缆固定架处分线，电缆留适当余量后绑扎到解缆开关的安装板上。

② 电缆绑扎牢固，不滑动，然后留 200mm 余量，将电缆接入解缆开关对应端子，连接牢靠，拧紧电缆防水接头。

3. **变桨系统电缆的连接**

注意：叶轮吊装完成后，进入轮毂作业时，至少保证一组转子插入主轴法兰定位孔，才可以进入轮毂。

（1）变桨系统接入电缆的连接

① 连接变桨系统接入电缆

a. 发运到现场时，变桨系统接入电缆，固定在轮毂法兰面上（图 5-85）。

b. 现场安装时，拆除固定管夹，沿轮毂内 SSB 支架绑扎或直接引入变桨系统进线处，连接到对应插座或接入对应端子，扣紧插座锁扣或拧紧电缆防水接头。

② 连接 OAT 变桨系统接入电缆。

③ 连接 SSB 变桨系统接入电缆。

（2）叶片防雷线连接

注意：叶片防雷线连接在叶轮吊装完成后立即安装；叶片调零后，检查叶片防雷线是否扭曲，必要时调整安装；连线时需要准备照明灯具（头灯或其他灯）。

① 安装弹力绳（图 5-86）

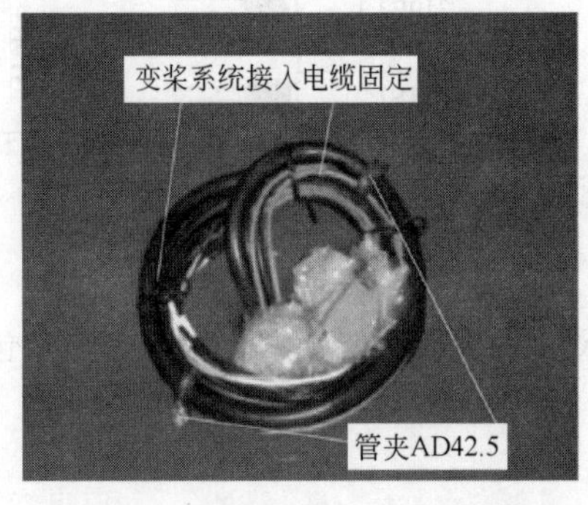

图 5-85　变桨系统接入电缆和固定

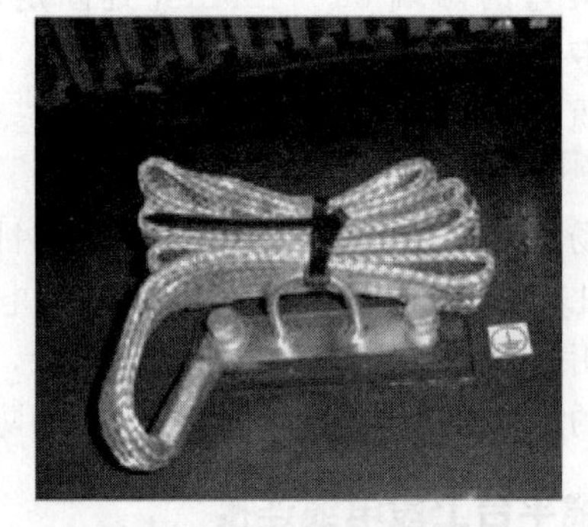

图 5-86　弹力绳

a. 轮毂侧的防雷接地线在车间已连接到轮毂侧，另一端头已制作好了线耳。整根导线用扎带绑扎在防雷支架上。

b. 叶片侧的防雷接地线在车间已连接好，并固定在叶片防雷接地铜片上（图 5-87）。

c. 铜片上的另一组固定螺栓用来固定轮毂侧引来的防雷接地线。

d. 安装防雷固定用弹力绳（ϕ12/4.5m）。将一端弹力绳拉钩挂在叶片防雷支架上，用手钳将拉钩钳紧成环，使拉钩不能脱出。

e. 将弹力绳拉紧来回三次穿轮毂侧及叶片侧防雷支架，最后挂在轮毂侧防雷支架上（图 5-88），用手钳将拉钩钳紧成环，使拉钩不能脱出。调整弹力绳的松紧度，使弹力绳受力均匀。

② 安装防雷接地线

a. 轮毂侧防雷线在线耳处留余量打弯，在线耳上将防雷线均匀绑扎两处。

b. 将防雷线绕弯在防雷支架及弹力绳根部，绑扎固定。

c. 注意绕弯不能太紧。若太紧，橡皮筋容易拉断。

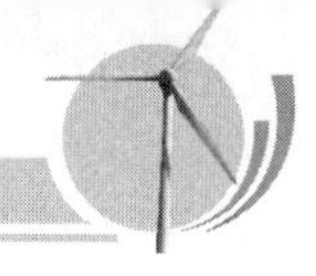

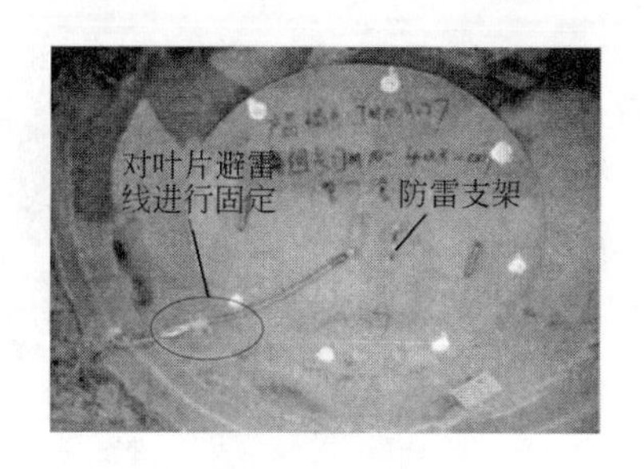

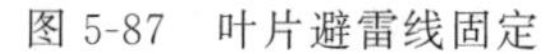
图 5-87　叶片避雷线固定

图 5-88　弹力绳固定

d. 轮毂侧防雷线沿弹力绳平行绑扎，绑扎点均匀，间距 150mm 左右。两绑扎点之间要有余量，不能绷得太紧。

e. 将铜片处固定点的螺栓松开，连接好线耳，固定牢靠。

f. 将防雷线留余量打弯，在线耳上将防雷线均匀绑扎两处。

g. 将防雷线绕弯在防雷支架及弹力绳根部，绑扎固定。注意绕弯不能太紧，若太紧橡皮筋容易拉断。按轮毂处防雷线的绑扎方式进行绑扎。

h. 叶片调零后，对叶片防雷线进行认真检查，如果发生扭转，需要及时重新安装。

4. 机舱内电缆的连接

（1）机舱温度传感器的安装

① 车间已经要求将机舱温度传感器安装好，并用扎带牢靠地绑扎在靠近机舱尾部机舱柜支架的电缆固定杆上（图 5-89）。

② 现场检查绑扎是否松动，并紧固安装。

（2）机舱外温度传感器的安装

① 车间已经要求将机舱外温度传感器连接好机舱柜侧电缆，并将传感器探头用扎带牢靠地绑扎在柜内电缆上；机舱外温度传感器已经安装好电缆防水接头（图 5-90）。

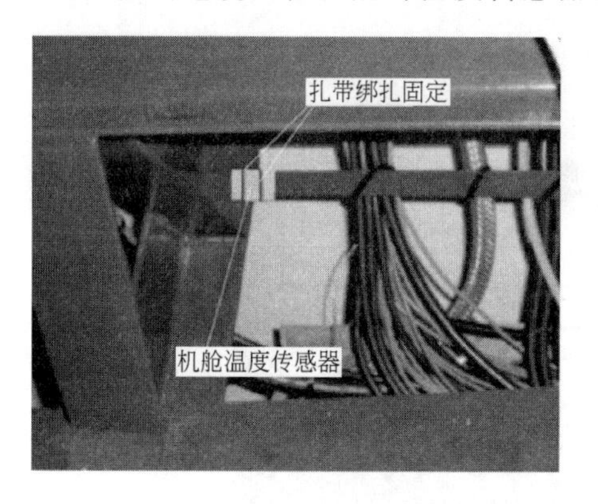

图 5-89　机舱传感器安装

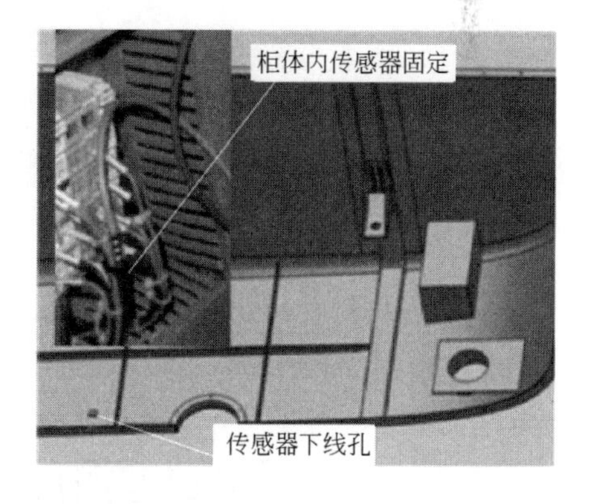

图 5-90　机舱外温度传感器连接

② 现场安装时解开传感器，将电缆沿柜体下部出线孔引出机舱柜，将传感器探头伸出机舱外，拧紧电缆防水接头。将电缆整理绑扎，避免被踩踏、拉扯，以防损坏。

（3）风速风向仪布线及机舱吊机电缆连接

① 测风桅杆安装时，已经将风速风向仪电缆放线到机舱内部。

② 布线时，按图 5-91 所示预埋管布线，接入机舱柜。将余量电缆绑扎好，放置在机舱

柜下方的线槽内。

③ 布线时应注意避免电缆被割伤等，必要时做适当包扎防护。

④ 机舱吊机电缆在车间已经布线到合适位置，机舱吊机安装到位后，将机舱吊机电源电缆和此电缆对接，做好绝缘处理。

(4) 供电电缆 690V、400V 连接安装

马鞍处电缆布线时，已经要求沿线槽敷设好 690V、400V 电缆至机舱柜下方，现场接线时将压接 $25mm^2$ 端子接入机舱柜。

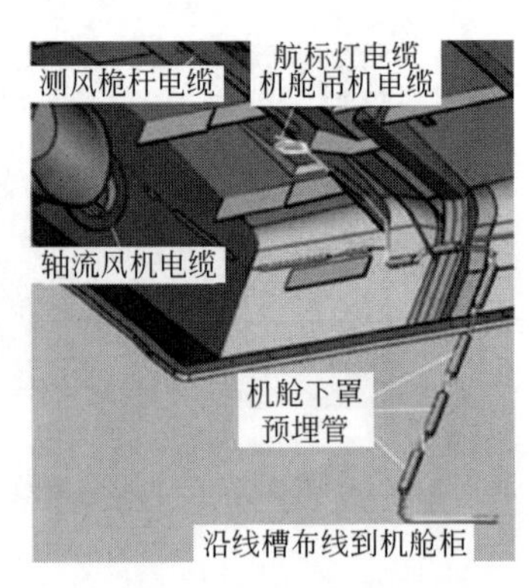

图 5-91 预埋管布线

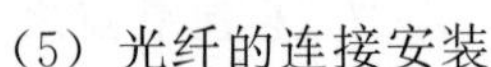

(5) 光纤的连接安装

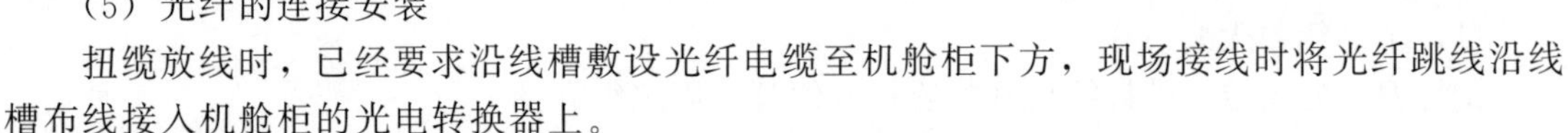

扭缆放线时，已经要求沿线槽敷设光纤电缆至机舱柜下方，现场接线时将光纤跳线沿线槽布线接入机舱柜的光电转换器上。

九、塔基电缆连接

1. 布线原则

塔筒电缆安装完成后，开始连接各柜体间的电缆。

布线应把握以下原则：

① 各柜体间的电缆连接必须条理分明，固定牢靠，接线牢固，电缆应理顺，尽量避免纠结、交叉，走线美观；

② 光纤走线弯曲度必须大于 150°；

③ 动力电缆应排布整齐，与控制电缆无缠绕纠结，并且保证控制电缆不被动力电缆压到；

④ 布线参照塔基控制电缆布线示意路径，如图 5-92 所示。

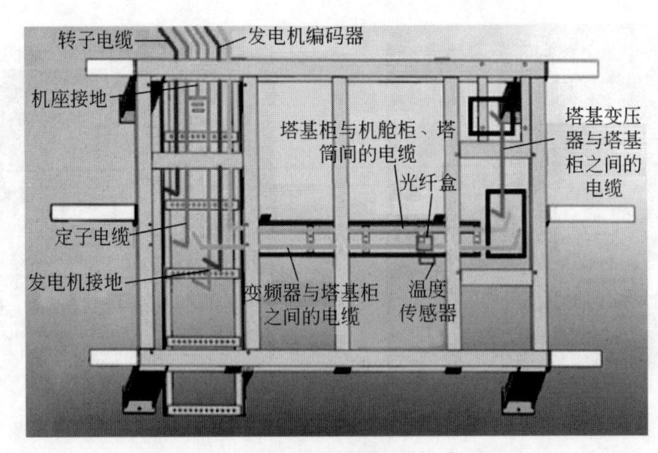

图 5-92 塔基控制电缆布线示意路径

说明：①温控器连接到塔基柜后，绑扎在图示位置；②光纤盒绑扎在如图所示位置处；③电缆架中的电缆在布线时，理顺电缆并每隔 300mm 用扎带绑扎牢靠；④图中的线条仅表示电缆的布线走向，接线时应根据接线图纸接线；⑤各柜体的接地线在实际接线时，接地线接出柜体后，直接接到塔内接地环上；⑥上进线布线接入变频器的定子电缆，转子电缆沿变频器上方电缆桥架布线。

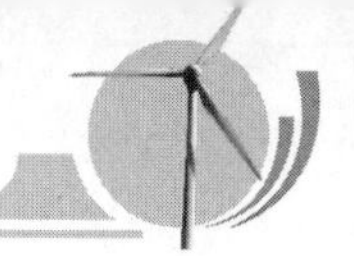

2. 变频器进线

（1）塔筒动力电缆布线

① 变频器下进线　下进线如图 5-93 所示（以 ABB 变频器为例）。当基础平台上安装有电缆架时，接入变频器的电缆根据电缆固定架的走向布线。布线时理顺电缆，排列整齐。

② 变频器上进线　上进线如图 5-94 所示（以 IDS 变频器为例）。当变频器上方安装有电缆桥架时，接入变频器的电缆沿电缆桥架布线。布线时理顺电缆，排列整齐。

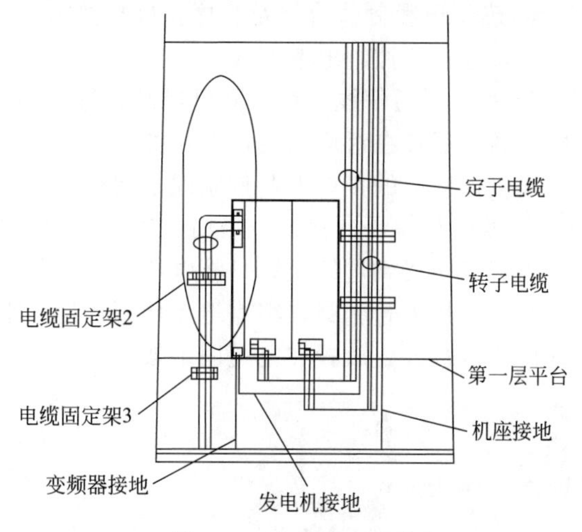

图 5-93　变频器下进线

（2）塔筒动力电缆绝缘测试

塔筒动力电缆绝缘测试的操作步骤如下：

① 拆除发电机侧的定子、转子及定子防雷电缆，拆除机座接地电缆；

② 拆除变频器侧定子、转子及防雷电缆，拆除机座接地电缆（如已经连接）；

③ 电缆端头悬空，注意不要碰到人或导体，用仪表检查所有电缆没有与接地、其他部件相连或相互连接；

④ 确定从发电机处至塔基的单根电缆，将此电缆的编号告知塔基处协同作业同事，检查该电缆的标签（如有必要，安装一个新标签）；

⑤ 进行绝缘测试，其值必须大于 1MΩ，并记录；

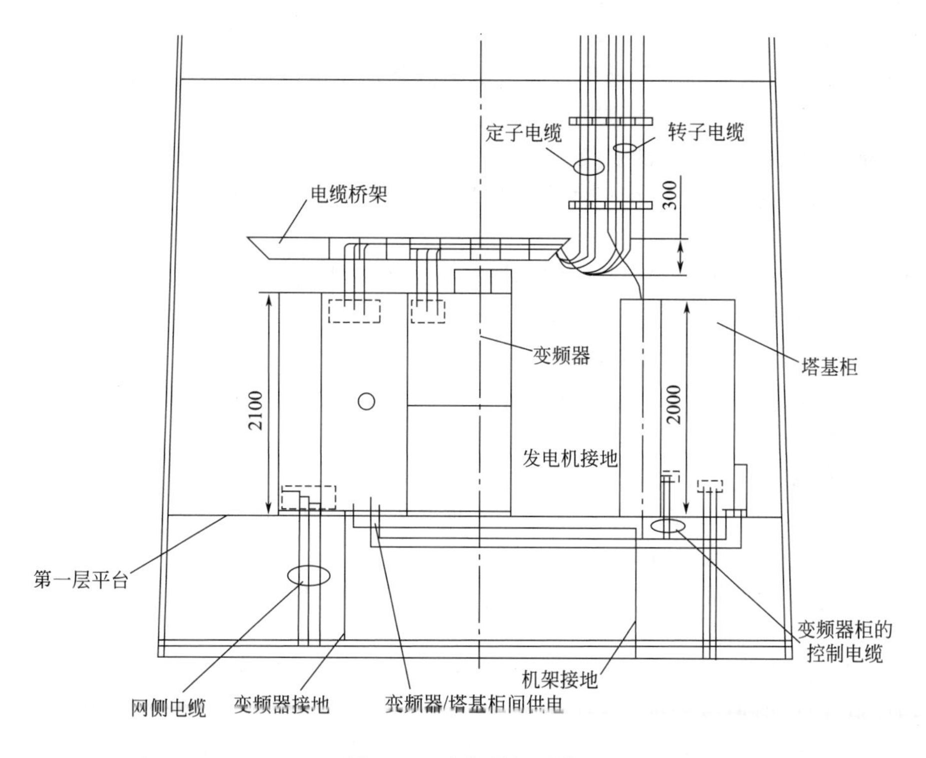

图 5-94　变频器上进线

⑥ 确认电缆制作合格及相序正确后接入对应端子，按接线箱内标注的力矩值紧固螺栓。

（3）变频器控制电缆布线

① 变频器通信线　在车间已经制作好电缆的两端CAN插头，现场布线时，将变频器一端电缆插头插接在对应的接口上，拧紧固定螺栓。塔基柜一侧沿塔基柜内线槽布线，将电缆插头插接在对应的接口上，拧紧固定螺栓。

② 发电机编码器接线　塔筒放线时已经将发电机编码器电缆放到塔基，沿变频器下方电缆固定架布线到进线位置，将电缆引入变频器，发电机转速电缆在变频器柜体侧的屏蔽层搓成股，套热缩管密封，牢靠地连接到接地点上，其他压接线耳接入对应端子。将余量电缆卷起用扎带绑扎，放置在电缆固定架内。

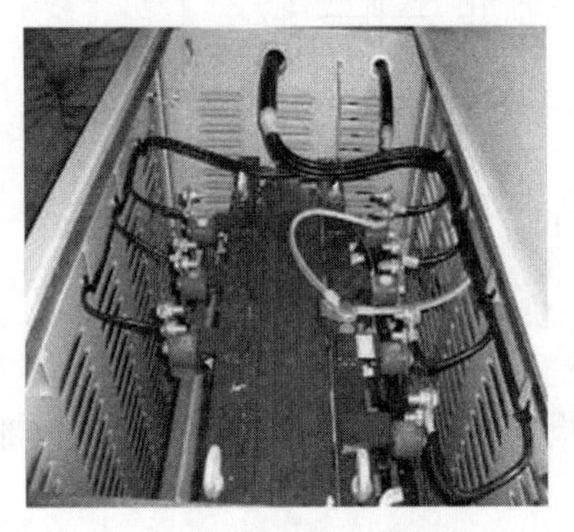

图5-95　变压器电缆分线

3. 变压器进线

① 变压器690V进线、400V出线及温度传感器电缆沿变压器开孔接入，电缆线在内侧要用扎带固定牢靠，防止电缆滑动。

② 电缆分线要横平竖直（图5-95），分线根部要绑扎牢靠，要固定好电缆标识。

③ 扎带头方向一致，尽量隐蔽，剪口整齐，避免割伤电缆。

④ 电缆连接完成后，锁紧电缆防水接头。

⑤ 变压器到塔基柜的电缆线，从安装位置的后部按照电缆外径大小开孔。开孔处要加装防护胶圈或胶皮保护，防止割伤电缆。

⑥ 塔基柜底部开孔位置，应在其对应的接线端子的正后方。

4. 塔基柜进线

塔基柜内接线的电缆屏蔽层处理，同塔基柜内其他供电电缆屏蔽层的处理方法，保证屏蔽层接地牢靠，确保电缆两端连接牢靠正确。

（1）塔基环境温度传感器的安装

① 塔基环境温度传感器已在车间安装好塔基柜侧电缆，用泡沫棉垫包扎了传感器，用扎带固定在塔基柜内。

② 现场接线时，将传感器绑扎固定到塔基柜下方电缆架的指定位置。

（2）塔基光纤连接

塔筒放线时，已经将光纤、光纤盒及跳线放到塔基，沿变频器下方电缆架布线到电缆架两处，用500W扎带将其绑扎到塔基柜下方的电缆架上，将光纤跳线引入塔基柜，沿线槽布线接入光纤转换器。

5. 塔筒内接地

塔筒接地线在车间已经制作好两端端头，成品发往现场，现场连线即可。塔筒接地线制作如图5-96所示。现场连线时需要注意以下事项：

① 接线前，需撕掉接线柱端面保护膜，并清理干净，要求接触表面光洁、平滑，无油污等，保持良好的导电性；

② 接地扁钢焊接前，清理焊接端面，要求接触表面光洁、平滑，无油污、锈蚀等，保持良好的导电性，如图5-97所示；

③ 接地电缆的敷设应平直、整齐，尽量做到距离最短，连接牢固，保证可靠接地。

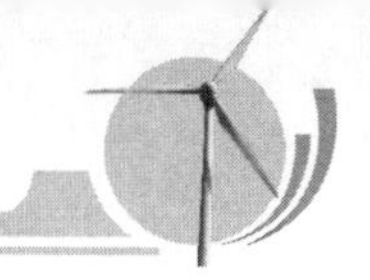

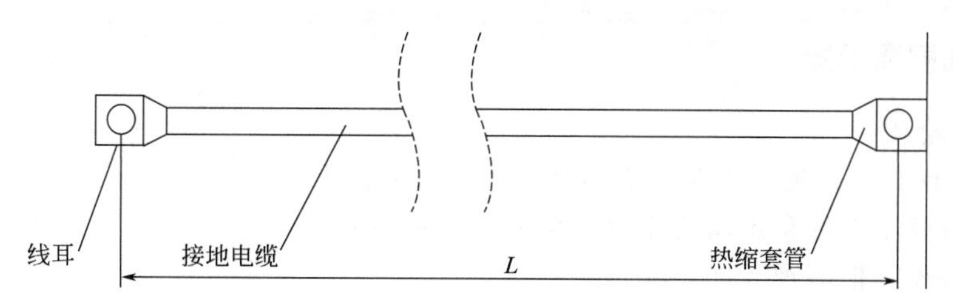

图 5-96　塔筒接地线制作示意

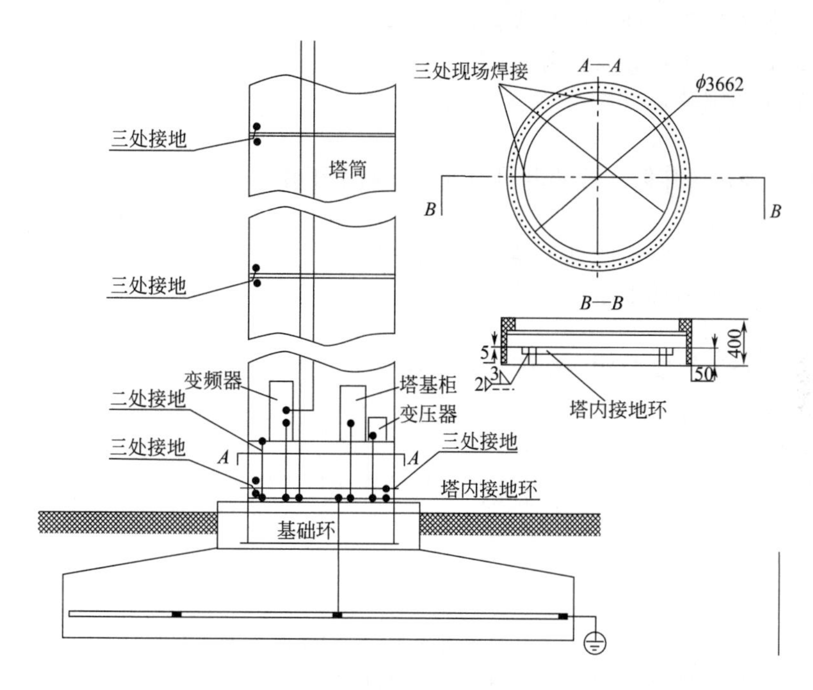

图 5-97　塔筒接地连线示意图（图示粗线条表示接地线）

6. 箱变电缆进线

注意：①风力发电机组箱变部分电气连接时，箱变高压侧断路器应处于断开状态，高压侧应有明显的断开点；②低压侧的断路器也应处于断开状态，隔离开关也应处在打开状态，并按照相关标准悬挂警示牌。

箱变电缆由电力施工人员沿基础环埋管敷设到塔基底部，已经预留好电缆，将电缆接入相应的接线端子。

7. 塔筒照明电源进线

原则上，塔筒照明进线已经由供应商安装好，绑扎在第一节塔筒下端。塔基柜体、接地电缆连接工作完成后，电网应可用，需要将施工电源与照明电缆与底部控制柜相连。连线时完成以下各步骤：

① 准备一个辅助照明灯（头灯或其他灯）；

② 从底部辅助发电机将电缆断开；

③ 放线时，将此根电缆与其他电缆一起放线绑扎，沿电缆架布线到塔基柜下方，将电缆引入塔基柜；

④ 在正确长度处将电缆切断，剥开电缆，按照图纸接入对应端子；

⑤ 检查照明灯与插座的功能。

塔筒照明电源进线

十、作业完成撤离须知

（1）撤离轮毂

当完成所有电气连接工作时，应离开轮毂并完成以下工作：

① 从轮毂控制柜处拿走所有工具并清除所有废物；

② 将轮毂控制柜清理干净；

③ 关好轮毂控制柜门；

④ 确认并使所有开关处于关断状态；

⑤ 将轮毂处所有工具和废物清除；

⑥ 松开转子锁定装置。

（2）撤离机舱

当完成所有连接工作时，应离开机舱并完成以下工作：

① 关闭天窗；

② 从机舱控制柜处拿走所有工具并清除所有废物；

③ 将机舱控制柜清理干净；

④ 关好控制柜门；

⑤ 将机舱处所有工具和废物清除并拿走；

⑥ 将机舱清理干净。

（3）撤离塔筒平台

当完成所有连接工作时，应离开塔架平台并完成以下工作：

① 将平台处所有工具和废物清除并拿走；

② 将平台清理干净。

（4）撤离塔架底部

当已经完成所有连接工作时，应离开塔架底部并完成以下工作：

① 从底部控制柜处拿走所有工具并清除所有废物；

② 将底部控制柜清理干净；

③ 关好控制柜门；

④ 将塔架基础处所有工具和废物清除并拿走；

⑤ 将底部平台处所有工具和废物清除；

⑥ 将塔底座清理干净。

[拓展知识] 海上风电场风机安装

海上风能作为一种新形式的风能，具有湍流强度小、主导风向稳定、节约土地资源、风能平稳、无噪声及无景观污染等优势。目前世界海上风电场的建设日趋大型化和离岸化。

风电场的安装是一个复杂的系统工程，包括风机基础的安装、风机的预装与海上安装、安装船舶的使用与物流调配、电缆与海上变电站的布置与建设等。其中基础和风机的安装由于在海上进行，对技术要求高，同时受到气候、天气、波浪、水流等因素的制约。而对于大部分海上风电场来说，安装只能在一定的季节范围内进行，工期延误对整个工程的影响是决定性的。因此，选择合适的安装方法对海上风电场的建设至关重要。

一、风机安装的方法

海上风机安装的具体方法很多，其目标都是一致的，即以适当的投入，尽量减少海上作业时间，从而节约总成本，同时避免工期延误。归纳起来可以将安装方法分为三种理念。

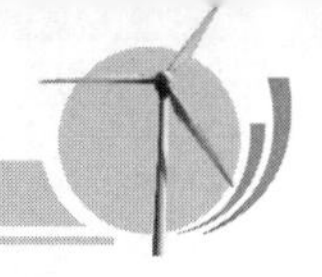

第一种为传统的吊装法，工程分为三步，即风机基础的安装；风机塔架的安装；风机上层设施的安装，包括机舱和叶片。第二种改良方法，提出将包括风机塔架和整个上层设施的风机作为一体，预先在岸上安装调试好，然后整体运送到场址进行安装。第三种整体法，设想将风机的基础和风机作为一个整体，利用基础的浮力由驳船牵引到风电场址，最后通过加载压载直接安装在海底。以上这些方法各有优劣，目前运用最广泛的仍然是第一种传统吊装方法。

1. 传统吊装方法

传统的吊装安装法，基础和风机的安装是在不同阶段来完成的。首先根据基础的种类，选择合适的起重船或自升平台将基础安装到位，之后在基础上安装船舶登靠设施、J形管、悬梯、平台等辅助设施。再使用起重船或自升平台将风机机架和上层设施运输到现场，实施吊装。在海上吊装的可以是完全分开的各个部件，也可以是在一定程度上在岸上进行过预组装的半成品部件。例如比较常用的是所谓"兔耳朵"式的运输方式，即先在岸上将机舱内的部件安装好，并将2片叶片预装在机舱的轮毂上，通过驳船运输到现场进行塔架和机舱的吊装后，再将最后1片叶片安装到位。吊装通常需要10～15h，完成后需要通过直升机或小艇将工作人员运送到风机现场，进行风机的调试。由于传统吊装法的风机调试过程需在海上完成，若风机出现故障会导致初期成本大量增加。

2. 风机整体安装法

由于减少海上作业时间是降低安装成本的最有效途径之一，各国都在研究改良安装风机的方法。其中将风机塔架和上层设施作为一个风机整体来安装，是一种很有前途的理念。本方法将风机竖直吊装在安装船上并固定在预先准备好的支架上，运输过程中风机保持竖直状态，到达场址之后再用大型吊机将风机吊装在基座上。整体安装的难点主要在于如何保证体积和重量都非常巨大的风车的安全。还有一种思路是不使用起重吊机，不采用吊装方式，而是将驳船定位于基座旁，直接通过升降装置把风机整体从上方逐步降下并固定在基座上，这种方法取消了对大型吊机的依赖，对于大型风机的安装很有吸引力。由于改良方法中风机整体均在岸上组装，有条件在岸上进行预试车，因此可以降低海上试车的故障率。

3. 基础与风机一体安装法

该方法理论上是在海上作业程序最少的风机安装方法。此方法中风车基础、塔架、上层建筑等均在岸上完成，组装成为一体，并需采用重力式基础与预先平整海床。岸上组装、预调试完成之后，采用驳船将风车整体拖驳到场址，通过向基础中注入压载使风车体置于海床，完成安装。整个过程中风车完全或部分依靠由重力式基础提供的浮力漂浮在海面上。

二、基础的选择与安装

风机基础的选择主要取决于水深和海底地质条件两项因素，也和风机安装方法有一定的关系。除基础与风机一体安装法之外，基础的安装是风机安装过程中单独的一个环节，并且对风机塔架的安装有很大影响。各国对风电场基础的分类不尽相同，目前讨论较广泛的有五大类，分别是重力基础、单基桩基础、导管架基础、吸入沉箱基础和浮式基础，其中前两种在实际中有广泛的应用。

1. 重力基础

通常来讲，重力基础（gravity base）适合水深比较浅的位置，但在过浅的位置会受到波浪的影响。由于重力基础制造过程在岸上，且不需要打桩，因而成本较低。在置放重力基础前需要对海底进行预先的平整处理，凿开海床表层换以一层沙砾层；之后使用驳船运送或漂浮拖驳至场址，基础就位之后再用混凝土将其周边固定。重力基础分为混凝土重力基础和

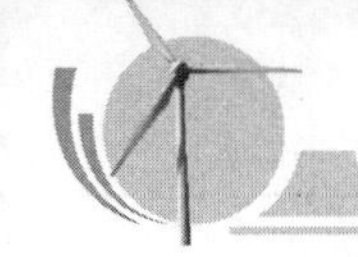

钢制重力基础，前者制造工艺简单，完全依靠自身的重力置于海底，适合于各种类型的海床。世界上最早的风电场采用的便是混凝土基础，但由于其巨大的质量（最大可达1800t），使得运输非常困难。后者同样依靠自身的重力固定风机，但其钢结构质量依据不同海况只有80～110t，便于安装和运输。安装就位之后需要向钢制基础中浇注具有高密度的橄榄石压载，从而使得基础重力达到要求。但钢制基础不适合腐蚀性强的海域。

2. 单基桩

单基桩（monopile）是另一种普遍采用的基础形式，有两种安装方法：一种为到达指定地点后，将打桩锤安装在管状桩上打桩，直到桩基进入要求的海床深度；另一种则是使用钻孔机在海床钻孔，装入桩后再用水泥浇注。单基桩适用的海域通常比重力基础要深，可以达到30m以上。由于桩和塔架都是管状的，因此在现场它们之间的连接相比于其他基础要便捷。在使用合适设备的情况下，单基桩的打桩过程比较简单。对于水深较浅且基岩离海床表面很近的位置，单基桩是最好的选择，因为相对较短的岩石槽就可以抵住整个结构的倾覆力。而对于基岩层距离海床很远的情况，就需要将桩打得很深。另外，对于坚硬岩石尤其是花岗岩海床来说，打桩过程需要增加成本，甚至难以成功。从单基桩可以衍生出拉索塔单基桩（guyedtower monopile）作为改良。

3. 导管架和三支柱基础

导管架（jacket）和三支柱（tripod）基础的概念源于海上油气开发。基础通过结构各个支角处的桩钉入海床。由于基础的结构和建造工艺相对复杂，建造成本高，到目前为止，导管架/三支柱型基础鲜有应用。但由于此类基础重量较轻、便于运输且适合深水使用，随着海上风电场向深水区域的不断推进，此类基础在今后会有比较广阔的前景。

4. 吸入式沉箱

吸入式沉箱（suction caisson）作为基础也受到了广泛的关注。其原理是沉箱安装在海床就位之后，将其内部的水分抽掉，周围的水压力将沉箱压入海床。尽管在实际中沉箱式基础尚未成功应用，但其安装尤其是拆卸具有明显的便利性。在拆卸时，只需平衡沉箱内外压力即可将沉箱轻松吊起。

5. 浮式基础

浮式基础（floating）不固定在海床上，而是直接漂浮在海中，通过缆绳固定在一定的位置。它适合在海底基础难以作业的深海应用，但目前对其研究尚处于初步阶段，且尚无法做到与陆地电网相连。

三、海上风电安装船

在海上无论是风机还是基础的安装，都需要有相应能力的运输工具将其运送到风电场址，并配备适合各种安装方法的起重设备和定位设备。海上风机安装基本都是由自升式起重平台和浮式起重船两类船舶完成的，船舶可以具备自航能力，也可以是非自航的。单独或联合采用何种方式安装，取决于水深、起重能力和船舶的可用性，其中联合安装比较典型的方式是由平甲板驳船装载风机部件或者单基桩拖到现场，再由自升式平台或起重船从平板驳船上吊起部件完成安装或打桩。早期的安装船都是借用或由其他海洋工程船舶改造的，但随着风机的大型化，小型船舶无法满足起重高度和起重能力的要求，近年来欧洲多家海洋工程公司相继建造和改造了多条专门用于海上风机安装的工程船舶。安装船舶的大型化也是一个趋势，专门的风车安装船一次最多可以装载10台风机。

起重船通常具备自航能力，船上配备起重机，可以运输和安装风车和基础。起重船除在过浅区域需考虑吃水外，其余区域不受水深限制，且多为自航，在不同风机位置间的转移速

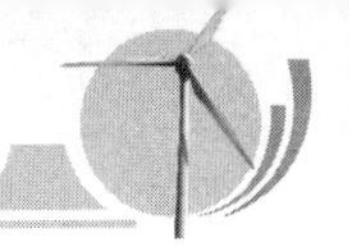

度快，操纵性好，使用费率很低，船源充足，不存在船期安排问题。但起重船极其依赖天气和波浪条件，对控制工期非常不利，现已较少使用。但在深海（大于35m）条件下，由于无法使用自升式平台/船舶进行安装，故仍须使用起重船。

四、海上风机安装（以风机整体安装法为例）

图 5-98　风机组拼

1. 风机组拼

① 机舱和叶片在陆地上进行组拼，平衡梁、塔筒及上部吊架在运输船上进行组拼，见图 5-98。

② 下塔筒与上部吊架结构连接，固定在运输船机座上，见图 5-99。

③ 将平衡梁吊上运输塔架，抱箍器抱紧风机塔筒，防止风机倾覆。

(a)

(b)

图 5-99　塔筒固定

2. 海上运输及起吊

① 平潜驳船运载风机驶向海上安装平台，见图 5-100。

② 起吊开始前松开抱箍器，见图 5-101。

图 5-100　风机运输

图 5-101　起吊风机

③ 起重船吊起风电机组，准备安装在海上基础平台上，见图 5-102。

④ 起重船吊装风电机组靠近基础平台，见图 5-103。

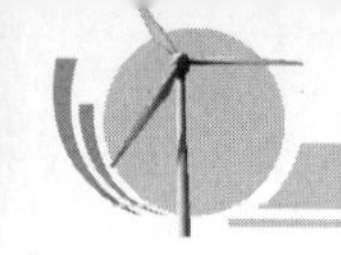

图 5-102　风电机组吊起

图 5-103　移向基础平台

3. 粗导向

上部吊梁外围钢管碰到粗导向装置，沿着粗导向下降，见图 5-104。

4. 缓冲与同步下降

① 粗导向结束后，风电机组开始软着陆，见图 5-105。

图 5-104　风电机组下降

图 5-105　风电机组软着陆

② 位于上部吊梁的精定位销插入精定位自动对中系统的销孔中，见图 5-106。

5. 精定位自动对中

精定位自动对中系统调整风机法兰位置。对中完成后，插入螺栓连接法兰，见图 5-107。

图 5-106　精定位自动对中

图 107　调整风机法兰位置

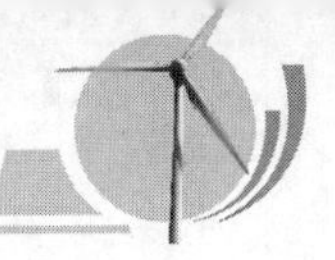

6. 拆除（图 5-108）

图 5-108　拆除海上风机

思考题

1. 简述机舱组对与吊装的准备过程。
2. 简述第三节塔筒吊装的准备过程。
3. 简述中段塔架的吊装过程。
4. 简述叶片吊装的准备工作有哪些？
5. 简述叶片吊装的过程及使用的工具。

附录

安全细则

安全是一切工作的根本，为了保证安全操作风机设备，须认真阅读和遵守操作手册的安全规范，任何错误的操作和违章的行为，都可能导致设备的严重损坏或危及人身安全。

一、安装现场安全要求

① 现场安装人员应经过安全培训，工作区内不允许无关人员滞留。

② 现场指挥人员应是唯一的且始终在场，其他人员应积极配合并服从指挥调度。

③ 在风机安装现场，工作人员必须穿戴必要的安全保护设施进行相应的作业。

④ 恶劣天气特别是雷雨天气，禁止进行安装工作，工作人员不得滞留现场。

⑤ 在起重设备工作期间，任何人不得站在吊臂下。

⑥ 使用梯子作业时，选用的梯子应具有足够的承载量，同时必须有人辅助稳固梯子。

⑦ 现场安装废弃物或垃圾应集中堆放、统一回收，严禁随意焚烧。

⑧ 现场进行焊接或明火作业，必须得到现场技术负责人的认可，并采取必要的预防保护措施。

二、搬运、起吊的安全要求

① 不允许采用人工操作。

② 在使用吊车等机械设备搬运起吊物体时，首先应检查吊装设备是否合格，负荷量是否在安全要求范围之内。

③ 吊车操作人员应持证上岗。

④ 工作人员搬运的物体必须是力所能及的，并应穿安全鞋、戴手套。搬运低于臂部高

度的物体，应弯曲膝盖而不应弯腰，双脚分开与肩膀等宽，搬运过程中应避免扭曲身体。

三、接近风机时的安全要求

① 雷电天气，禁止人员进入或靠近风机，因为风机能传导雷电流，至少在雷电过去 1h 后再进入。

② 塔架门应在完全打开的情况下固定，避免意外伤人。

③ 用提升机吊物时，须确保此期间无人在塔架周围，避免坠物伤人。

四、在风机内工作的安全要求

① 工作人员在攀爬塔架时，应该头戴安全帽，脚穿胶底鞋。在攀爬之前，必须仔细检查梯架、安全带和安全绳，如果发现任何损坏，应在修复之后方可攀爬。平台窗口盖板在通过后应当立即关闭。

② 在攀爬过程中，随身携带的小工具或小零件应放在袋中或工具包中，固定可靠，防止意外坠落。不方便随身携带的重物，应使用提升机输送。

③ 不能在大于或等于 10m/s 的风速时进行吊装，风速大于或等于 12m/s 时，禁止在机舱外作业，风速大于或等于 18m/s 时，禁止在机舱内工作。

④ 安装人员要注意力集中，对接塔架及机舱时，严禁将头、手伸出塔架外。

⑤ 当人员需要在机舱外部工作时，人员及工具都应系上安全带。作业工具应放置在安全的地方，防止出现坠落等危险情况。

⑥ 一般情况下，一项工作应由两个或两个以上的人员共同完成。相互之间应能随时保持联系，超出视线或听觉范围，应使用对讲机或移动电话等通信设备保持联系。只有在特殊情况下，工作人员才可进行单独工作，但必须保证工作人员与基地人员能始终依靠对讲机或移动电话等通信设备保持联系。**注意**：提前做好通信设备的充电工作，出发前试用对讲机。

⑦ 发电机锁定　在机舱前部发电机定子处有两个手轮，就是发电机的锁定装置。只有指定的人员可以操作这两个手轮。如果操作不正确，可能会导致严重的设备损坏或人身伤害。

注意：未经许可的人不能操作锁定装置。

五、风机的安全装备及使用方法

在爬塔架或滞留在风力机里的时候，必须穿戴安全装备，如安全带、安全锁扣、安全帽等。在向上爬之前，每个人都要能正确地使用安全装备，认真阅读安全装备的说明书，错误的使用可能会导致生命危险。同时对于安全装备要正确地维护，而且注意其失效期。

六、电气安全

① 为了保证人员和设备的安全，只有经培训合格的电气工程师或经授权人员允许，才可以对电气设备进行安装、检查、测试和维修。

② 安装调试过程中不允许带电作业。在工作之前，断开箱变低压侧的断路器，并挂上警告牌。

③ 如果必须带电工作，只能使用绝缘工具，而且要将裸露的导线做绝缘处理。应注意用电安全，防止触电。

④ 现场需保证有两个以上的工作人员。工作人员进行带电工作时，必须正确使用绝缘

手套、橡胶垫和绝缘鞋等安全防护措施。

⑤ 对超过 1000V 的高压设备进行操作，必须按照工作票制度进行。

⑥ 对低于 1000V 的低压设备进行操作时，应将控制设备的开关或保险断开，并由专人负责看管。如果需要带电测试，应确保设备绝缘和工作人员的安全防护。

七、焊接、切割作业

① 在安装现场进行焊接、切割等容易引起火灾的作业，应提前通知有关人员，做好与其他工作的协调。

② 作业周围清除一切易燃易爆物品，或进行必要的防护隔离。

③ 确保灭火器有效，并放置在随手可及之处。

八、登机

① 只能在停机和安全的时候才能登机作业。

② 使用安全装备前，要确认所有的东西都是完好的。在爬风机前要检查防滑锁扣轨道是否完好。穿戴好安全装备并检查，不要低估爬风机的体力消耗。允许攀爬的前提条件是：a. 身体健康；b. 没有心脏、血管疾病；c. 没有使用药物或醉酒。

③ 一次只允许一个人攀爬塔架。到达平台的时候将平台盖板打开，继续往上爬时要把盖板盖上。只有当平台盖板盖上后，第二个人才能开始攀爬，因为这样，可以防止下面的人被上面掉落的东西砸伤。

④ 攀爬的时候，手上不能拿东西。小的东西可以放在耐磨的袋子里背上去，并应防止袋中物品坠落。爬到塔架顶的时候，在解开安全锁扣前，必须先与安全绳的附件可靠连接。没有坠落危险时，至少保留一根安全绳可靠地固定在一个安全的地方。进入机舱时，把上平台的盖板盖好，防止发生坠物的危险。

九、防火

1. 防火措施

严禁在工作区内吸烟！所有的包装材料、纸张和易燃物质，必须在离开工作区的时候全部带走。为了保证在紧急情况时实现快速救护，必须保证到现场的道路畅通，而且保证道路可以通行车辆。

2. 应对火灾措施

发现着火应立即使用灭火器进行扑救。若火势加大，控制难度加剧，所有人员必须远离危险区，及时拨打“119”火警电话，讲明着火地点、着火部位、火势大小、外界环境风速、报警人姓名、手机号，并派人在路口迎接，以便消防人员及时赶到。

十、安装前的准备工作

1. 现场条件

① 道路　通往安装现场的道路要平整，路面须适合运输卡车、拖车和吊车的移动和停靠。松软的土地上应铺设厚木板或钢板等，防止车辆下陷。

② 基础　风机基础施工完毕、安装前，混凝土基础应有足够的养护期。一般需要 28 天以上的养护期，且各项技术指标均合格（如水平度等）。

2. 技术交流

① 安装前期，建设、监理、施工、制造单位四方应召开技术交流会，确定各方职责，

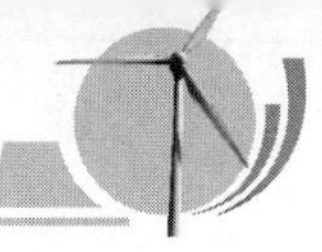

根据天气状况确定安装计划、供货进度，讨论并确定安装方案，明确安装过程的使用设备、工具提供者，形成会议纪要。

② 安装前一周，四方再次召开技术交流会，通报工作进度（包括物资交接情况、问题等），再次确认安装计划、安装方案、现场布置、设备及工具、各方参加安装人员职责、现场管理约定。

3. 安装用具

① 吊装设备　全面检查吊装设备的完好性并保养。

② 吊装工具　根据《吊装工具清单》、工装总成图，检查工装的齐全性、完好性，将工装用的标准件安装到工装上后进行发运（塔架吊装工装标准件可借用塔架安装螺栓）。

③ 标准件　根据《安装零部件清单》进行分包装（M16 以下螺栓最好将配套的平垫、螺母配套后包装）、贴标签（规格、数量、使用处），总包装箱上亦应贴标签（列出箱内标准件规格、数量、使用处）。注意核查标准件的强度等级。

④ 工具　根据《工具清单》准备工具，检查工具的齐全性（注意小配件）、完好性、配套性（如套筒方孔与扳手方头）、符合性（特别是薄壁套筒的壁厚，如塔架用套筒）。专用或具有特殊用途的工具发运前应试用，特别注意将专用工具的使用说明书、换算表复印件放在工具箱内。

⑤ 消耗品　根据《消耗品清单》准备消耗品。

⑥ 交接工作在安装前三天进行。

4. 主要零部件

在安装前，应对所有的设备进行检查，到货产品应为出厂并验收合格的产品。核对货物的装箱单及安装工具清单，如果发现异常情况，立即报告主管人员，及时与供货商进行联系，决定处理措施。

参考文献

[1] 王承煦，张原.风力发电［M].北京：中国电力出版社，2007.

[2] 刘万琨，张志英，李银风，赵萍.风能与风力发电技术［M].北京：化学工业出版社，2007.

[3] 宫靖远.风电场工程技术手册［M].北京：机械工业出版社，2008.

[4] ［美］Tony Burton，等.风能技术［M].武鑫，等译.北京：科学出版社，2003.

[5] 叶杭冶.风力发电机组的控制技术［M].北京：机械工业出版社，2008.

[6] 李建林，许洪华.风力发电系统低电压运行技术［M].北京：机械工业出版社，2008.